湖北省高等学校哲学社会科学研究重大项目："湖北传统民居设计伦理融入湖北乡村家风建设创新路径研究"（20ZD033）结项成果

教育部人文社会科学研究一般项目"铸牢中华民族共同体意识下新疆传统民居设计伦理调查研究"(23XJJA760001)结项成果

新疆维吾尔自治区"天池英才"创新领军人才（项目号：51052401402）项目支持

# 鄂西南传统民居设计伦理研究

张睿智　著

人民出版社

# 目　　录

## 下编　鄂西南传统民居设计“礼—化—用”及新时代民居设计伦理法则

# 前　言

2012 年，笔者被公派到加拿大圭尔夫大学（University of Guelph）家庭关系与营养系（Department of Family Relations & Applied Nutrition）进行为期三个月访问学习，衔接的 Susan S.Chuang 教授主攻方向是家庭关系，而笔者研究领域是设计历史及理论，所以在几次会议后，双方折中一下，拟定的研究题目为室内设计促进家庭关系的可行性研究，这是笔者真正意义上涉足设计伦理专题研究的发端，之后整整三个月的合作研究中，双方探讨了很多室内设计改变家庭关系的研究假设，相当一部分来自笔者工作时为环境设计专业的授课教材，其中有很多大家普遍觉得理所当然的设计心理学常识，如红色的室内会让人更加的温暖、橙色会让人更愿意交流、大尺度的空间会让人们心生畏惧等，在我摆出这些结论性研究假设后，Susan 教授通常只会严肃地问两个问题："有没有数据？你如何证明它？"

随着课题探讨深入，双方拟定了"通过改变室内颜色来改变家庭关系"这一子课题，Susan 教授首先确定了调查的样本，制作了空间改变方案、家庭父母问卷、父母亲和孩子的行为日记，在数据收集上精确到分钟，最后得出的结果却与我们之前的研究假设相去甚远。但就她看来，即便是论证失败的研究假设，也足以称为值得骄傲的研究成果，这种研究态度对笔者影响很大，不觉持续近十年之久。这三个月的合作研究使笔者对设计伦理研究增加了很多新认识。

首先，设计学在日常生活中扮演越来越重要的角色，随之而来的是设计失范问题日益凸显，设计伦理研究的理论与实践推进都非常迫切。其次，设计学自然科学的学科属性越来越强，设计学领域内很多结论需要靠实验佐证。最后，所得出的结论一定要基于大量数据收集和分析。

回国以后，笔者便对设计伦理的理论与实践进行爬梳，在学习国内先贤们的著述的过程中有了不少可喜发现，有关设计伦理的研究越来越受到国内学者关注和重视，形成了大量高水准的理论与实践成果。但同时或多或少地存在一些欠缺。一是“设计伦理”概念的问题，相当一部分学者在发表设计伦理的论文和著作时对其内涵和外延语焉不详，到底“设计伦理”是“设计”加“伦理”，还是“设计”中的“伦理”，设计伦理是名词还是动名词，都未作明确界定。二是部分学者在论述“设计伦理”问题时，往往将维克多·帕帕奈克（Victor Papanek）及其著作《为真实的世界而设计》（*Design for the Real World*）奉为圭臬，在新时代中国坚定文化自信的背景下，帕帕奈克等人所传达的西方设计伦理原则作为设计伦理研究的“纲”显然不合时宜。三是与“设计伦理”相似的、由其延展出来的概念层出不穷，诸如造物伦理、设计责任、设计关怀、传统设计伦理等，但所探讨的话题和范畴与“设计伦理”若即若离。在这些问题的焦灼下，笔者认为我国设计伦理研究现阶段有两个问题迫切需要解决。

一是“设计伦理”概念内涵和外延的问题，也就是设计伦理本质和理论基础的问题。国内设计学领域内对这个概念解读多是“拿来主义”①，不基于本国、本民族厘清其内涵就直接使用，有囫囵吞枣之嫌。

二是伴随着中国从文化自觉走向文化自信的过程，新时代中国“设计伦理”理论体系的构建问题。新时代中国“设计伦理”理论体系应在马克思主义指导下和中国共产党带领、指导下，对中国造物伦理的历史、现在和未来作全面、客观的分析和认识，对其积极因素和消极因素辩证分析和科学认识。

过去一段时间，学界很大程度把“设计伦理”作为评判设计优劣的标准和原则在探讨，因为政治体制和国情不同，西方价值标准显然不完全适合当下中国，如何建立当代中国的“设计伦理”体系非常迫切。改革开放以来的 40 多年，设计活动在我国飞速发展，就如同在西方一样，走到了十字路口，大量有悖公序良俗的设计充斥于社会大众的视野中，“为权利和资本所控制和操纵的设计正在中国舞台上演着曾经发生在西方社会的令人憎恶的一切”②。2014 年 10 月 15 日，习近平总书记在北京主持召开文艺工作座谈会时表示，不要搞

① 鲁迅言：根据“礼尚往来”的仪节，“送去”之外，还得“拿来”，是为“拿来主义”。

② 《杭州宣言——关于设计伦理反思的倡议》，《美术观察》2008 年第 1 期。

"奇奇怪怪的建筑"。究其本质,"奇奇怪怪的建筑"之所以奇怪,其实原因在于设计伦理的失范。只有构建适合我国国情和设计发展阶段的设计伦理理论体系,设计活动才能做到目标明确、有的放矢、有所为有所不为。

近几年借完成文化和旅游部科技创新项目和湖北省社科基金研究的契机,笔者带领团队对西南民居进行了较为充分的实地考察,足迹遍布重庆、四川和湖北的绝大部分地区。发现在传统民居上,附着了先人对于伦理的设计解决方法。在这种基本认知的基础上,也意识到传统造物活动所蕴含的设计伦理意识,实际上是有效解决当下中国社会设计发展中诸多问题的一把钥匙。相对于西方古代和现代意义上的设计伦理概念,中国传统设计伦理范畴上的文人光辉不遑多让,这些极具中国特色的传统设计伦理也可以与西方的设计伦理相互印证。

中国当下社会存在诸多亟待解决的突出问题,比如贫困、老龄化、留守儿童、家庭关系等,在传统造物活动中多能找到理论和实践的注脚,2017 年第三届楚文化国际学术研讨会暨"长江流域的历史与文化"中日高峰论坛上,笔者以清代湖北乡贤居所的设计伦理为抓手,强调了中国传统设计伦理在楚文化和长江流域的历史与文化中的积极意义,获得中日学者的兴趣和关注。

笔者始终认为,设计作为人在生产生活中全天候所触及的事物,其作用和影响远比想象中巨大和自然。比如有关家庭的建设是笔者所认为的设计伦理实践的非常重要的一个领域,英国学者阿德里安·福蒂(Adrian Forty)在《欲求之物》(Objects of Desire)中为人们描述了工业社会中住宅角色的转变。"过去,工匠、商人和店主的家是生产和交易的场所,住宅被认为是结合工作和日常居住、饮食、休息等活动的地方。但是,当生产工作转移到工厂、办公室或者商店之后,家便只是一处吃饭、睡觉、抚养孩子和休闲的地方了。它获得了新的、鲜明的特点,通过装潢和陈设生动地呈现出来。"①

在研究团队调研鄂西南乡贤民居的过程中,我们发现,在建筑的平面布局、建筑装饰以及室内家具摆设等方面潜移默化地影响着居住者的家庭关系,起到了一种社会教化的独特功能。当然,在实际的田野考察过程中也有遗憾和叹息。遗憾大多来自民风不再,来自这片土地上附着设计伦理的物质文化

① [英]福蒂:《欲求之物》,苟娴煦译,译林出版社 2014 年版,第 125 页。

遗产和非物质文化遗产消逝过快，在重庆、四川和湖北三省中，湖北尤甚。在这个过程中，基于文献的原有的大量研究假设被打破，比如在鄂西南吊脚楼营造工匠收徒的标准上，原本以为会遵循一定的严格的准则，实际上，在研究团队调研的过程中，几乎所有的国家级、省级、市级的传承人并没有严格的择徒标准，也不吝啬于授徒和出书。再比如在营造工匠伦理意识上，笔者原本期望看到营造工匠自身能有一定的伦理意识，能将营造规范与传统伦理道德的结合清晰地诠释，然而在调研的过程中发现，现在的营造工匠这种意识并不多见，而影响他们营造规范的最大源动力来自于屋主人明确的设计需求和实际预算；再比如研究团队期待的春秋时期就出现的工匠伦理制度"物勒工名"①，在实地调研民居实体的过程中无一发现，现存的鄂西南区域内营造工匠也普遍反映并没有"物勒工名"的具体做法；再比如所预计的工匠群体之间的同行评价，或者说类似于行会的组织，在田野调研的过程中也并未发现。

当然，研究中有遗憾也有惊喜，而这些惊喜却是来自越来越多的民居居住者、建造者和研究者都纷纷表达了物质湮灭的遗憾，而政府的行为也逐渐为传统民居的保护和传承注入了积极因素。物质湮灭了，附着在其上的精神也很难避免被人遗忘和消亡的命运，即便不至于消亡，也存于故纸堆之中，与消亡差别不大。所以对于传统设计伦理的研究，事实上是迫在眉睫的事情。

随着研究的深入，我们也充分认识到设计伦理理论必须实质运用到当下设计活动中，一如王守仁的"知行合一"，如果只是空谈理论，只是呼吁，于践行层面只如隔靴搔痒，设计伦理当归到应用伦理学范畴。近两年，我们着力衔接中国传统造物伦理和当下设计伦理应用，传统伦理诸如父慈、子孝、兄良、弟悌、夫义、妇听、长惠、幼顺、君仁、臣忠如何在古代设计活动中一以贯之，匠人如何在营造中处理这些意识，技术和智慧如何改善时人的心性和行为，是非常值得借鉴和学习的。

---

① "物勒工名，以考其诚；功有不当，必行其罪。"意为春秋战国时期，为官府效力的工匠需在器物上刻上自己的名字，表示对自己制造的器物质量负责，也便于管理部门检查考核。

# 上　编

## 鄂西南传统民居设计伦理研究的理论基础

# 第一章　设计伦理刍议

## 一、设计伦理理论总论

现代意义上的设计伦理学起源于西方，学界主流观点多认为，现代设计伦理学和现代设计伦理概念的兴起源于美国设计理论家帕帕奈克及其著作《为真实的世界设计》。实际上自工业革命以来，尽管西方早期的现代主义探索者没有明确提出“设计伦理”一词，但在他们的理论论述中，与设计伦理内涵与外延息息相关的诸如原则、责任、标准等概念并不鲜见。伴随着工业革命机器大生产导致的工业产品精神内核缺失，约翰·拉斯金（John Ruskin）和威廉·莫里斯（William Morris）试图通过追溯中世纪的艺术家和匠人的工作原则，来重塑现代设计产品的标准。阿道夫·卢斯（Adolf Loos）的《装饰与罪恶》甚至将是否在建筑的设计中添加装饰与设计者伦理道德的理解层次结合，并将设计者对伦理的理解作为评价设计品质量的重要标准。魏玛工艺美术学校之后，以贝伦斯、格罗皮乌斯、迈耶等为代表的包豪斯设计师群体更是把设计中的道德问题作为重要的关注对象，并充分地体现在其论著与作品中。

虽然现代设计伦理学主要兴起于西方，但从广义上看，中国独有的造物伦理规范，自觉或不自觉地成为造物的重要标准和尺度，广泛显现在古代建筑和器物的设计活动中。《周礼》就规定了贵族饮宴列的数量：王九鼎、诸侯七鼎、卿大夫五鼎、士三鼎，乐舞数量也有差异，这种制度（或称等级规范更为合适）为古代匠人的造物活动做出了明确规定，使得造物活动具备了明显的伦理意蕴。孟子亦认为，即使工匠有耳目感官之聪慧巧智、手足功夫之巧技，也要遵循"规矩六律"①等法则与礼仪法度,有意识地进行道德精神的克制与转化才能实现器物制作的圆满。至《唐六典》,虽然是一部行政法规,但其中对"官格"的建筑规定就做了非常详细的限制,例如王公等级以下的屋子禁止使用双重斗拱和藻井,三品以上堂舍总数不得过五间屋、架数不得过九,门屋禁止超过五间及五架等。

此类明确的等第关系使得建筑空间营造带有了浓烈的伦理色彩。至晚明之前,中国传统造物的伦理规范主要集中在统治阶层的意志和需求等关键点上,此时的营造匠人只是统治阶层伦理意识器物化的实践者,而非设计规范的制定者或参与者,本质上与标准流水线上的工人没有太大不同。晚明之后,随着文人阶层一改之前"重道轻器"②的作风,开始"空前地活跃于园林营造和许多造物设计领域"③,此时的设计主体既是营造者,也是设计者。自此,中国传统造物的伦理规范增加了个人和民间意识。这种有别于统治阶层的伦理规范在计成的《园冶》、李渔的《闲情偶寄》、文震亨的《长物志》论述中多有体现。这些中国设计史上出现的规范与论著,虽然在体系上有所欠缺,但已足以称为世界设计伦理的雏形和支流。

在梁思成先生看来,中国建筑设计也是如此,中国建筑在形式上与外国建筑迥异,物理自然环境和建筑技术或许并非主因,营造观念方面才是,中国建筑多被诟病不善长存,而这正是我国有别于世界其他建筑的独立系统的一个体现,建筑于我国先人,与服装、马匹、被褥等易耗品无异,不但无求建筑之长

① 源于《孟子》中"不以规矩,不能成方圆;不以六律,不能正五音。"六律,即古代的六个音律,古书所说的六律,泛指"音乐",后通常指乐理、规矩。

② 《易经》有言:"形而上者谓之道,形而下者谓之器。"这是古代文献上首次将"道"与"器"并提,研究者对这句话的解释,比较通行的是抽象的、超出形体之上的精神因素叫作"道",在形体之下、具体可见的事物叫做"器"。"道"具体指什么呢?《易经》又说:"一阴一阳谓之道。"道有天道、地道和人道,"是以立天之道,曰阴与阳;立地之道,曰柔与刚;立人之道,曰仁与义。"那么"器"又具体指什么呢?《易经》又云:"见乃谓之象,形乃谓之器,制而用之谓之法。"这是说器物制作是仿照自然万物(象),而仿"象"制器的目的是什么呢?《易经》又说:"是故夫象,圣人有以见天下之赜(奥秘,即道。——笔者注),而拟诸形容,象其物宜,是故谓之象。"这样,道、象、器三者的关系就比较清楚了,即"道"隐藏于"象"中,"器"借助于对"象"的模仿来体现"道"。从三者的作用来看,显然"道"重于"象","象"又重于"器"。既然"道"重于"象",那么研究"道"的学问自然比制作器物的技术重要,从事于"道"的研究、学习的贵族文士自然比从事器物制作的工匠地位重要。

③ 邱春林:《设计与文化》,重庆大学出版社2009年版,第37页。

存，相反有意使之废弃，这都是观念使然。从具象的中国建筑来看，无论名门望族居所还是底层人的蜗居，其建筑大小形制所注重的均不只是建筑本身，而是在于表达居住者的社会定位和审美取向。

就鄂西南传统民居而言，其处于武陵山脉民族走廊地区，兼之营造时间多在清代，彼时移民活动和经济活动活跃，其建筑生成受多种因素影响，在营造的伦理意识层既有汉人传统的三纲五常，也有土家、苗族、侗族等万物有灵和崇力尚勇，更有汉族和少数民族交流融合的物质证据，能为维护各民族大团结和铸牢中华民族共同体意识的问题提供客观的实证。

鄂西南现存的传统民居多建于清代，其始建营造工匠和原居住者皆踪迹难寻，相关营造书籍和文献亦少之又少。正如梁思成先生所言“匠人每暗于文字，故赖口授实习，传其衣钵，而不重书籍”。鄂西南地区由于长时间属于所谓的化外之地，其文字资料更为匮乏。故对于鄂西南传统民居的设计伦理的研究存在一些客观困难，即便如此，本书的研究还是力图达到以下几个目的。

一是厘清设计伦理概念的内涵和外延，建立传统民居设计伦理的理论基础。二是全面系统地筛查鄂西南境内传统民居的具体设计伦理表象，既包括静态的，譬如民居选址、平面布局、分区组织关系、颜色选择、尺度把控等，也包括动态的，如民居的建造仪式、屋主的居住禁忌；既包括设计使用者（屋主）的居住伦理需求，也包括设计执行者（工匠）的营造伦理意识。三是结合设计学、历史学、民族学和人类学的理论和方法，分析鄂西南传统民居设计伦理的形成原因。四是总结和提炼鄂西南传统民居设计伦理的精华，“要处理好继承和创造性发展的关系，重点做好创造性转化和创新性发展。”①结合脱贫攻坚成果和乡村振兴的建设目标，提出新时代背景下鄂西南民居建设与改造的设计伦理，以回应习近平总书记所提出的“以古人之规矩，开自己之生面”的殷切要求。

## 二、建设当代中国设计伦理体系的客观需要

习近平总书记指出：“不忘本来才能开辟未来，善于继承才能更好创

① 《习近平谈治国理政》第一卷，外文出版社 2018 年版，第 164 页。

新。"[①]挖掘优秀的中国传统设计伦理对构建当代中国设计伦理体系有强烈的现实意义。改革开放后我国社会经济高速发展，民族和历史虚无主义的消极影响和市场经济转型带来了价值观"失范"和"庸俗化"，个人需要以超越以往任何时代的速度通过设计获得满足，同时也使现实的生态环境有所恶化，而且比较难以控制。部分设计从业者在设计活动中打破了"利"与"义"的平衡关系，中国现代设计伦理失范已引发许多社会问题。具体表现在：扭曲社会价值观的设计腐蚀着人们精神生活；不诚信设计冲击社会基本道德规范；缺乏环保意识的设计破坏着人类赖以生存的自然环境；彰显社会等级差异的设计有悖于社会公正。[②]

而大部分群众作为设计活动的直接受众，欣赏水准平庸化、审美趣味低俗化的趋势十分明显。其中，设计伦理意识淡薄的设计师和设计教育者难辞其咎。工业革命之后形成的现代设计评判的实用、美观和经济的三原则已经不足以应付当代中国日新月异的设计发展进程。鉴于此，2014 年 10 月 15 日，习近平总书记出席文艺工作座谈会时表示"不要搞奇奇怪怪的建筑"，笔者以为，所谓"奇奇怪怪的建筑"，其核心就是设计伦理缺位或不符合中华美学精神要义的建筑。

所以，建设当代中国设计伦理体系迫在眉睫，土生土长的中国传统设计伦理理应是当代中国设计伦理体系的支柱之一。在中国传统设计伦理的范畴里，民居设计伦理具备相当的代表性。由于明清时期来自江西等宗法文化较浓厚地区移民的迁入，鄂西南传统民居建筑格局与家族结构较其他地区更为契合，建筑的伦理意识也相当浓厚；受清雍正"改土归流"[③]政策的影响，其设计伦理兼具汉族和少数民族伦理的融合特征；而鄂西北民居因为地理位置的影响，形成了位于南方建筑风格的最北端现状，加上受十堰武当山的皇家建筑和道教文化的影响，使得其设计伦理在湖北民居中较为特殊，与鄂西南迥然不

---

① 《习近平总书记系列重要讲话读本》(2016 年版)，学习出版社、人民出版社 2016 年版，第 202 页。

② 田辉玉、吴秋凤、管锦绣：《中国现代设计伦理失范及成因探析》，《理论月刊》2010 年第 12 期。

③ 改土归流是指改土司制为流官制。又称土司改流、改土设流、废土改流，始于明代中后期，是指将原来西南地区统治少数民族的土司头目废除，改为朝廷中央政府派任流官。这利于消除土司制度的落后性，同时加强中央对西南一些少数民族聚居地区的统治。

同。这些传统民居中作为一个时空交织的多层次、多维度的文化复合体，具有普遍性、持久性和相对稳定性的文化特质，所蕴含的相同又有所差异的设计伦理是先人们在特定历史条件下对宇宙与人生、社会和人的关系的理论反思和价值建构，凝聚了不同地区人民在长期生产生活中的生存智慧和价值追求，是我国人民长期构筑起来的共同精神家园和中华文明得以传承和发展的文化基因，同时也是建设当代中国设计伦理体系的宝贵资源和牢固基础。

## 三、为当代中国家庭建设提供设计学的实践途径

习近平总书记2016年12月12日在会见第一届全国文明家庭代表时指出，无论时代如何变化，无论经济社会如何发展，家庭的生活依托都不可替代，家庭的社会功能都不可替代，家庭的文明作用都不可替代。无论过去、现在还是将来，绝大多数人都生活在家庭之中。重视家庭文明建设，努力使千千万万个家庭成为国家发展、民族进步、社会和谐的重要基点，成为人们梦想启航的地方。习近平总书记关于家庭建设的论述，在继承优秀传统文化的基础上，体现中国特色社会主义事业构建的内在属性和理想追求，其核心理念是家国情怀、家庭家风家教、传统家庭美德与社会主义核心价值观的对接。

在传统民居营造和使用过程中，尊老爱幼、妻贤夫安，母慈子孝、兄友弟恭等传统家庭美德被营造者充分考量，这些美德在当下的社会大背景下尤其可贵。同时在政府主导、社会习俗以及民众自觉等因素的影响下，传统民居不只是功能单一的居住空间，逐渐演变成为了传统社会家庭建设教化的物质载体，其相对固定的空间布局、题材相似的建筑装饰，以及规则有序的空间尺度等设计语言，潜移默化地影响着居住者的思维和行为，起到特殊的社会教化作用。总结和梳理传统民居所蕴含的家庭建设的设计智慧，亦是习近平总书记关于家庭建设方面思想的具体实践途径之一。

## 四、为世界设计伦理的发展提出“中国方案”

不可否认，现代设计伦理理论和实践都源于西方社会，在斯沃茨和马丁、巴克、维克多·帕帕奈克、大卫·利兹曼（David Raizman）等先贤的努力下，历

经几十年的发展,设计伦理越来越受到人们的关注,开始成为全球设计界的显学。但在设计伦理的理论与实践具体研究中,西方设计伦理并不能完全解决全球不同国家、不同发展水平存在的不同设计问题。一方面,以西方的设计伦理理论和实践经验为准则,不能完全适合当下中国的国情。研究扎根本土的中国传统设计伦理,以西方设计伦理为参考,能更有机地解决我国当下设计活动存在的突出问题。另一方面,凝聚中国人设计智慧的传统设计伦理是世界设计伦理研究来源的无限宝藏,应该"走出去",为世界设计伦理的发展提出"中国方案",以超越地区、民族之间的历史隔阂。

# 第二章　现代设计伦理学的理论界定

现代设计伦理学起源于西方，可以说是设计学和伦理学的边缘交叉学科，主流观点认为现代设计伦理学和现代设计伦理概念的兴起源于帕帕奈克于1971年撰写的《为真实世界的设计》。这一观念的出现与兴起被认为是与社会主义思潮和人文主义思想的倡导和兴起相伴而生，是社会科学对于科学领域、艺术设计领域的入侵与结合。

关于“伦理”的概念解析见仁见智。以《现代汉语词典》解释最具普遍性。《现代汉语词典》中“伦理”指处理人与人、人与社会相互关系时应遵循的道理和准则；是一系列指导行为的观念；是从概念角度上关于道德现象的哲学思考。与之相比，现代设计伦理学中“伦理”有更加丰富的含义，主要表现在设计伦理功能方面，即设计应该有自己的伦理功能和责任，设计的伦理功能和伦理侧重点可以通过设计促进人与人之间、人与社会、人与生态环境的彼此和谐。具体而言，好的设计伦理以能够促进人们不断向善为目标，每一个设计均有自己独立的伦理思想和伦理价值。因而，现代设计伦理学中的“设计伦理”建立在现代自由、平等、博爱等价值观念基础之上。可见，现代设计伦理学“伦理”概念界定更具学科性质的独特蕴涵。

整体而言，自现代设计伦理学产生以来，有关设计伦理的文献汗牛充栋、卷帙浩繁，对鄂西南传统民居设计伦理研究是站在所有前人厚实宽广肩膀上所做的一次学术拓展。为了更好地展开研究，对其前期理论及方法论进行必要的梳理实有必要。为此，笔者此处以时间顺序，对中外关于设计伦理的主要文献和著作予以相对系统地归纳性介绍。

## 一、设计伦理的理论来源

现代中国对设计伦理的思考和研究主要源于西方设计伦理思想,故先评述西方早期现代设计伦理的主要文献。长期以来,设计伦理于西方设计思想史的讨论与研究中均占据着十分核心的地位。纵然在西方早期,持有现代主义观点的学者尚未明确提出“设计伦理”概念,但在其论述中,与设计伦理内涵、外延息息相关的诸如原则、责任、标准十分常见。工业革命后,为了对抗随之而来的设计伦理失范,现代设计的启蒙大师——约翰·拉斯金(John Ruskin)和威廉·莫里斯(William Morris)试图通过追溯中世纪的艺术家和匠人伦理,来重塑现代设计的标准,拉斯金希望设计家观察自然并运用现实的手法表现构思和创作,使设计作品表现、传达和唤起人的道德感,让人获得精神上的感染,注重材料本身而不是过度装饰的设计,他在《建筑的七盏明灯》(*The Seven Lamps of Architecture*)中曾谈到对大英博物馆的欣赏时同时也伴随遗憾,因为在楼梯平台处有一块花岗岩是仿制品,尽管做得十分仿真,但这使得人们对其他部分花岗岩的真实性也会产生怀疑,当然也会对门农(Memnon)的诚实产生怀疑,基于此,拉斯金提出一个基本原则:“任何材料或任何造型,都不能本以欺骗之目的来加以呈现。”忠于材料本身,强调设计美德是其中心思想,这里的“诚实设计”不仅是一种评价标准,更隐含着设计伦理的意义。

莫里斯针对当时设计与技术对立的问题,进一步提出设计的民主思想:“若能在‘艺术只停留在少数人可怜而单薄的生活中’与‘让艺术消逝于世间’中择其一,我选后者。”①当时产品分为两种:形制粗陋以供多数人使用的工业品与工巧精细以供少数人享用的艺术品。他反复强调设计的两个基本原则:一是工艺品及建筑的设计活动是服务于大多数人的,而不仅是为少数人;二是设计工作必须是集体的活动,而不是个体的活动。莫里斯的民主性思考方式,已从以往的、仅认为艺术能改观大众生活水平而嬗变到了更高境界。

---

① William Morris,“The Lesser Arts”, in *The Collected Works of William Morris*, vol.xxii, 1877, pp.26-28.

除此之外，他还强调“劳动的愉悦”①，这是对底层工作者劳动状态的关注，亦为对人性的思考，对当代设计伦理发展依旧有着重要的警示意义。阿道夫·卢斯（Adolf Loos）直接将建筑设计中有无装饰与设计者伦理意识的高低相关联，并将评价设计品优劣的首要指标定为设计伦理意识的多少②。勒·柯布西耶（Le Corbusier）多是关注于新兴工业城市中的居民住宅设计等相关问题，其设计活动的重点亦为设计伦理③。以瓦尔特·格罗皮乌斯（Walter Gropius）为首的包豪斯设计师更是将设计中的纲常伦理问题视为其主要的审查因素。

早期现代设计运动中的道德问题相关研究较多，如尼古拉斯·佩夫斯纳（Nikolaus Pevsner）的《现代设计的先驱》（*Pioneers of Modern Design*）以及雷纳·班汉姆（Reyner Banham）的《第一机器时代的理论与设计》（*Theory and Design in the First Machine Age*）中都有所提及。在《道德与建筑》（*Morality and Architecture*）中，大卫·沃特金（David Watkin）主要是运用艺术设计的道德伦理和观点，以变化的思维和发展的观点来驳斥历史决定论④，而大卫·布莱特（David Brett）则主要以装饰的独立价值来阐释装饰艺术的与众不同与尊严。⑤但他们均有着相似的观点，即道德话语早已较为鲜明地存在于现代设计的发展中。

20世纪二三十年代美国工业设计史的研究中包含有更为深刻和成熟的设计伦理影子。比较重要的相关研究有亚瑟·保罗斯（Arthur J.Pulos）的《美国设计伦理：1940年前的工业设计史》（*American Design Ethics：A history of Industrial Design to 1940*）、杰弗里·迈克尔（Jeffrey L.Meikle）的《设计在美国》（*Design in the USA*）以及理查德·威尔逊（Richard Guy Wilson）等在1986年编

① 莫里斯认为，劳动本身应该是给人带愉悦的，既有完成一件成品的满足感、也有提高技艺的自豪感。但事实上，在他的理论中还包含了相当多混乱的内容，其中有乌托邦社会主义思想色彩，有对大工业化的不安，一方面强调为大众，另一方面却主张从自然和哥特风格中找寻出路。

② Adolf Loos，*Ornament and Crime*，Ariadne Pr，1997，pp.120－121.

③ Le Corbusier，*Vers une architecture*，Editions Flammarion，2008，pp.100－111.

④ Watkin，David，*Morality and architecture*，Clarendon press，1977，pp.131－135.

⑤ Brett，David，*Rethinking decoration：pleasure and ideology in the visual arts*，Cambridge University Press，2005，pp.111－113.

著的《美国的机器时代，1918—1941》（*The Machine Age in American, 1918—1941*）等。班·汉姆编辑的《阿斯本论文集：自阿斯本国际设计会议以来20年的设计理论》①集中反映了美国五六十年代设计理论的研究状况，对于当代设计师了解那个时期设计理论研究的热点和倾向颇有助益。莱斯利·杰克逊（Lesley Jackson）撰写的《六十年代：设计革命的十年》（*The Sixties：Decade of Design Revolution*）全面地阐述了20世纪60年代美国的设计发展状况。

同时，日趋成熟的工业文明使人类不再拘束于物质匮乏，恣意酣畅于现代科技成果之中。以美国"有计划废止制度"②为代表的商业主义设计将人类对设计带来的经济效益崇拜推向高潮，从而促使人有意识地忽视了设计所带来的负面影响。资源枯竭、环境破坏、生态紊乱这三大方面的危机及其连带反应常搅扰着人类生存与发展。美国海洋生物学家蕾切尔·卡逊（Rachel Carson）在1962年所著的《寂静的春天》（*Silent Spring*）一书中，首次推测了生态环境受摧残后极可能呈现于大众视野中的可怕局面，并细致描述了杀虫剂的污染物在环境中如何转化、迁移和扩大，将人们从工业时代的富足美梦中唤醒，唤起人类对于自身行为的反思，由此引发了风靡整个美国60年代的"绿色生态运动"。

此后，美国著名设计理论研究学者维克多·帕帕奈克真正致力于生态设计探究并作出卓越贡献，其标志性成果是1971年出版的《为了真实的世界设计——人类生态学和社会变化》（*Design Realworld——Human Ecology Social-Change*），首次正视过度商业性设计和自然资源的挥霍，非常明晰地指出设计伦理问题："设计需正视地球资源有限这一现状，并应捍卫人类居住地的有限资源"，其设计伦理观在多年后依旧被视为设计伦理教育的圭臬。

20世纪90年代，信息技术的革新给人类社会发展带来了巨大的变革力，并直接推动了设计学相关的生产方式、传播路径、用户体验以及商业模式的整

---

① Banham, Reyner, ed., *The Aspen Papers: Twenty Years of Design Theory from the International Design Conference in Aspen*, New York: Praeger, 1974, pp.119-123.

② 即通过人为的方式使产品在较短时间内失效，从而迫使消费者不断地购买新产品。分为功能型废止（使新产品具有更多、更完善的功能，从而让先前的产品"老化"）、合意型废止（由于经常性地推出新的流行款式，使原来的产品过时，即由不合消费者的意趣而废弃）、质量型废止（即预先限定产品的使用寿命，使其在一段时间后便不能使用）三种。

体创新。但由于现代科技发展一日千里,其所引发的伦理问题亦逐步凸显,从而引起了相关学者们的极大关注。现代技术伦理俨然成为了研究热门,研究人员不单从大体方向上注重当代科技所引发的伦理现象,更多的是开始关注技术实践等更加具体的问题中伦理的缺失。对此,西方学者从不同的角度发表了一系列探讨相关问题的专著和论文,比较重要的论文包含在一些设计杂志和论文集中。一些国际上比较著名的设计学术杂志,如《设计问题》(*Design Issues*)、《革新》(*Innovation*)、《设计史》(*Journal of Design History*)、《设计管理评论》(*Design Management Review*)、《设计研究》(*Design Studies*)、《设计哲学论文》(*Design Philosop Papers*)近年来都曾发表过与设计伦理问题相关的文章或组织专题讨论。在文集方面,1993 年格拉斯哥国际设计大会文集《设计复兴》(*Design Renaissance*)、1995 年理查德·布坎南(Richard Buchanan)和维克多·马格林(Victor Margolin)编辑的《发现设计》(*Discovering Design*),以及同年维克多·马格林个人的文集《人工物品的政治学》(*The Politics of the Artificial*)、1998 年理查德·罗斯(Richard Roth)和苏珊·金(Susan King)编辑的《美是乌有乡:艺术与设计中的伦理问题》(*Beauty is Nowhere:Ethical Issues in Art and Design*)都涉及当代设计伦理的主题。1999 年朱迪·埃特菲尔德(Judy Attfield)主编的《效用的重估:设计实践中伦理的角色》(*Utility Reassessed:The Role of Ethics in the Practice of Design*)则大都是从“效用”和“伦理”的角度回望现代设计史的研究。此外,2006 年斯蒂芬·赫勒(Steven Heller)和委罗尼克·维内(Veronique Vienne)编辑的《公民设计师:展望设计责任》(*Citizen Designer:Perspectives on Design Responsibility*)、米切尔·别鲁特(Michael Bierut)等人编辑的《近观:平面设计批评》(*Looking Closer:Critical Writings on Graphic Design*)和《近观 4:平面设计批评》(*Looking Closer 4:Critical Writings on Graphic Design*)等文集都包括大量有关设计道德主题的重要文献。

2000 年以后,人们在物质得到高度满足的条件下,开始强调精神层面的需求,现代主义冷漠、理性、缺乏文化气息的设计作品遭到广泛反对,形成了后现代设计的个性化、多元化、文化性特征。在社会发展环境中,综合因素影响之下的设计师,更加要注重自身的设计伦理和设计责任。学者菲尔顿(Felton)和艾玛(Emma)等就提出了可持续行为设计(Degign For Sustainability),旨在通过调节用户与他们的互动来减少产品对环境和社会的负面影响。以及如何在教授设计基础课程的同时,培养学生在工作室内外开展道德工作的愿望①。伊丽莎白·古德曼(Elizabeth Goodman)分享了她对大数据时代下的设计和伦理意义的看法,她考察了设计者对数据的收集和使用在不同文化背景下的不同预期②。希尔顿(Shilton)和凯蒂(Katie)等针对设计实践活动过程中对设计伦理关注度不足的情况,探讨了四种挑战模式,以不同角色和责任在设计中嵌入价值观念,并在设计中鼓励"道德范例"③。莫里斯(Maurice)提出商业界已经从工程和建筑方面调整了"设计思维",通过参与式的流程来促进创新和解决问题,另外还提出了如何教育下一代的商业学生进行关爱设计④。

就当下的情况来讲,根据社会发展的现实不同,设计伦理的阶段性侧重点也有所不同,目前研究成果虽然有了一定的实践意义,但为了更加长久与具体地提供现实指导,理论体系仍需进一步完善。此外,以上研究成果虽数量众多,理论型研究精彩而深邃,实践型研究科学而重实际效果,但设计业急速发展的当下,设计伦理并不能完全解决全球不同国家、不同发展水平存在的不同设计问题。西方的设计伦理理论和实践经验下形成的准则,也不能完全的适合当下中国的国情。研究扎根本土的中国传统设计伦理,以西方设计伦理为参考,才能更有效地解决我国当下设计活动存在的突出问题。

## 二、设计伦理的研究基础

虽然现代设计伦理学主要兴起于西方,但中国古代设计伦理早在几千年前就已经得到重视与提倡,并广泛应用和实践于古代建筑和器具之中。孔子强调"乐同和",乐(音乐艺术)的目的是社会的和谐,只有上升到伦理道德境

---

① Felton, Emma, Oksana Zelenko and Suzi Vaughan, eds., Design and ethics, *Reflections on practice*, Routledge, 2013, pp.122-125.

② Goodman, Elizabeth, "Design and ethics in the era of big data", *Interactions*, 2014, pp.22-24.

③ Shilton, Katie and Sara Anderson, "Blended, not bossy: ethics roles, responsibilities and expertise in design." *Interacting with Computers*, 2016, pp.71-79.

④ Maurice, "Integrating Care Ethics and Design Thinking", *Journal of Business Ethics*, 2017, pp. 1-13.

界才能达到人性自觉，实现真正的和谐。常言道古有三礼，即《周礼》、《仪礼》与《礼记》，“三礼”作为我国古时礼乐文化之理论形态，对礼法及礼义的诠释最为正统、详尽，对历朝历代礼制之影响亦最为深厚。《周礼》中规定了贵族饮宴列的数量：王九鼎、诸侯七鼎、卿大夫五鼎、士三鼎，乐舞规制亦相对有所区别①，此类规格高低也就为设计提供了明确的规定，使设计带有了明显的伦理意蕴。孟子认为即使工匠有耳目感官之聪慧巧智、手足功夫之巧技，也要遵循“规矩六律”等法则与礼仪法度，有意识地进行道德精神的克制与转化才能实现器物制作的圆满。后来出现的《唐六典》虽为一部行政法规，但其对“官格”建筑做了非常详尽规范，使得建筑空间规划设计有了浓厚的等级、尊卑等伦理之彩。宋《开宝通礼》、明《大明集礼》等典籍对服饰、饮食与建筑的设计及使用都相应提出了明确的形制规范。

上述的设计伦理本质是为古代封建王朝维护封建礼法统治，确保宗法等级制度而确立，到了明朝，中国传统社会面临转型，营造匠人开始向往独立与自由的精神，从“实践者”上升为“设计者”并致力于自我的实现，计成的《园冶》、李渔的《闲情偶寄》都在建筑空间、园林营造等方面提出了建立于个人经验之上的设计伦理规范，而在文震亨的《长物志》中，“天人合一”“师法自然”“删繁去奢”的设计生态伦理观，时至今日仍闪耀着理性和睿智的光辉。上述所列的中国设计历史上出现的规范与论著，虽然难成体系，也足以称为世界设计伦理的雏形和支流。“设计伦理”是一个较为庞大和广泛的概念，可再分为不同艺术设计领域对应的设计伦理，及设计伦理本身包含的不同方面。

### （一）期刊论文

我国有关各具体领域的设计伦理研究成果众多，通过将“设计+伦理”作为关键内容对近年来有关的主要刊物（表 2-1）具体研究进行整理，可以较为清晰地获得设计学专业针对相关内容的关注度，作为了解现实具体研究路径的重要依据，具有代表意义的成果大致可以列举如下。

---

① 黄公渚选注：《周礼》，商务印书馆 1936 年版，第 23 页。

**表 2-1　设计学重要学术期刊论文检索与设计伦理相关的论文(2004—2021)**

| 刊物名称 | 篇数(篇) | 占比(%) |
|---|---|---|
| 包装工程 | 62 | 27 |
| 装饰 | 71 | 31 |
| 南京艺术学院学报 | 26 | 11 |
| 建筑学报 | 18 | 7 |
| 文艺研究 | 25 | 11 |
| 伦理学研究 | 29 | 13 |

由表 2-1 可以得出,2004—2021 年之间发表在刊物上的“设计伦理”文章已经有 231 篇,其中《装饰》发表 71 篇,占总数 31%。仅次于《装饰》的是《包装工程》,有 62 篇之多。另外,《建筑学报》《文艺研究》《伦理学研究》与设计伦理相关的文章数量也多达 98 篇,占总数的 42%。

设计伦理学作为一个专门学科舶来中国文化领域之后,我国关于设计伦理的研究现状可以分为两大类别,一类是有关于设计伦理一般意义的、抽象化和总括性质的研究,另一类则是或于不同领域或从不同关注点出发,对具体设计项目与物象所涉设计伦理的探讨分析,以及关于设计伦理内涵与外延各执其词的阐述。

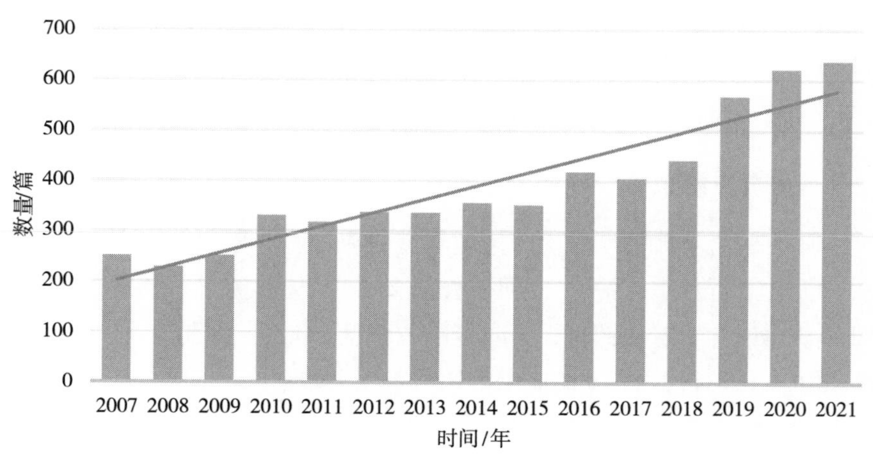


**图 2-1　“设计+伦理”检索结果中侧重基础理论研究的期刊论文数量(2007—2021)**

通过将"设计+伦理"作为关键内容对近年来有关的主要刊物进行检索，根据检索结果中侧重基础理论研究的主要期刊论文数量绘制出图2-1。数据显示，从2007年到2021年，设计伦理相关期刊论文数量始终处于稳步增长的状态。

在设计学主要学术成果中，关于设计伦理的总论性、一般性、理论性的期刊论文有：期刊《装饰》上由周志所撰《19世纪后半叶英国设计伦理思想述评》；高颖、王双阳合著的《从现代设计人文关怀内涵的转变看设计伦理的发展》；《艺术理论》上杨先艺、秦杨合著的《设计艺术伦理学研究的理论意义》；《装饰》上由学者李砚祖所撰写的《设计之仁——对设计伦理观的思考》；腾晓铂所撰的《维克多·帕帕奈克——设计伦理的先驱》；《伦理学研究》上徐平华所撰的《墨子设计思想的伦理意蕴》；韩超发表在刊物《美术与设计》上的《"物以致用"的睿智——由张道一先生的设计伦理观引发的思考》等。

2007年11月2日，由《装饰》杂志社与浙江工商大学艺术设计学院所联合主办的"2007全国设计伦理教育论坛"围绕着设计伦理的内涵、设计伦理及职业道德、不同文化背景下的设计伦理及设计伦理教育四个议题展开探讨。论坛还于11月3日通过了《杭州宣言——关于设计伦理反思的倡议》，该宣言倡导人们反思设计，并以设计入手担负其伦理反思与价值重构等社会责任。本次会议上，学者李砚祖从"仁"的角度出发，阐述了设计使用价值、审美价值及伦理价值三个层面的价值趋向及相关联系。[①] 对设计之"仁"的本质性、内涵与要求进行了深入的理性分析，进一步提出命题"伦理的价值和属性可看作是设计本身的特质之一"。在此次会议的影响下，逐渐有更多设计者与设计理论研究学者开始再次审视设计本身。于当代"一切为经济建设让道"的大势中，设计伦理的呼吁似乎有些单薄，而该论坛成功举办后，可持续设计相对于强调商业规则之适应性更突出教育宣传、观念转变，并由此初步构思设计伦理学科探究与教育课程框架之雏形，此举在设计、学术界受到了广泛关注，且直接推动了当代高校可持续设计教育课程的开展。

周志的《19世纪后半叶英国设计伦理思想述评》一文主要介绍了始于19

---

① 李砚祖：《设计之仁——对设计伦理观的思考》，《装饰》2007年第9期。

世纪后期英国的设计伦理思想[①]。工业革命后，产品制造生产相较以前发生了巨大转变，机器替代了部分人力活动，使得创作与手工逐渐分离，空前的工业发展速度也进一步导致新需求与旧语言间的冲突。在这一背景下，拉斯金首次批判了该时期的设计产品，随后莫里斯在其伦理思想基础上前进了一步，首次提出了解决方法。文章先是提出了工业革命后设计面临的两个问题：第一，机器的出现导致思想与手工的分离，使得设计师与工人得以区分，在这种情况下，设计应该如何发展？第二，前所未有的产业发展速度导致新要求和旧语言之间的冲突，应该发展什么样的新语言来满足新的要求？在这两个问题的指导和统领下，作者对罗斯金和莫里斯进行了系统的介绍，从科技进步到社会思想的变迁背景下，设计领域的物欲纵横、宗教信仰的日益衰弱都让人们开始反思并对设计伦理进行了一定的提倡。拉斯金是现代工业生产物欲横流现状、功利主义的主要批评者，而莫里斯则更是一个践行者，其本身是一个艺术设计师，创建了莫里斯公司，身体力行。虽然后期其面临着困境，但是他的尝试仍然给那个时代的艺术家们以振聋发聩的刺激。可以说两人是先破后立的代表。文章中深刻地表现了社会思潮的演化对于设计思想的影响。向当代学者清晰地描绘了 19 世纪后期英国设计伦理思想的变化与境况。

此外，徐平华以为，"以人为本""以用户为中心"为目前设计界的主要概念[②]，正如儒家"爱有差等"[③]的"仁爱"精神贯穿于设计的结果，导致了"设计异化"，而这恰是设计界亟待解决的难题。墨子的设计思想中含蕴着异常充裕的伦理考量，包含"兼相爱"的设计伦理思考方式，"利人""节用""非乐"的设计伦理意蕴，"兴天下之利，除天下之害"的设计伦理目的，引导以"爱人若己"的"兼爱"理论，替代"爱有差等"的"仁爱"理论，即"设计义治"，对解决这一难题有重要启示。

在设计学主要学术成果中，还有一类是对具体设计项目与物象所涉设计

---

① 周志：《19 世纪后半叶英国设计伦理思想述评》，《装饰》2012 年第 10 期。

② 徐平华：《墨子设计思想的伦理意蕴》，《伦理学研究》2016 年第 3 期。

③ 爱有差等为儒家主张，是人性的一部分，是每个人与生俱来、生而固有的普遍本性。最通俗的解释就是"谁给我的利益和快乐较少，谁与我比较疏远，我对谁的爱比较少，我比较少地为谁谋利益；谁给我的利益和快乐较多，谁与我比较亲近，我对谁的爱比较多，我比较多地为谁谋利益。"

伦理的探讨分析，以及关于设计伦理内涵与外延各执其词的阐述。在这里，通过将“设计+伦理”作为关键内容对近年来知网上有关的主要刊物论文进行检索，笔者将研究设计伦理的热点和趋势主要侧重点分为技术伦理、社会伦理、生态伦理三个方面。根据检索结果中侧重具体问题研究的主要期刊论文数量绘制出图2-2。

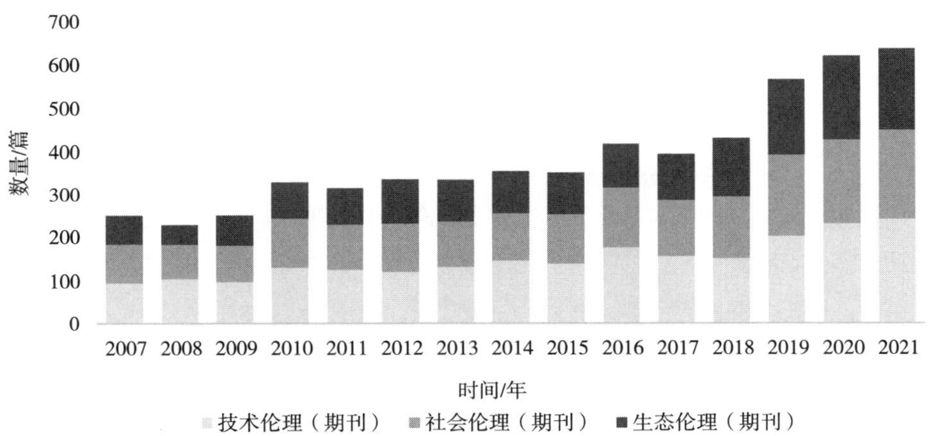


**图2-2　“设计+伦理”检索结果中侧重具体问题研究的期刊数量(2007—2021)**

图2-2的数据显示，在设计学主要期刊成果中，与设计伦理相关的具体问题的研究从2007—2010年基本呈现逐步上升的趋势，在2010年达到首个峰值，之后期刊论文数量就大致保持在每年增加10篇左右。其中，学者们对于设计伦理中的社会伦理，从最初的最小比重演变到现在与技术比重持平，可见设计中的社会伦理问题在2009年之后就广受学者关注。技术伦理随着科技的发展，从2007年就逐步攀升，在2010年创造历史新高之后就一直保持着较高的关注度。而生态伦理从2007年数量占比最小到2009年被其他两个方面追平甚至是被社会伦理赶超，并没有一直保持最初的态势，在2010年之后，生态伦理的期刊数量占每年总期刊数的比重基本保持恒定。

在“设计+伦理”中关于研究技术伦理的期刊论文有张晓东的《出版物设计中的伦理思考》、吴志军和彭静昊的《工业设计的伦理维度》等。关于“设计+伦理”中研究社会伦理的期刊论文有：姚雪凌的《文明的虚设——老龄化社会设计伦理的价值判断》，韩超的《设计之“善”——从伦理视角看英国“实际行动”组织对贫困民众的关怀》、《从美国“Design w/Conscience”运动对贫困群体的设计关怀谈起》，朱力和张楠的《“广场舞之争”背后的公共空间设计伦理辨析》、《城市环境设计伦理的维度研究》，熊承霞的《设计治疗对社会德失的价值意义》等。关于“设计+伦理”中研究生态伦理的期刊论文有李晓鲁和崔栋的《论可持续发展的设计伦理之道》等。

张晓东从设计伦理对出版业的影响出发，提出加强研究针对出版业的设计伦理的紧迫性与必要性，研讨了设计伦理形成之基础、保障与建筑设计伦理规范的必要因素。认为我国出版业应注意加强设计伦理理论研究。① 姚雪凌认为，在当前设计已满足基本功能需求及商业性后，必然出现各有不同的道德伦理需求。在面对老龄化社会设计的追求功利性及伦理道德性空洞等现状时，不能简单以美学观点探讨而应以设计伦理价值观加以判断，从而使得设计伦理能融入老龄化社会的各方面设计实践之中。遏制文明虚设、伦理浅浮于表面等现象，倡导设计者为老年人多做考虑，使老年人群真正体会到生活的美好。

2015 年，韩超从功能之“善”、技术之“善”、用度之“善”和精神之“善”的视角考察英国“实际行动”（Practical Action）组织在设计关怀贫困民众的实践中所折射出的伦理意蕴。② 该组织通过十几年的努力，使得众多欠发达国家和地区的贫困人群都能沐浴在“善”的设计关怀之下。许多的工程师、设计师和科学家在社会责任感和道德使命感的召唤下，以志愿者的身份参与其中，主动积极地投身于各类公益性的设计关怀。最终得出结论，该组织所做的一切都是在践行具有道德价值的设计伦理观，它为设计关怀提供了诸多借鉴和参考，也拓宽了人们对设计的理解和认识。朱力和张楠以公共空间的私有化现状为切入点，借“广场舞占用公共用地”现象分析中外文化对公共性的认知差异，探讨我国与西方公共空间伦理内涵之异，并尝试性提出“合理区分”“公众决策”“便于管理”等适宜当下中国城市空间设计的伦理原则，以此为后来本土适宜性较高的公共空间设计提供思路与理论依据。③ 另外，在他们的另一

① 张晓东：《出版物设计中的伦理思考》，《科技与出版》2015 年第 1 期。

② 韩超：《设计之“善”——从伦理视角看英国“实际行动”组织对贫困民众的关怀》，《装饰》2015 年第 5 期。

③ 朱力、张楠：《“广场舞之争”背后的公共空间设计伦理辨析》，《装饰》2016 年第 3 期。

篇文章中，探究了城市环境设计伦理的维度，他们认为城市环境设计伦理的研究是以寻求“应当”的环境设计价值为目的，时下，中国的城市化在加速发展的过程中，城市环境于多个层面上呈现出了与社会、自然间不可调和的矛盾。[①] 同时，由于城市环境层次多样而繁杂、尺度之高低区别较大，故对于城市环境的设计伦理研究亦需从精神、社会现状、生态、群众审美、经济发展、行为等多个维度进行发散性整体探讨。精神层面主要谈及人类思想史及文化观念对环境设计伦理的影响；社会层面谈及外在社会风貌与环境设计伦理方向的交融；生态层面则从绿色、可持续设计等技术方面来调和环境设计伦理与自然生态；审美层面以构建社会和谐美与生态美探讨环境对人真善美的引导作用；经济层面把视角置于环境设计的价值引导作用以引领人们构筑正确消费价值观念；而行为层面关注的则是于设计活动进行过程中各设计主体进行设计决策时，所应考虑的社会责任及义务，由此全盘考虑以构筑起较为周详的环境设计的伦理体系。

熊承霞针对当前社会发展进程中表现出来的伦理失范现状，管窥经济、政治、文化及意识形态等层面的秩序紊乱与价值观失衡，用文学治疗的观点整理传统设计形态中的伦理叙事系统，从传统文化形态“齐万物”的观点中佐证传统伦理精神对于人类道德的普遍意义。以伦理道德之态规约市井日常，构筑社会伦理文化归属及人生观、价值观，并由此探讨设计形态及儒家文化叙事方式的当代借用之法。力图透过设计的物质改造功能，以“合宜”的设计理念，引领“彰善、共生”的传统设计伦理风尚，纾解当下盲目追寻精神享受的设计倾向，以提高设计与当代社会的地位及社会治疗功能运用的合理性。[②] 吴志军和彭静昊以伦理为当代工业设计中不可不论的重要价值标准为核心观念，提出在研讨工业设计伦理基础时，更应关注及研究有着重要关系的“设计之善”，与讨论基础的设计价值及价值主题。工业设计应展现技术、社会、生态及利益的伦理性内涵。其中，技术伦理主要瞩目于产品设计时所需技术的选择及技术的人性化应用；社会伦理关注点为设计如何促进人与人之间关系的和谐；生态伦理主要关注设计生产与消费的可持续发展特点；而利益伦理的关

① 朱力、张楠：《城市环境设计伦理的维度研究》，《求索》2016 年第 5 期。

② 熊承霞：《设计治疗对社会德失的价值意义》，《包装工程》2016 年第 22 期。

注点则是各产业链与其主体间利益的多方面协调与相对公平。工业设计伦理的价值边界即为工业设计伦理性存在的边界。

2017年,以"设计介入精准扶贫"为主题的"腹地智慧——2017全国设计教育学术研讨会暨中国高等教育学会设计教育专业委员会年会"论坛在四川美术学院举行。清华大学美术学院、四川美术学院、中国美术学院等高校、企业的专家学者,分别围绕设计如何介入精准扶贫、如何围绕"双一流"建设开展特色设计教育等话题进行了探讨。"重视脱贫攻坚工作,既是承担高校应尽的责任,也是体现帮扶弱势群体和困难群众的一种情怀。"韩超紧随其后,发表以美国的"Design w/Conscience"运动("良心设计"运动)作为分析目标的文章,他认为设计在贫困群体的生活中长期"缺席",但它作为一种社会力量有能力且应该参与到"反贫困"的征程中①。美国"Design w/Conscience"运动为了使贫困群体,特别是贫困工匠成为有尊严的人,试图在探寻传统工艺的价值中实现道德关怀,并在设计实践过程中彰显责任意识,这为设计在伦理维度的理论与实践提供了新的视角和思路。设计具有特殊性,它是一种为他者而存在的道德责任。除美国"良心设计"运动外,从性质上看,大凡以道德关怀和责任意识作为出发点的伦理型设计都可被视为"良心设计"。而美国"良心设计"运动对弱势群体的设计关怀,对传统工艺的价值求索,以及对可持续发展的具体践行,无疑闪烁着人性的光辉。这显然成就了"良心设计"的崇高性,同时也为后续的相关设计实践和设计伦理研究带来诸多的启迪和借鉴。同年,韩超在另一篇文章中提出"物以致用"本为设计的原则之一,但"致用"到何种程度则关乎设计伦理。在文章中他通过分析张道一先生的设计伦理观得出,节制观有益于规范设计主体的行为,并能从形式和功能两方面理解设计行为的相对性;"良心"与"名誉"则是设计在道德上的评价,有利于人们评判设计行为及其结果的"善""恶";而设计的责任是整个设计界都应肩负的历史使命,能在伦理意义上有效地保障设计向正确的方向发展②。

---

① 韩超:《"良心设计"的伦理向度——从美国"Design w/Conscience"运动对贫困群体的设计关怀谈起》,《装饰》2017年第9期。

② 韩超:《"物以致用"的睿智——由张道一先生的设计伦理观引发的思考》,《南京艺术学院学报(美术与设计)》2017年第5期。

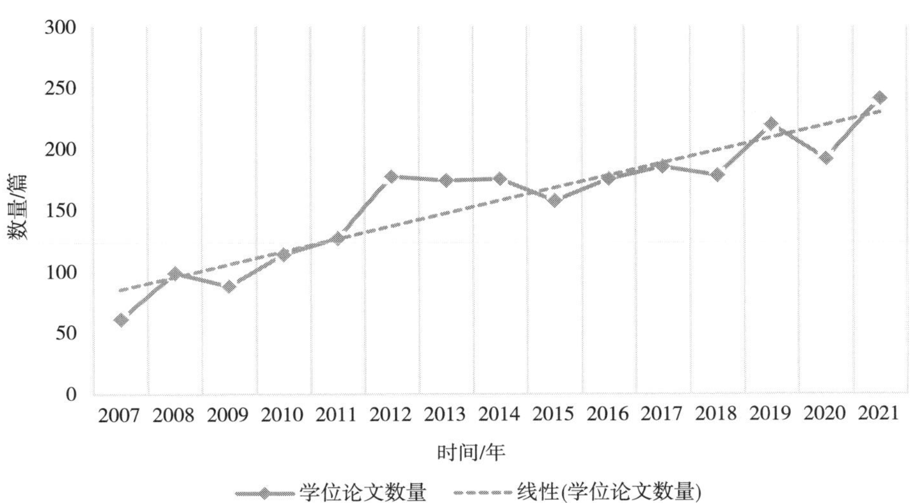


**图 2-3　近 15 年关于“设计+伦理”的硕、博士论文数量分析表（2007—2021）**

## （二）学位论文

从图 2-3 的数据不难看出，近 15 年来，随着设计伦理学学科的日益发展，越来越多的硕士、博士研究生，也开始了其有关设计伦理的专题研究，从 20 世纪 90 年代的以个数计算到进入 21 世纪以后的以倍数递增，再到近两年的数据爆炸足以说明，中国对于设计伦理的相关研究，正在进入一个高峰期，并且在接下来的数年内会获得业界越来越多的关注。

通过将“设计+伦理”作为关键内容对近年来有关的主要硕士、博士论文进行检索，根据检索结果中侧重基础理论研究的主要学位论文数量绘制出图 2-4。根据图 2-4 的数据，2010 年的论文数量为首个历史新高，达到 6 篇，占到 15 年来总数值的 13%。2010 年之后总体呈现稳定趋势，数量围绕 3 篇上下浮动。

在设计学主要学术成果中，关于设计伦理的总论性、一般性、理论性的硕士、博士论文有中央美术学院杨慧丹的博士论文《设计迷途——当代语境下的设计问题研究》，中央美术学院周博的博士论文《行动的乌托邦——维克多·帕帕奈克与现代设计伦理问题》，上海大学孙洪伟的博士论文《〈考工典〉与中国传统设计理论形态研究》，湖南师范大学姜松荣的博士论文《第四条原则———设计伦理问题研究》等。

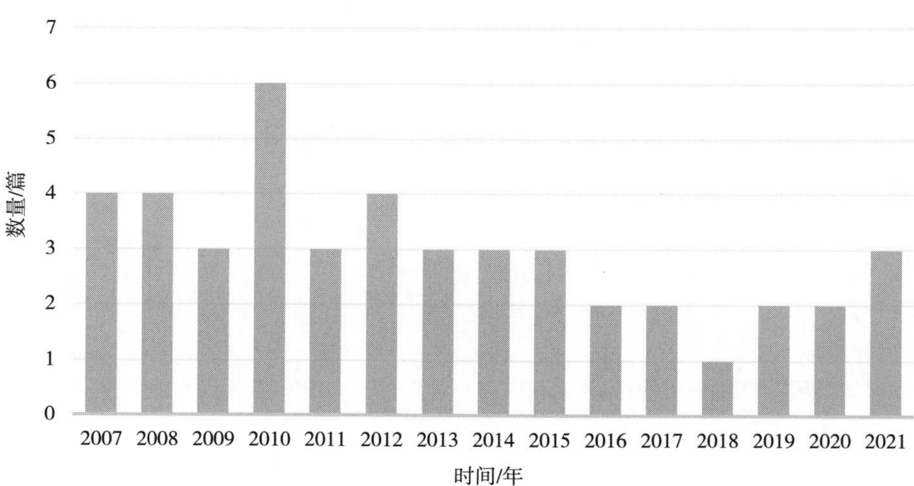


**图 2-4 "设计+伦理"检索结果中侧重基础理论研究的硕、博士论文数量(2007—2021)**

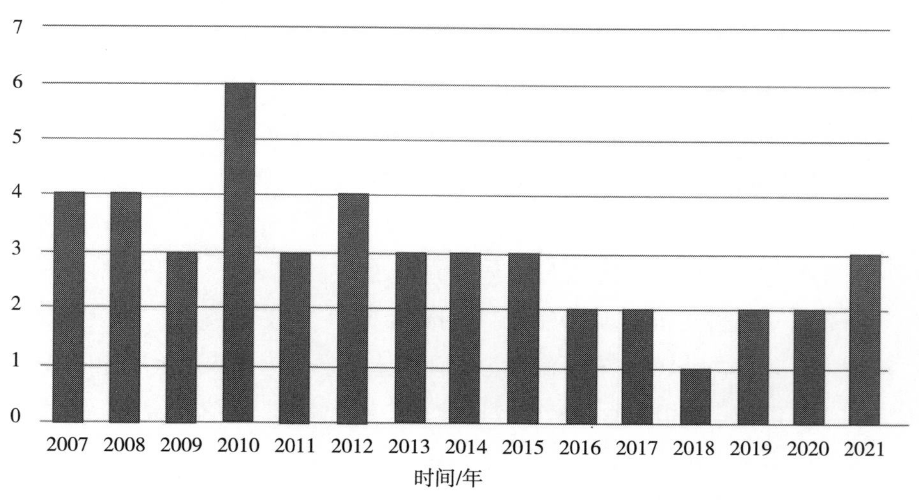


**图 2-5 "设计+伦理"检索结果中侧重具体问题研究的硕、博士论文数量(2007—2021)**

笔者将研究设计伦理的热点和趋势主要侧重点分为技术伦理、社会伦理、生态伦理三个方面,绘制出图 2-5。与设计伦理相关具体问题的研究从 2007—2010 年一直呈现逐步上升的趋势,2010 年的数量变化较大,数量接近于 2009 年的两倍,在 2010 年之后与 2009 年相比,大致呈现稳步上升的局面。

其中，技术伦理和社会伦理所占比重都呈现上升的局面，而生态伦理波动较大，从2010年之后基本保持稳定的比重，在2017年比重甚至有所下降，而2017年硕、博士论文数量所占比重最大的为社会伦理方面的研究。

关于研究设计的技术伦理的硕士、博士论文有沈阳航空航天大学苑圆的硕士论文《基于设计伦理的儿童动画创作研究》、浙江工商大学严萍的硕士论文《网络广告的设计伦理研究》等。关于设计的社会伦理有北方工业大学李娜的硕士论文《当前我国城市建筑的伦理分析》、湖北工业大学易夏媛的硕士论文《基于设计伦理视角下小型居住空间设计研究》、四川农业大学易守理的硕士论文《基于设计伦理之灾民安全感的景观设计探究》等。关于设计的生态伦理有中央美术学院胡娜的硕士论文《遵循绿色设计伦理的生命体建筑》、湖南工业大学管晨的硕士论文《生态友好型社会背景下的设计伦理研究》等。

设计伦理的研究总是绕不开帕帕奈克，周博可以说是对于帕帕奈克的现代设计伦理思想了解最为深刻的学者之一。其文章以维克多·帕帕奈克之设计思想为主心，整理了当代设计伦理相关学术史脉络，并始终围绕如何运用及发扬当代设计这一自19世纪才逐步被人掌握的技术来为人类谋福而展开。该文章以第二次世界大战前设计先驱者们对于道德问题的关注为始，探讨了美国消费设计兴起过程中，设计者行业意识及行业道德感的萌生。此时现代设计经验基本奠定了对于设计伦理问题探讨的基础。① 其次是讨论在《为真实的世界设计》发表之前的学术话语形态以及此时流行的有机现代传统设计对其的影响。然后主要是探讨帕帕奈克对设计的认知基础，他的设计伦理主张、设计构思与解决方法，及20世纪90年代以来设计伦理理论与实践方面的进展。最后主要讨论90年代以来设计伦理在理论和实践层面上的进展。最后，作者得出结论认为，围绕设计伦理问题展开的思想线索反映了一种人道的设计思想传统，而当代伦理问题的探究须置于一个更为繁杂的社会语境后进行。

杨慧丹的《设计迷途——当代语境下的设计问题研究》首先讨论超高层建筑与城市，分析中国当代城市建设与超高层建筑的现状②。其次对古代城

① 周博：《行动的乌托邦——维克多·帕帕奈克与现代设计伦理问题》，中央美术学院2008年博士论文。

② 杨慧丹：《设计迷途——当代语境下的设计问题研究》，中央美术学院2012年博士论文。

市与建筑营建的分析注重设计发展的逻辑性与历史必然性，以历史、政治与经济为背景，将建筑与产品，设计与绘画、音乐、舞蹈等其他文化门类横向联系起来，分析得出现今的乱象源于美国的消费文化。为解决这一问题，通过对设计行为动机的研究，以及对设计对人类历史进程造成的影响的研究，发现设计真正的原动力，从而探寻到设计的真意——为生存而设计。最后对今天的设计行为作出判断，重新定义设计对人类与文化所应负起的责任，整个分析过程实际上是对设计伦理的一个重新诠释。

孙洪伟采用文献研究法，以《考工典》为主要研究对象，对中国的传统设计伦理进行了研究分析。文章的研究主体主要由两大部分五个篇章组成，亦即"一大原理、四大分疏"。① 尤其值得称道的是文章第三至七章的内容，其标题分别为"观象制器:中国传统设计的基本原理""百工制度:中国传统设计的管理模式""能主之人:中国传统设计的主体类型""材美工巧:中国传统设计的基本领域""巧法造化:中国传统设计的基本方法"等。笔者认为"观象制器"作为中国传统设计的基本理论，渗透于传统设计的各个方面，从四个层面考察了"观象制器"的分疏问题。即"观象制器"原理塑造了我国传统设计的管理模式、主体类型、传统设计的基本领域及基本方法。以中国传统设计的基本原理为核心，同时论述了中国传统设计的管理模式、中国古代的设计师和设计职业、中国古代传统设计的主要涉足领域。基于文献研究的基本方法对于《考工典》的结构体系和设计体系进行了深刻的解读，这篇博士论文是对中国传统设计典籍《考工典》和中国传统设计原理和状态的一个较为全面论述。

李娜基于我国当前城市建筑存在的三大问题，提出了自己的解决方法。采用实例分析法、比较分析法、文献分析法研究方法对现代城市建筑进行分析，提出城市建筑应该具有的三种伦理性质即生态伦理、政治伦理和社会伦理。对城市建筑存在的三大问题进行了说明与分析，并提出了城市建筑的伦理资源和城市建筑设计伦理构建的一些想法:现代城市建筑应该具有的三性，即文化性、时代性、地域性②。这都是对我国目前设计伦理的有益启示。

以上所列诸多文章于设计伦理研究而言，可谓具备了诸多有益的理论基

① 孙洪伟:《〈考工典〉与中国传统设计理论形态研究》，上海大学 2014 年博士论文。

② 李娜:《当前我国城市建筑的伦理分析》，北方工业大学 2016 年硕士论文。

础性阐发意义，对后续一些相关研究具有重要的理论借鉴意义。从中可以发现，学者和设计师们有关设计伦理的思考和认知，从古至今、从西方到东方，演进的步幅日新月异。在日益强调人权和尊重人格的人文时代，人们在设计领域中的环保理念越来越明晰，设计伦理的含义与理念也因而随着时代的发展不断进步——确切而言，设计伦理渐趋合理的人性需求并顺应人文的未来发展大势。虽然设计伦理的概念到近代才被提出，但事实上设计从由人创造便一直存在，因为人便是社会关系中的一环，社会中的人所带有的伦理性质与观念自然而然地会带到设计中来，一个有着良好道德伦理修养的人自然不会设计出违背社会基本道德伦理观念、冲击群众基本价值观的设计作品。

上述文献对于本文的写作有许多的启示和思考。孙洪伟的《〈考工典〉与中国传统设计理论形态研究》是文献研究法的典范，国内与此类似的还有关于《墨子》和《天工开物》等文献的研究。从中华古代文化典籍中汲取营养，是我国学术研究的一大特色和优势，千年的历史给予我国文化不同的底蕴和内涵，使我国的艺术设计拥有属于自己的独特光彩。

### 结论：国内设计伦理研究的趋势和热点

综合以上设计伦理研究的期刊论文、会议论文的数据分析，笔者认为，当前我国设计伦理研究呈现以下的趋势：研究对象从普及型的史论研究转向解决当下突出社会问题研究；研究领域从传统设计领域扩展到新兴设计领域；研究重心从西方设计伦理转向中国传统设计伦理。研究热点则集中在贫困问题、老龄化问题、家庭建设问题等。

1. 贫困问题

贫困问题研究是近年设计伦理理论与实践研究的热点，在2017年获批的两项国家社会科学基金艺术学项目，其中包括一项重点项目，最核心的关键词都是“精准扶贫”，并且获批单位和研究的对象都是集中在中西部①。党的十八大以来，脱贫攻坚成为全面建成小康社会的底线任务和标志性指标。新时代我国社会主要矛盾由“人民日益增长的物质文化需要同落后的社会生产之间的矛盾”转化为“人民日益增长的美好生活需要和不平衡不充分的发展之

① 主要集中在江西和云南。

间的矛盾”。贫困问题是“不平衡不充分的发展”的最明显的问题之一。可以预见,在未来几年内,我国设计伦理实践的研究在解决中国贫困问题上会进一步加强,并且我国作为世界上消除贫困最有经验的国家,为联合国所瞩目,不排除会有中国模式走向世界的研究趋势。

2. 老龄化问题

根据智研咨询发布的《中国养老行业现状分析及投资战略研究报告》中的数据绘制图 2-6 和图 2-7,截至 2014 年,中国 60 岁以上老年人口有 2.12 亿,占人口总数的 15.5%,其中 65 岁以上老年人口有 1.37 亿。预计到 2020 年,我国老年人口将达到 2.43 亿。国际上通常看法是,当一个国家或地区 60 岁以上老年人口占人口总数的 10%,或 65 岁以上老年人口占人口总数的 7%,即意味着这个国家或地区的人口处于老龄化社会。

即便如此,中国相当一段时间内大多数家庭是独生子女的现状短期内无法改变,从图 2-8 的数据来看,2011 年至 2021 年的失能老人的数量越来越庞大,从人口结构的角度来看,中国的高龄老人数量从 2010 年至 2050 年将持续增长。由于高龄老人群体中失能率在 50%以上,我国失能老人规模或从现阶段的 625 万人上升到 2050 年的 1875 万人,35 年里增幅将高达 200%。由于老龄化所带来的疾病、医疗、养老产业、失能、失独、空巢等问题会在未来相当一段时间成为设计伦理理论研究与实践的热点问题,并且这种趋势会长时间持续。在 2007—2017 年国家社会科学基金艺术学项目也可以看出,有关“养老”“老龄社会”“居家养老”“临终关怀”出现频数较高。

3. 家庭建设问题

孟子曰:“天下之本在国,国之本在家,家之本在身。”无论是在传统社会还是在当代中国,家庭始终是国人安身立命之所,而重视家庭和家庭建设则是中华民族自古以来的传统。习近平总书记在 2015 年春节团拜会上指出:“不论时代发生多大变化,不论生活格局发生多大变化,我们都要重视家庭建设,注重家庭、注重家教、注重家风,紧密结合培育和弘扬社会主义核心价值观,发扬光大中华民族传统家庭美德,促进家庭和睦,促进亲人相亲相爱,促进下一代健康成长,促进老年人老有所养,使千千万万个家庭成为国家发展、民族进步、社会和谐的重要基点。”这彰显了家庭建设任务之重要,揭示了家庭建设

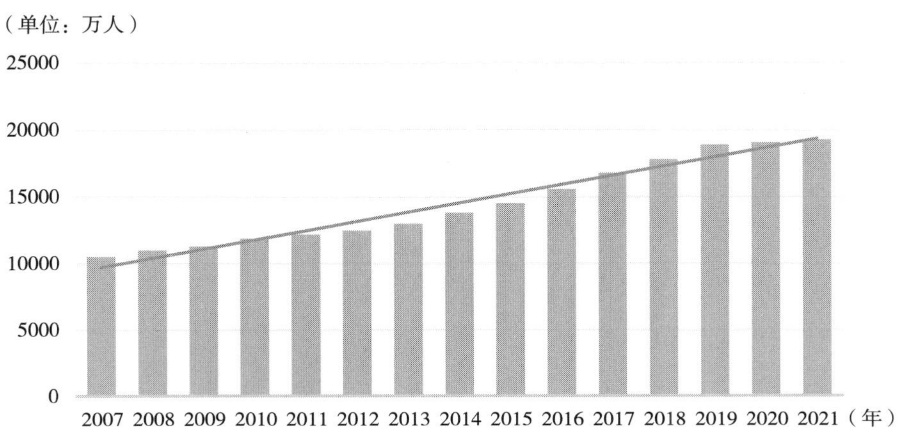


**图 2-6　2007—2021 年中国 65 岁以上人口变化趋势图**

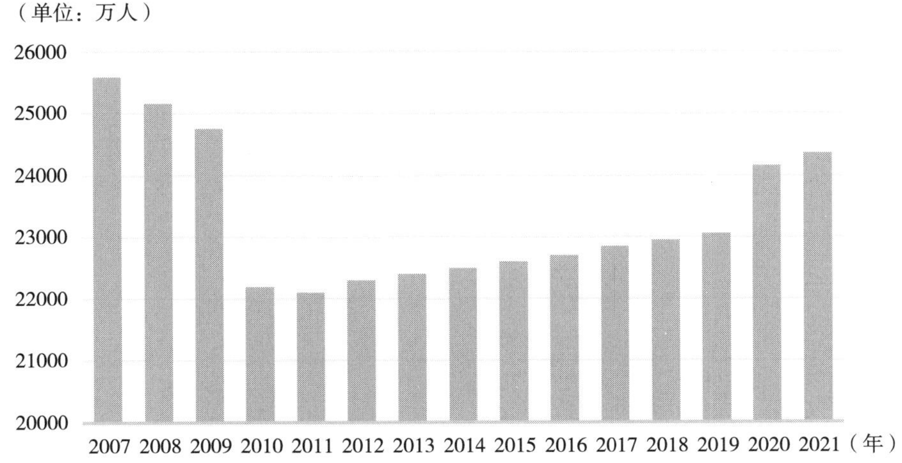


**图 2-7　2007—2021 年中国 0—14 岁人口变化趋势图**

在公民思想道德建设和社会和谐发展中的突出地位。①

家庭问题涵盖婚姻问题、婆媳问题、亲子关系问题等，中国当下家庭建设问题突出，家庭领域依旧存在着不良价值风向影响着家庭，传统家庭美德遭到了破坏；婚姻家庭矛盾数量持续增多，家庭矛盾逐渐转化为社会矛盾；家庭教

① 陈延斌：《论家庭建设》，《光明日报》2015 年 10 月 7 日。

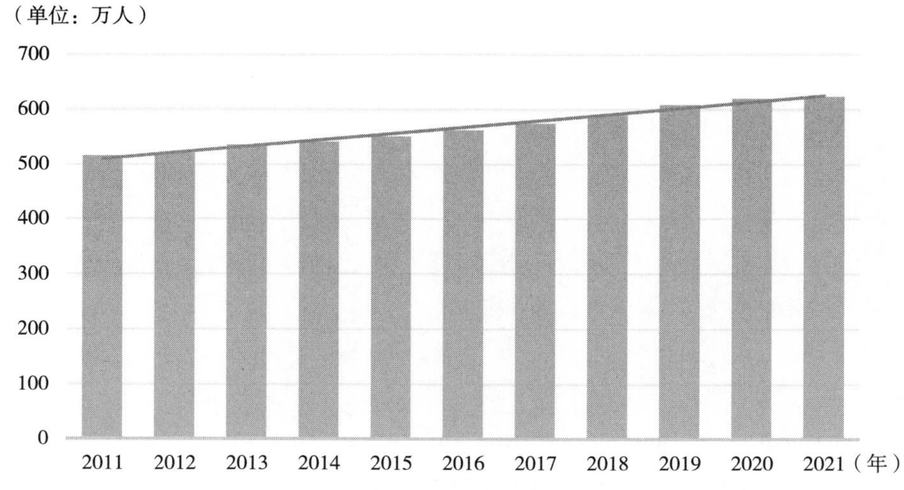


**图 2-8　2011—2021 年中国失能老年人口变化趋势图**

育急需改进，家庭教育与国民教育中的建设性引导力匮乏等问题一直存在。单就离婚率，从 2007 年的 1.60%一直保持稳步上升的状态，到 2016 年已经达到了 3.00%（见图 2-9）。人有很大部分时间生活在家里，如何通过设计手段解决当下中国家庭建设的问题，是设计伦理研究近些年来关注的热点，在 2007—2017 年国家社会科学基金艺术学项目中，有关家庭问题研究的项目也出现频次较高。

**图 2-9　2007—2020 年中国结婚率、离婚率情况走势**

#### 4. 新兴设计学领域的设计伦理问题

随着新的技术、工具和手段的不断出现，设计学也拓展出很多新兴领域，如交互设计、体验设计、服务设计等。2012 年《装饰》杂志第 10 期特别策划了“伦理转向”专题。周志、陈岸瑛、方晓风和吴琼分别从工业革命、现代主义、后现代主义和信息时代设计伦理研究重点的转移进行了论述。在新兴设计学领域，设计伦理探讨的内容和形式与传统的设计学领域会有一定程度差异，这些差异的系统性分析是相当必要和迫切的。从近年来的学术论文和国家项目立项情况也可以看出，对新兴设计学领域的设计伦理问题的关注度呈直线上升的趋势。

# 第三章　伦理概念及其文化溯源

以中国传统文化作为基础，对“伦理”作词源学考察，这实际上是一个由“伦”“理”建构的合成词，因而，有关于“伦”“理”和“伦理”三个词的内涵及外延的辨析，有助于理清“伦理”文化意义，这是本书研究的理论基础。

## 一、“伦”含义溯源

“伦”是“倫”的简写字形，具有名词和动词的双重意义。就名词词性而言，“伦”是从人、仑声的形声字，本义为“辈”“类”。《说文解字·人部》释“伦”：“辈也。从人仑声；一曰道也。”《说文解字注》释“伦”：“辈也。军发车百两为辈，引申之同类之次曰辈。”郑注《礼记·乐记》曰：伦犹类也，注《既夕》曰：比也，注《中庸》曰：“犹比也，从人”；《小雅》：“有伦有脊；《传》曰：伦道、脊理也”；《论语》：“言中伦；包注伦，道也，理也”，并言：“按粗言之曰道，精言之曰理。凡注家训伦为理者，皆与训道者无二。”沿用此义，《逸周书》有“悌乃知序，序乃伦；伦不腾上，上乃不崩”之说。除本义外，“伦”又有双重引申义，其一为道理、义理，如《书·洪范》中有“我不知其彝伦攸叙”；其二为意义，如《礼记·祭统》记：“夫祭有十伦焉。”当然，古时“伦”也作“论”的通假，如《庄子·齐物论》“有伦有义”。

众所周知，“辈”有物种学层面的“代”的意义，“类”有物种学层面的“属”的意义。因此，就“伦”的本义而言，具有断代、分类的基本蕴涵。就“伦”的“道”“理”等引申义而言，则有含蕴于某一物事之中且须判断鉴别方能知晓的客观实在或名学知识。据此可言，“伦”是人类基于断代、分类等活动的主观所得或先验存在。无论过程或结果，“伦”自始至终孕育了探究、甄别、分析、结构等设计学基本理论。综上所述，基于本义对“伦”以训诂学为前提的设计学考察，必须成为设计学伦理的理论基础。如图 3-1 所示，“伦”的古字为“倫”，其字形是一个典型的左右结构，由“亻”和“侖”组合而成。

其中，《说文解字·卷八·人部》释“亻”为“天地之性最贵者也”。《说文解字注》释“亻”如是：“天地之性㝡贵者也，㝡本作最。”性古文以为生字。《左传》曰：“正德利用厚生”。《国语》作“厚性是也。”许书称古语不改其字。《礼运》曰：“人者，其天地之德，阴阳之交，鬼神之会，五行之秀气也。又曰：人者，天地之心也，五行之端也，食味别声被色而生者也。按：禽兽草木皆天地所生，而不得为天地之心，惟人为天地之心，故天地之生此为极贵，天地之心谓之人，能与天地合德，果实之心亦谓之人。自宋元以前本艸方书诗歌纪载无不作人字。自明成化重刊本艸乃尽改为仁字。”“仁者，人之德也。不可谓人曰仁，其可谓果人曰果仁哉。金泰和闲所刊本艸皆作人”。强调：“人”为“亻”的籀文，“此对儿为古文奇字人言之。如大之有古文籀文之别也。字多从籀文者。故先籀而后古文。象臂胫之形。人以从生。贵于横生。故象其上臂下胫。”可见，古人眼中“亻”作为“人”的偏旁化形，其本真或曰实质在于“亻”之于万事万物的超脱、引领直至超然的特殊属性。据此可知，“亻”作为“人”之所属，从其字形产生伊始便具备从适应到熟悉，再到认知，再到把握，甚而以己之力，改造或创造一定外部世界的能力。“人”也因此具备了现代艺术学领域内的创意、创建、创造等层面的设计学意义。

就“侖”而言，《说文解字·卷五·亼部》解释为“思也。从亼从册。𠎩，籀文仑力屯切”。《说文解字注》道“仑(侖)”为思也。《龠下》曰：“仑，理也”。《大雅·毛传》曰：“论，思也。按：论者，仑之假借，思与理、义同也；思犹也。凡人之思必依其理。伦、论皆以‘仑’会意，从亼册，聚集简册必依其次第，求其文理。”就“仑”所从“亼”“册”而言，《说文解字·亼部》释“亼”：“三合也。从入一，象三合之形。凡亼之属皆从亼。”许书通例：“其成字者必曰从某。如此言从入一是也。从入一而非会意，则又足之曰：象三合之形。谓似会意而实象形也。”

另外，《说文解字注》标注“册”的字形为𠕋和䈝，并释“册”为：“符命也。诸侯进受于王者也。者字依韵会补。”《尚书》：“王命周公后作册逸诰”，《左传》：“王命尹氏及王子虎、内史叔兴父策命晋侯为侯伯”“王使刘定公赐齐侯命及三王世家策文皆是也。”后人多假“策”为之。象其札一长一短、谓五直有长短，中有二编谓二横。蔡邕《独断》曰：“策，简也，其制，长者一尺，短者半之；其次一长一短，两编下附。札，牒也；亦曰简。编，次简也。次简者、竹简长短相闲排比之，以绳横联之，上下各一道。一简容字无多，故必比次编之，乃容多字。”《聘礼记》云：“百名以上书于策是也。一简可容书于简。每简一行而已，不及百名书于方，则合若干行书之。百名以上书于策，方即牍也。牍，书版也。简册，竹为之。牍，木为之。一册不容则粂册为之。”《国史》：“册书盖如是。”郑注礼云：“策，简也。此浑言之，不分别耳。册字五直，象一长一短。象其意而已，且简之若干未可肊定也。”

可见，“册”为象形字，其本义为按照一定顺序编制装订的、以文字辑录或书写为目的的竹简或木牍或札、牒等。“册”的编制装订既要遵循一定顺序，又要尊崇相关内容主题。就字形和本义而言，实质都具有重要的设计学属性。

“亻”和“仑(侖)”合为“伦(倫)”后，其内涵主要体现在人与人、人与“仑(侖)”的关系问题，如图 3-1。马克思认为“动物对他物的关系不是作为关系而存在的”①，而人会主动地和万物发生一种主体和客体的关系。笔者认为在“伦理”概念的诠释里，人是最为重要的一个组成部分。人可以从生物、精神与文化等各个层面予其定义，或是这些层面定义的结合。生物学上，人被分类为人科人属人种。精神层面的描述中，人被认为可以运用各种灵魂，宗教中这些灵魂被认为与神圣的力量或存在有关。在文化人类学中，人被认为是能够使用语言、具有复杂的社会组织与科技发展的生物，尤其是能够建立团体与机构来达到互相支持与协助的目的。而在中国传统文化的语境里，人是能把历史典籍当作镜子以自省的动物。

所以，“亻”除了生物人、社会人的含义，还有仁、灵魂、自省等具体外延。我国古代许多文献给予了具体阐释，《列子·黄帝》中有“有七尺之骸、手足之异，戴发含齿，倚而食者，谓之人。”《说文》中有“人，天地之性最贵者也。”《礼记·礼运》中有“故人者，其天地之德，阴阳之交，鬼神之会，五行之秀气也。……故人者，天地之心也，五行之端也。”《荀子·修身》中有“术礼义而情爱人。”《吕氏春秋·举难》中有“故君子责人则以人，责己则以义”。“伦”另

① 《马克思恩格斯全集》第 3 卷，人民出版社 1960 年版，第 34 页。

外一个构成“仑”也是会意字，主要有三个方面的释义，其一为次序、条理，如图 3-2。其二为从人、从册，“侖”的意思为变化、转化等。其三为反思。

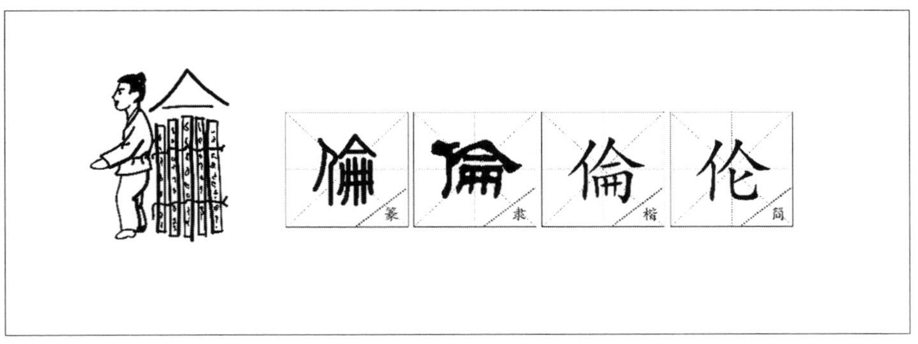


**图 3-1　“伦(倫)”字字形演变示意图**

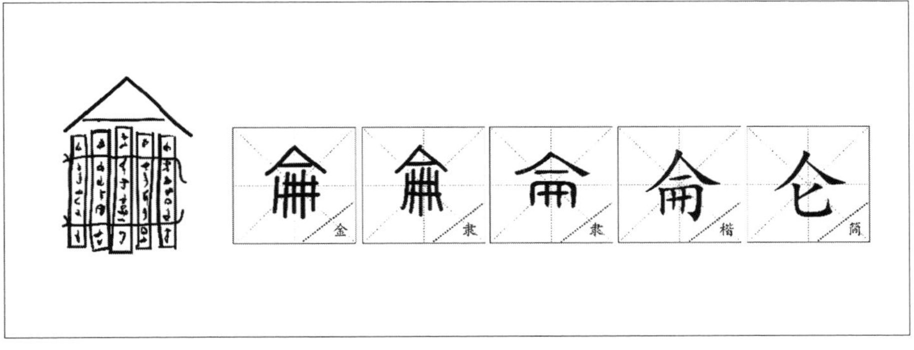


**图 3-2　“仑(侖)”字字形演变示意图**

“伦(倫)”字除了上述本义蕴涵外，其意义在中国传统典籍还有如下延展。

第一，表“人伦”。特指封建社会中礼教所规定的人与人之间的道德关系。如《孟子·滕文公》：“教以人伦。”《管子·八观》：“背人伦而禽兽行，十年而灭。”《孟子·滕文公上》：“人之有道也，饱食暖衣，逸居而无教，则近于禽兽，圣人(舜)有忧之，使契为司徒，教以人伦：父子有亲，君臣有义，夫妇有别，长幼有序，朋友有信。”《诗大序》：“先王以是经夫妇，成孝敬，厚人伦，美教化，移风俗。”《汉书·东方朔传》：“上不变天性，下不夺人伦。”

第二，表“条理”。如《荀子·解蔽》：“众异不得相蔽以乱其伦也。”《逸周书》：“悌乃知序，序乃伦；伦不腾上，上乃不崩。”又如：伦叙（有条理，有顺序）；伦次（条理次序）；伦绪（条理秩序）。

第三，表“类”。如《过秦论》：“廉颇、赵奢之伦制其兵。”《荀子·富国》：“人伦并处，同求而异道，同欲而异知。”杨倞注：“伦，类也。并处，群居也。其在人之法数则以类群居也。”《后汉书·陈蕃传论》：“愍夫世士以离俗为高，而人伦莫相恤也。”《北齐书·文襄帝纪》：“（侯景书云）禽兽恶死，人伦好生，仆实不辜，桓、庄何罪。”

第四，表“意义”。如《礼记·祭统》：“夫祭有十伦焉。”

第五，表“顺其纹理”。如《周礼》：“析开必伦。”

第六，表“反思”，同“仑”。《新方言·释言》里说：“浙江令人自反省者，曰肚里仑一仑。”

因此，关于“伦（倫）”字以“亻”为起始，事实上囊括两个层面的含义。

### （一）人与人、人与条理的相互关系

当早期人类开始制造、使用和携带工具的时候，无疑已经和动物有了区分。当早期人类有了清晰的意识，类意识随之出现。什么是类意识？吉丁斯认为任何生物不论其处在哪一层次，都将其他有意识的生物视为与己相同的类。类意识就是一种共相，把讲同一种语言的人视为都是同类。动物种群虽然也聚集为一类，但是靠本能，而不是靠类意识，所以动物有类而无类意识，因为它们缺乏形成类意识的语言媒介①。

类意识产生之后，有关制作、使用和携带工具的经验开始传播，笔者认为这种经验即是早期人类所学习的最早的条理，而这种经验进一步发展，形成后世的规范、礼仪、风俗、等级和道德秩序。也因为类意识的产生，同类人的概念也变得类意识，使人类的聚合不再凭单纯生殖，也不再凭借武力，而是有规范、有礼俗、有等级和道德秩序，这就是荀子所讲的“有辨”“有分”，也是亚里士多德讲的“人是政治的动物”。②

---

① 邓晓芒：《人类起源新论》（上），《湖北社会科学》2015 年第 7 期。

② 邓晓芒：《人类起源新论》（上），《湖北社会科学》2015 年第 7 期。

当人有了自我意识以后，加以语言和命名，经验就被抽象化、概念化。早期人类的这种学习条理动机往往是生存需要。西安市东郊纺织城半坡村北的西安半坡遗址是黄河流域典型、完整的新石器时代母系氏族公社村庄遗址，出土了大量陶球，如图 3–3。考古工作者推测这些陶球是半坡先民用以打猎谋生的工具，如图 3–4。当第一个人类制造、携带并使用这种工具后，同类的人群开始意识到学习第一个人使用工具的条理会有利于猎物的获取，能够更好地生存和生活。这个时候人的行为则呈现出“精神”特点，也就是从无意识到有意识、有目的甚至深思熟虑的特点。王充在《论衡·订鬼》所说：“天地之性，本有此化”，“侖”为“仑”的古字，这个时候“倫”字便有了如下的诠释，当第一个人创造并形成有利于个体和群体生存发展的“亼”与“册”，因为“类意识”觉醒产生的同类人开始学习而形成相互关系，如图 3–5。

**图 3–3　西安半坡遗址出土的陶球**

## （二）生存和“成人”的需要

在原始社会残酷的生存环境中，个人的生存依赖于集体，集体由同类人构

图 3-4　半坡人狩猎飞球索模拟图

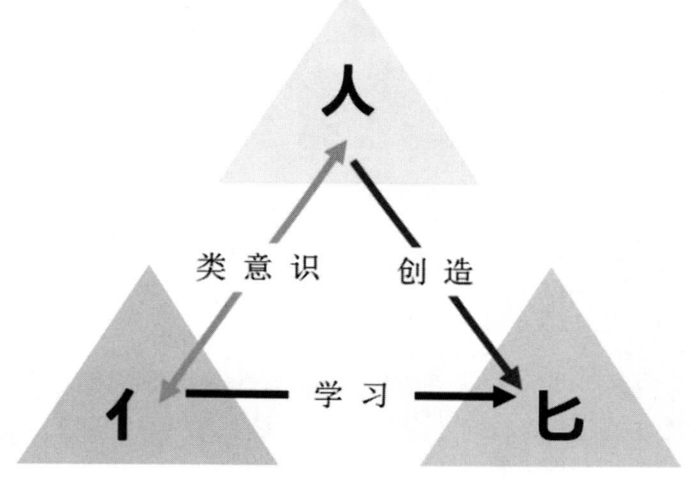


图 3-5　“伦(倫)”字构成关系

成。这种情形下的需要首先是生存,其次才是成长和发展,这里可以称为“成人”的需要。这个在“仑”的构成也能够体现。“匕”为“化”的古字,一人化之,余者跟随。在哲学范畴里,“化”是高级动物的人进化到人的形式、人的行为的进行形式。不论这种行为是在什么情况下或以什么形式发生，其本身都对人产生了各自的作用，这种作用表现在人的思想意识的改变，当人的某一行为在现实中与自然的赋予产生背离的时候，人就会在人的行为中得到教训，当人的行为与自然的赋予有了协调的关系时，人就会在自身或别人的行为过程中得到启发，只要是人的行为作用于人本身，就有人的教化进行。这种需要既是个人不得已的选择，也是自愿选择，既是为自己的选择，也是为集体的选择。

从生存迈向"成人"，意味着摆脱纯粹生理性的支配，人的需要开始在质和量上获得升华。第一批从动物界进化而来的原始人类，无论是生产还是生殖，其行为仍然在很大程度上依赖自己的本能和原始冲动，与大自然中的其他动物并没有明显而清晰的界限。因此，第一批原始先民只能是"正在形成中的人"，而非一个"真正大写的人"。人之所以配得上称为人的存在，在于对自然性的扬弃和超越，使自然的情欲、冲动纳入人自身，"把它规定和设定在为他自己的东西。[1]"

在这种需要的变更过程中，原始人也开始认识到自己和动物的差别，理性开始出现。从存在本体论的意义讲，人是一个理性的存在，理性是人借以与宇宙万物相区别并独立存在的质的规定性。在亚里士多德看来，人的特殊功能就是"根据理性原理而具有的理性的生活"[2]。

## 二、"理"含义甄辨

"理"有动词和名词两种词性。名词的"理"主要指纹路、条纹等，如《荀子·儒效》曰："井井兮有其理也"；《说文解字·叙》言："知分理之可相别异也"等，以此为据，"理"还具备诸如"道理""义理""事理""使者""媒人"等引申义。"理"，从玉，里声，表示与玉石有关。"里"为里面、里边，表示内部、内在。其本义为加工雕琢玉石，作为动词时所强调的是与玉石相关的加工雕琢过程。《说文》道："理，治玉也。顺玉之文而剖析之。""理"为加工玉石，即把玉从璞石里剖分出来，顺着内在的纹路剖析雕琢，引申有纹理之意。

---

① 黑格尔：《法哲学原理》，商务印书馆1982年版，第23页。

② 周辅成：《西方伦理学名著选辑》（上卷），新华书店1964年版，第280页。

汉许慎在《说文解字》中说："玉，石之美兼五德者。"所谓五德即指由玉的五个特性引申出的仁、智、义、礼、信五种道德规范。一般玉并非直接呈现于世，而是被石头层层包裹。所以"里"寓意现象背后包蕴的本质，是社会生活所必须遵守的规律，即道理、真理，也是智者才能明晰的道理。《韩非子·和氏》有"理者，成物之文也。长短大小、方圆坚脆、轻重白黑之谓理"的辑录。以此为前提，动词词性的"理"，又具备"治理""管理""整理""使……有条理""使……有秩序""处理""办理"，甚而"温习""熟悉""演奏""区分""辨别""申诉""辩白""修缮"等引申意义。

"理"字除上述本意范畴的内涵外，在文献典籍中还有如下代表性释义。

第一，表"纹理"之意。如《说文解字·叙》："知分理之可相别异也。"《淮南子·览冥》："璧袭无理。"《荀子·儒效》："井井兮有其理也。"《说文解字·叙》："知分理之可相别异也。"刘禹锡《砥石赋》："圭形石质，苍色腻理。"

第二，表"法律""司法官"之意。如《管子·小匡》："弦子旗为理。"司马迁《报任安书》"遂下于理。"

第三，表"道理""义理"之意。如《庄子·秋水》："是未明天地之理，万物之情者也。"《吕氏春秋·慎行论》："验之以理。"南朝梁丘迟《与陈伯之书》："恶积祸盈，理至焦烂。"柳宗元《送薛存义序》："势不同而理同。"《古诗为焦仲卿妻作》："理实如兄言。"王安石《答司马谏议书》："天下之理得矣。"明代倪元璐《袁节寰大司马像赞》："须眉之谓男子，衣冠之有精理。"清代刘开《问说》："理无专在。"

第四，表"使者"之意。如《左传·昭公十三年》："行理之命，无月不至。"注："行理，使人通聘问者。"

第五，表"媒人"之意。如《离骚》："吾令蹇修以为理。"

第六，表"官员"之意。通"吏"。如《礼记·月令》："孟秋之月：命理瞻伤。"《史记·循吏列传》："李离者，晋文公之理也。"

第七，表"治理得很好"之意，形容词性。如《荀子·天论》："本事不理。"《后汉书·蔡邕传》："运极则化，理乱相承。"《汉书·赵尹韩张两王传》："运极则化，理乱相承。"

综合"理"字的中国传统释义，包括两个层面的意义。其一，专指加工雕琢玉石的动态过程，以及以此为前提的诸多动词词性引申意义；其二，专指事物所具备的纹路、条纹等，以及由此拓展的道理、命理、真理等事物的本质属性等名词词性的引申意义。

就“理”的这两种意义而言，不论其词性如何变化，仔细审视，总可以发现人作为行为主体，在面对外部存在时，所发挥的、以“理”为先的认知、了解、掌控、创设等思维过程与操作过程。这种思维与操作的过程及行为本身，其本质尽可归为“理”的升华与返璞归真。

## 三、“伦理”的蕴涵探析及其设计学学科性质的思考

“伦理”一词在不同时代和不同国家、地区，因其字根、词义和语源相互影响而发生变化，有人说现代汉语“伦理”一词是和制汉语，是日本人借用汉字翻译出的汉语新词汇。据此，笔者将基于前文的训诂学分析基础，对“伦理”的蕴涵进行专门讨论，并对其进行设计学学科性质的思考。

“伦理”一词的哲学意义，冯契等认为主要指道德关系及其相应的道德规范。原指音乐的条理。《礼记·乐记》有言，音来自于人的内心，乐来自于大众对人伦人理的理解。东汉郑玄有注：“伦犹类也；理，分也。”唐孔颖达疏：“阴阳万物各有伦类分理者也”。用音乐上的音阶、音序，比喻当时封建社会父子、君臣、夫妇、长幼、朋友各类等级尊卑关系及其相应的道德规范。西汉贾谊说：“以礼仪伦理教训人民”（《辅佐》）。他的意思是人伦以此相通。在西方，英文 ethic（即 ethical）一词源于希腊语 ethos，意为风尚、习俗、德性等，汉语译作伦理。

伦理与道德词义互通，如伦理关系亦即道德关系。但也有人认为应区分开来，以道德指人们之间的道德关系和道德行为，伦理是关于这种关系和行为的道理或理论。ethic 末尾加字母 s 后，用作单数时译为伦理学。[①] 应该说，这一界定结果涉及了哲学有关于伦理的范畴思考，并在一定程度上介绍了伦理与西方相应语词的对应关系。尽管如此，该词条所取得的最大成绩在于陈述了伦理作为音乐的条理，并厘清了伦理上升到天地、阴阳、男女、长幼、父子、君臣、夫妇等相互间关系及必须遵守因循的尊卑高低原则。除此之外，《哲学大辞典（修订本）》关于伦理界定的意义更在于明确了中国古代哲学中就已存在

① 冯契：《哲学大辞典（修订本）》，上海辞书出版社 2001 年版，第 892 页。

的并非来源于日本和制汉语的说法。

仔细查找相关辞典辑录,西方关于"伦理"并没有明确定义,与之相关的内容多见于"伦理学"相关介绍,如英国哲学家斯宾塞(Spenser)认为伦理学应围绕人的行为,以生物学、生理、心理学原理为根据,说明人类道德的起源、发生和发展。据此,他提出道德起源于普遍行为的观点,认为要理解道德行为的意义,就必须了解全部行为,包括物理现象、生物现象乃至生物本能驱使的一切行为。在他看来,"普遍行为"演化过程就是由低级向高级的进化过程,人类的道德只不过是这一演化过程中的一个较为高级的阶段而已。

辛格(Singer)承继了斯宾塞的生物进化论伦理思想,他认为社会生活需要一些制约规则,如果一个社会群体内的成员对他人采取频繁且不受制约的攻击,那么这个社会群体将无法共处。只是什么时候一种针对其他成员的制约方式变成了社会伦理,这很难说清楚,但是伦理学很可能开始存在于这些前人类的行为方式中而不是在成熟理性的人类深思熟虑的选择中。

笔者以为,上述与"伦理"相关的表述尽管很大程度上概括了伦理的相关理解,为后续相关讨论研究奠定了厚实的理论基础,但也不能否认的是,所有这些讨论均有陷入用概念讨论概念,即用"伦理"解释"伦理"甚而"伦理学"的嫌疑,均未能从训诂学、字源学、词源学,特别是本体学层面详尽解释"伦理"的内涵与外延。因本书以"伦理"为讨论核心,对"伦理"的范畴、关涉对象、基本原则等方面的深入讨论与分析,无论其过程抑或是结论,均对本选题的有序展开具有实实在在的奠基作用。为此,笔者试就"伦理"的文化内涵,于此作训诂学、字源学、词源学、本体学层面的初步探究,拜请方家批评指导。

### (一)"伦理"是人类关于自身行为认知的总结

这里的"认识"主要指人类熟悉、认知、了解、顺应、引领世界的知识性教训与经验。根据前述相关训诂学讨论可以发现,《说文解字》及《说文解字注》均言:"亼,三合也,从入一,象三合之形。"许书通例更强调"亼"之"从入一而非会意……象三合之形,谓似会意而实象形也"。"会意"是中国文字的重要造字法之一,它指用两个或两个以上的独体字根据意义之间的关系合成一个字,并因此达成综合表示这些构字成分的合成意义。"象形"源于图画文字,是消减相关图画性质、增强其象征意义,并因此而发展起来的表意文字。

根据前述“仑(侖)”之“亼(△)”的表述,可以发现“亼”同时具备会意与象形两个层面的构字特征。就其会意特征而言,“三合”之说实则表述的是多方合作、统筹运作的意义,就象形特征而言,“三合”之说又实实在在传递了三人合抱甚而多人合作的具象。

同时,《说文解字注》中说:“册,符命也,诸侯进受于王者也,象其札一长一短,中有二编之形。”无论其“冊”抑或“侖”之形,实则都已形象地说明了人在创造“册”的创意、过程、结果中的主体地位。而当“仑(侖)”以“侖”或“侖”的字形出现之时,便已经明确了“凡人之思必依其理”的造字意向。以此为基础,当“天地之性最贵者也”的“人”,以“亻”即“𠆢”形,与“仑(侖)”即“侖”或“侖”一起,合成“伦(倫)”即“倫”时,便具备了“辈”“类”含蕴,并因此也具备了“伦道”“脊理”的引申意义。

与之同理,“理”之“治玉”“雕琢”“剖析”等蕴含,强调了“玉”之本体意义层面的“纹路”“脉络”,也因此巩固了人们“治玉”过程中,循纹而作、因脉而琢的“理”类手段、操作过程及最终结果。也就是说“治玉”需循纹而作、因脉而琢,“治人”“治世”又何尝不是如此? 所谓“治人”其根本在于如何有效处理人与人之间的关系,并使其向好向善。与之相应,“治世”的根本则在于如何高效利用外部世界资源,使其为人类自身的健康发展和社会的良性运转,提供可获取、可分配、可循环之资。

通过上述分析,笔者以为不管中外伦理学有关“伦理”的界定如何,亦不论当下所谓“伦理是和制汉语语词”类以偏概全式表述,“伦理”包含哲学意义在内的所有学科内涵,均建立在它是“人类关于自身行为认知的总结”这一前提之下。

### (二)“伦理”是人类关于过去经验教训的萃取

关于“伦理”的定义很多,如“伦理一般是指一系列指导行为的观念,是从概念角度上对道德现象的哲学思考。它不仅包含着对人与人、人与社会和人与自然之间关系处理中的行为规范,而且也深刻地蕴涵着依照一定原则来规范行为的深刻道理。”①“伦理是指人类社会中人与人之间人们与社会、国家的

① 吴琼、戴武堂主编:《管理学》,武汉大学出版社2016年版,第71页。

关系和行为的秩序规范。任何持续影响全社会的团体行为或专业行为都有其内在特殊的伦理的要求。企业作为独立法人有其特定的生产经营行为也有企业伦理的要求。""伦理是指人们心目中认可社会行为规范。伦理也是对人与人之间的关系进行调整,只是它调整的范围包括整个社会的范畴。"①

管理与伦理有很强的内在联系和相关性。一方面,管理活动是人类社会活动的一种形式,当然离不开伦理的规范作用。"伦理是指人与人相处的各种道德准则。生态伦理是伦理道德体系的一个分支,是人们在对一种环境价值观念认同的基础上维护生态环境的道德观念和行为要求。"伦理是指人与人相处的各种道德标准;伦理学是关于道德的起源、发展,人的行为准则和人与人之间的义务的学说等。

综上所述,伦理的实质是人类因循人性前提的自身经验教训的萃取。众所周知,社会是人的群集,任何人都是社会的组成部分,任何个体的人都是社会网络的单一节点(结点)。因此,人从出生到成长到立世,从个体的自处,到与人的相处,再到与世界的沟通、交流、适应,再到个体的发展,并因而放大为人类整体的繁衍生息,都不可能脱离和平与战争两个极端。因而,人自出生之后,自身如何成长、与人相处如何有利于自身的发展、如何与他人甚而外部世界实现有效特别是高效的交流沟通、怎样在和平环境中谋求自身的最大效益,凡此种种皆可成为人之个体和人类群体发展难得的经验和教训。正是关于这些经验的总结、教训的考量,并在此基础上一次又一次概括、凝练、萃取,便成就了人类言行举止、谈婚论嫁、呼朋交友、趋利避祸等为人处世的伦理。

### (三)"伦理"是人类关于未来生命愿景的设计

世界范围内有许多"伦理"学说。丹麦克尔凯郭尔(Kierkegaard)的"伦理阶段"说就是重要代表。他认为伦理是"人的生活历程的第二阶段,即区别道德原则、趋善避恶的阶段"。"人的生活经历三个阶段,在伦理阶段,人已认识到感性生活的危害。"②除此之外,相关学说还有伦理绝对主义、伦理相对主义、伦理主观主义、伦理客观主义、伦理唯心主义、伦理唯物主义、伦理中立主

---

① 施永兴主编:《临终关怀学概论》,复旦大学出版社2015年版,第484页。

② 冯契:《哲学大辞典(修订本)》,上海辞书出版社2001年版,第892页。

义、伦理自然主义等不胜枚举的“伦理”观点。总结起来，无外乎人的道德与人的幸福之间的关系问题。

基于上述诸多“伦理”考量，结合人的本性、人的追求、人的结果等人类个体成长阶段及人类整体发展历程，可以发现“伦理”原初本质为“音乐的条理”，并最早呈现为《礼记·乐记》中的“凡音者，生于人心者也；乐者，通伦理者也”的文字辑录之时，便已经承载了人类关于自身及所处外部世界的认识、分类、整合等形形色色的设计行为本身、行为过程及行为结果。

人之与事或人之于世，归根结底无外乎两个方面，即人与人的关系处理、人与外部世界的关系处理。就人与人的关系处理而言，无论结果的好坏，都可以追溯到人性欲求这一终极原点之上。但在涉及人与人的关系处理时，便不可避免地会因当时当地当事人的利益诉求、祸福图谋等给予不同的考量、采取不同的手段、实施不同的工具、达成不同的目标，并因所有这些行为本身、行为过程及行为结果，编织出人与人之间伙伴、战友、对手、敌人等多种关系，并因此缔结各种道德、规则、法律等哲学层面的伦理准绳。

以此类推，人类自诞生一刻起，便与外部世界产生了千丝万缕的联系。所谓“外部世界”除了人类自身不同的个体所构成的社会之外，还可以包括甚至应该拓展为植物、动物、天气、气候、天地、山川等大千万物。因此，植物是否有毒、动物可否饲养、庄稼如何种植、天气怎样利用、山川何以成型、河流有否改道……凡此种种蕴含的因果、过往、事实，皆可成为人类在处理与外部世界关系的过程中，必须遵循的常识、规律、法度等哲学意义上的伦理。

综上所述，“伦理”概念的向度并非单一的人与人的个体间关系，或者多向的人与社会的个体与群体间关系，更应散射为无限维度的人类与所在外部世界中的万象万物的群体与群体间关系。同时，也应该明确“伦理”概念各类向度、所有关系的核心均也只能限定为“人”，其永远的主体和永恒的主题是人关于自身生命愿景的清醒认识、整体规划和全面追求。所有“伦理”的概念界定均有一个共同的结论，即人自有意识以来，有关于人自身生命延续、传承、发展，以及人类群居并形成社会后必须遵守的道德、规范、法律，直至人与外部世界万象万物相处必须因循的常识、因果、规律等深刻考量和全面设计。

总体而言，“伦理”概念的文化内涵既基于“亼”“册”等人类自身能力的认知与提升，也有相关“仑(侖)”“伦(倫)”“理”等人类处理人类个体与个体、群体与群体、个体与社会、个体与世界、群体与世界关系的经验教训总结，直至包含时间、空间、心理等多重因素在内的未来生命愿景诉求。也正因为这诸多过往的回顾、当下的总结、未来的期盼，“伦理”概念的内蕴才会得到不断充实，其外延也才能够不断拓展。

# 第四章　鄂西南传统民居设计伦理生成的自然环境

费孝通先生在 *From the Soil* 中提出，文化是从乡土中生长出来的东西[①]。以传统民居为载体的设计伦理所体现的就是居住其中的人民与当地风土人情在精神和物质上的联系，具有“持续性的有机进化”之特征，即“景观的形成受到使用者的行为影响，同时会反映使用者所处的社会、文化、时代特征，景观的使用功能也在其形成、发展过程中扮演着重要角色，当今社会的生活方式融古贯今，这要求其功能保持一种积极的社会作用，而且其自身仍在不断演化与进步，与此同时它又展示了历史上其演变发展的物证”[②]。20 世纪 70 年代，美国的伯纳德·鲁道夫斯基（Bernard Rudolfsky）提出：乡土建筑的特色与特定的气候、工艺技术和地域文化等因素密切相关。

鄂西南传统民居生成背景中的众多因素，以自然环境因素和人文因素为研究鄂西南传统民居设计伦理时的重点。在对鄂西南传统民居生成的自然环境因素和人文因素进行调研、记录和分析过程中，因涉及的变量较多，需要尽可能保证数据采集的严谨和客观，不能按照先入为主的思维模式去自行解读，尽可能地避免误读。从而相对准确和系统地找到鄂西南传统民居设计伦理与当地自然、人文、历史、经济、交通等诸多因素的内在联系（见图 4-1）。

中国幅员辽阔，不同区域在长时间的历史发展过程中形成了独特的区域文化，共同构成了多元性的中华文化和形态各异的中国民居。同样，作为区域文化的具体承载物——中国民居，体现着强烈的区域特色，不同地区的民居受

① 方李莉：《传统与变迁》，江西人民出版社 2000 年版，第 280 页。

② 姜敬红：《中国世界遗产保护法》，西南交通大学出版社 2015 年版，第 2 页。

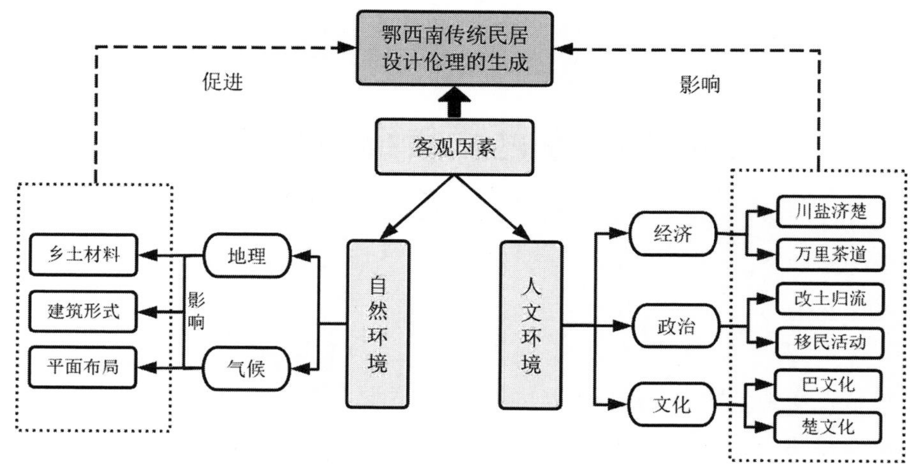


**图 4-1 鄂西南传统民居设计伦理生成因素**

所处地域的人文因素、自然环境的影响而呈现出不同的面貌。北方民居的大气、浑厚、等级观念强，与北方常年是中国的政治中心有一定关系，而南方民居普遍灵秀、通透则与南方的气候和审美等因素相关。

湖北位于长江流域中段，洞庭湖以北，东邻安徽，南界江西、湖南，西连重庆，西北接陕西，北枕河南，中华文明的两大源头长江文化和中原文化在此交汇，湖北地域文化承楚文化之绪，汇东西南北文化之长，形成了多元并举、混生共荣、格调高古、风韵别致、历久弥新的文化格局。历史上，宋代的两次移民运动、明清时期的“江西填湖广”等大规模移民运动，为湖北文化不断地输入新鲜的血液。湖北佛教、道教、伊斯兰教、天主教、基督教五大宗教俱全，鄂东黄梅禅宗文化、鄂西北武当道教文化历史悠久，底蕴深厚，形成“东禅西道”的湖北传统宗教文化格局。作为九省通衢的要地，湖北自古就是贸易往来的重要地区，在明清时期，湖北汉口是世界上最大的茶叶贸易港之一。同时源于四川东部（今渝东），贯穿整个中国腹地的“川盐古道”在湖北恩施州境内有很多分支。

鄂西南历史上就是多民族共存区，汉、土家、苗、侗、白族在此共存共生，蕴藏着丰富的民族文化资源。加之自先秦起的楚文化所涵盖的“道法自然”“有无相生”“大象无形”“周流乎天”等哲学理念，共同塑造出了鄂西南传统民居独有的审美情趣和价值取向。

鄂西南地区主要包括利川、咸丰、宣恩、巴东、恩施、鹤峰、来凤、五峰、长阳等县市（见图 4-2）。鄂西南是土家族和苗族人口分布最密集的地区，由于此地山地众多、河网纵横，交通十分不便，同时由于耕地紧缺的自然条件限制，为了不占用耕地，当地的传统民居以极富特色的木构干栏式建筑——吊脚楼为主要形式。在“茶叶之路”和“川盐济楚”和移民的影响下，移民和商人大量涌入鄂西南地区，为此地带来了砖石的建筑营造方法，当地民居开始出现以砖石与木构混合的“合院式”民居形式，如利川大水井李氏庄园和咸丰严家祠堂等。除此之外，由于鄂西南特殊的地理区位，受道教圣地中武当皇家建筑的影响以及佛教的影响，加之随移民而来的多元宗教信仰的影响，使得此地民间信仰十分丰富，反映在民居的色彩、装饰、材料等方面，该地区的传统民居则呈现出一定的特殊性、包容性和多样性特征。

**图 4-2　湖北分区图（斜线底纹部分为重点研究区域）**

鄂西南传统民居的设计伦理要素立足于民居所处的特定自然地理条件，并随着人与自然环境相互调试发生变迁。公元前 1 世纪古罗马的建筑家维特鲁维（Vitruvius）在《建筑十书》中就提及了建筑朝向受所在地区气候的影响这一观点。我国著名的建筑学家梁思成先生也说过："其先盖完全由于当时彼地的人情风俗、气候物产……只取其合用，以待风雨，求其坚固，取诸大壮，而已。"①民居总是需要扎根于具体的环境之中，受所在地区的自然气候、地形地貌和周边环境的制约，这是当代学者探讨民居的设计伦理的基础。

历史上，鄂西南传统民居的营造工匠也擅长利用现有的自然地理条件。营造工匠的许多营造手段都是最大程度地利用了所处的地理环境，所用的建筑材料也来源于本地常见的植物。在鄂西南传统民居中，自然环境与民居实体互为适应、有机共生的例子层见叠出。

## 一、地理环境

鄂西南山地属于云贵高原的东北延伸部分，主要有齐岳山脉、大娄山和武陵山，呈北东一南西走向，最高处海拔2152米，山地其他部分一般海拔高度700—1000米。境内河流众多，沟谷交织，溪河纵横，山间盆地和大小坪坝错落其间，以800—1200米的二高山地为主，间有少量山间盆地、河谷、平坝②（见图4-3）。依托鄂西南山地，恩施土家族苗族自治州和长阳土家族自治县的少数民族传统民居得以存留、发展，受地势地貌影响，顺应山势而营建的土家族吊脚楼有着独特的区域特征。

恩施土家族苗族自治州地处湖北西南部，简称恩施州，是湖北省下辖的民族自治州，坐落于湘、鄂、渝三省（市）交界处的武陵山区。在中华五十六个民族中，土家族作为重要成员，主要分布于武陵山余脉与大巴山之间。武陵山区南部与湖南省湘西土家族苗族自治州、张家界市、凤凰城接壤，西靠贵州武陵山脉梵净山，北抵重庆的黔江、万州，东部和东北部分别与长江三峡、神农架林区相接。恩施州东西相距大约220千米，南北相距大约260千米，地势西北部和东部高，州内中部地区相对较低。向东部和向西南方向倾斜。州境绝大部分是山地，惯称"八山半水分半田"。地貌呈梯状，以高原

① 梁思成：《梁思成文集》（二），中国建筑工业出版社1984年版，第219页。

② 参见李惠芳：《湖北民俗》，甘肃人民出版社2003年版，第40—43页。

型山地为主，兼有低山峡谷与溶蚀盆地、低中山宽谷及山间红色盆地，平均海拔高度1000米。境内地形复杂，局域多种特殊类型的地貌，大河、小溪成树枝状展布，有“见山不走山”的丘原，有“两山咫尺行半天”的深谷，伏流、溶洞、冲、槽、漏斗、石林等到处可见。[①] 恩施州因受新构造运动间歇活动的影响，大面积隆起成山，局部断陷，形成多级夷平面，层状夷平面地貌发育。[②] 州内沟壑纵横交错，且大量分布着不同类型的喀斯特地貌。州内地表由于切割较深，导致山体破碎，沟壑纵横，河流广布。长江在恩施州穿过时横贯巴东、切穿巫山，形成幽深秀丽的巫峡，迂回曲折，奇峰连绵。清江、酉水、溇水、唐崖河、郁江等河流及其支流，多沿断裂发育，地表切割深，形成程度不等的深切曲流。[③]

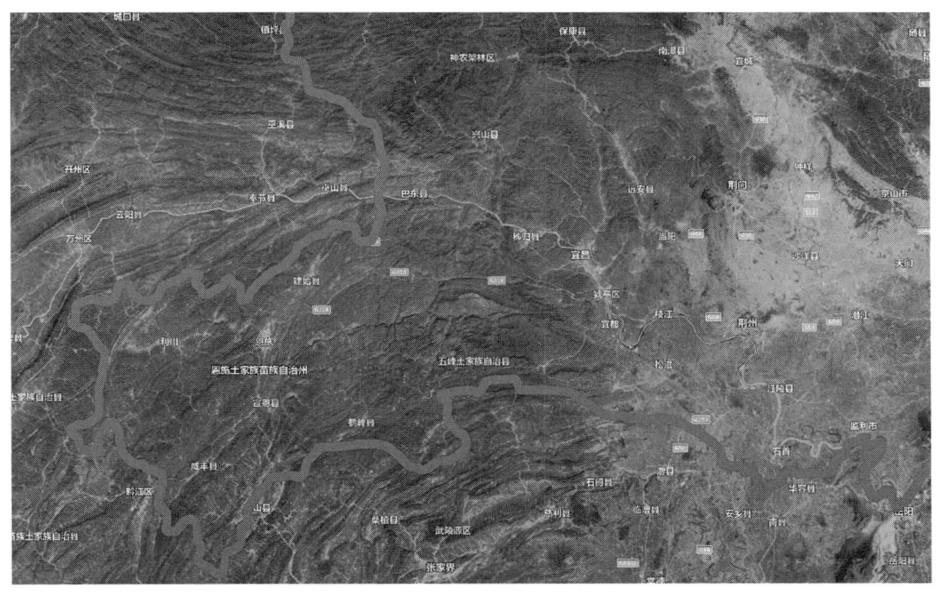


图 4-3　鄂西南地形图

① 参见任泽全：《湖北省恩施土家族苗族自治州地方志编纂委员会编“恩施州志”》，湖北人民出版社1998年版，第41—42页。

② 参见黄健民：《长江三峡地理》，科学出版社2011年版，第308—309页。

③ 参见任泽全：《湖北省恩施土家族苗族自治州地方志编纂委员会编“恩施州志”》，湖北人民出版社1998年版，第41—42页。

受喜马拉雅造山运动影响，鄂西山地和江汉平原之间的长阳土家族自治县在地质上形成“扬子江中下游东西向构造带西延组成部分长阳背斜”，复式褶皱和断裂致使地貌有山有谷，起伏不平。发源自武陵山与大巴山余脉齐岳山的清江全长八百余里，所经过的利川、恩施、宣恩、建始、巴东、长阳、宜都七个县市，为土家族、汉族、苗族三族混居之地，被土家族称为母亲河。鄂西群山被清江自西向东切割，大部分河段形成高山深谷，急流险滩众多，汇集了众多支流，流域基本为山区且石灰岩广布，为喀斯特地貌。以长阳土家族自治县为例，长阳土家族自治县被清江自西向东穿过，为鄂西南经济比较落后地区，新中国成立后清江沿线的旧集镇随着经济文化的发展得以改造，依托清江水路和日益发达的公路交通，逐渐形成一批各具特点的小型集镇。这些集镇突破了过去民族村落或山寨之间的闭塞落后局面，使彼此之间互通消息、往来商贸，从而促进了长阳土家族自治县的经济、文化的繁荣。

历史上对鄂西南经济文化发展影响深刻的交通路线主要有两条，一是连接中原与湖湘及岭南、云贵的南北交通干线，即荆州到襄阳间的主干道，简称荆襄古道，荆襄古道是古代从中原京都（西安、洛阳等）出发，向南经过襄阳、荆门，到达南方重镇荆州的道路，串联起长江、汉江两大河流，长江中游平原、汉江中游平原两大平原，历史上称为夏路、周道、秦楚道、驰道、南北大道（南道、北道）、南方驿道（驿路）。这条古道在历史上相当长的时期是我国南北方之间最主要的陆路通道；二是连接吴越与巴蜀的东西交通干线，即长江水道。长江水道，是连接下游吴越与上游巴蜀乃至西北秦陇、西南滇黔间的交通大动脉，素有“黄金水道”之称。

传统民居、建筑形式、乡土材料是人与自然环境相适应的结果，反映民居周边环境和地域文化。吴良镛在《广义建筑学》中认为“聚居在一个地区的人们，对本地特殊的自然条件不断认识，因生活需要钻研建筑技术等，总结独特经验，形成地区的建筑文化与特有的风格和场所精神。”地形地貌影响着民居的造型，环境的复杂性使得传统民居出现相应变化。鄂西南作为交通枢纽之地，不同地区的人们来往密切，楚文化、南方文化、长江文化和江汉文化相互影响、融汇、异变，造成了文化、风俗、生活习惯、语言及民居风格之间的差异。鄂西南靠山临江的总体地理格局影响了当地人们的精神状态和价值观念，形成了当地各民族敢于冒险和开放进取的精神。鄂西南传统民居经长时间的积累和演化，并与环境相互适应。传统民居与环境的协调，民居的选址、方位、朝向和周边环境呼应。

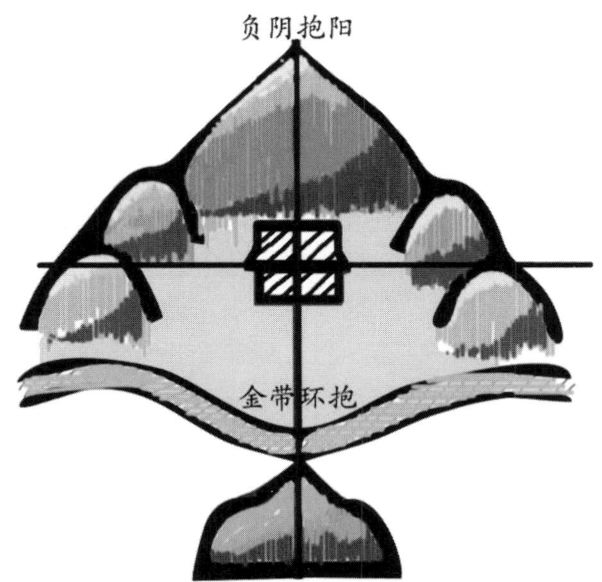


**图 4-4　最佳民居住宅选址**

选址上，鄂西南地区水系多呈现带状，水渠相互贯穿，传统民居多围绕水源或干线分布，方便饮水和交通；在方位上，多采用背靠座山、负阴抱阳的方向（见图 4-4），山为背景和依托，可遮雨避风、避洪防灾，又能够获得较好的日照和通风；朝向上，讲究“屋打垭”，即房屋的中轴线在以房屋为背靠、视线向前所及之处要在两山之间的垭口，不能为山体阻挡，讲究视线的通透；同时，讲究面水建造民居，以利于生活用水、排水系统和保护建筑物，获得心理上和视觉上的安全感，符合理想的风水模式，营造较好的人居环境。鄂西南地区的人们注重人与自然的和谐，由于鄂西南地区自然环境多样，可利用的资源较多，建筑材料也多种多样，通过就地取材的营造方式，民居的群落与周围环境和谐一体，创造出宜人的居住环境，体现了质朴的生态观。

## 二、气候环境

由于神秘的北纬30°线穿过鄂西南地区，除山地等高海拔区域外，鄂西南地区属于亚热带季风性湿润气候，西高东低的地势作用，使得气候差异明显：一般春季冷暖多变，雨量渐增；初夏雨量集中，梅雨显著；盛夏高温炎热，雨量锐增；冬季寒冷、干燥。[①] 鄂西南地区的年平均气温15—17摄氏度，一年之中，1月最冷，7月最热，除高山地区外，夏季平均气温27—29摄氏度，极端最高气温可达40摄氏度以上，全省无霜期在230—300天之间。受海洋吹来的季风影响，降水量非常丰富，降水量分布有明显的季节变化，一般是夏季最多，冬季最少，夏季雨量在300—700毫米之间，冬季雨量在30—190毫米之间。6月中旬至7月中旬雨量最多，强度最大，是梅雨期；由于鄂西南地区地势地貌的复杂性和地理位置的特殊性，导致鄂西南地区的气候受地带性与非地带性综合影响，表现出两个明显的特征：一是亚热带海洋季风性和大陆性气候都较为明显；二是在综合地理条件的影响下，鄂西南地区整体呈现出雨热同季、冬干夏雨、旱涝频繁的气候特征（见图4-5）。

气候条件对民居形制的影响甚巨，气候决定了自然界中水文、土壤、植被等不同因素的特殊性表现，以此为根基的地域性乡土文化的特征与不同地域内人们的生活习惯、行为需求也相应地产生着差异，基于此种考量，民居所处的人文环境是由气候环境所决定，民居与气候之间有着直接且密切的联系，不同的气候条件决定了地域性民居的不同表征。

### （一）降雨量影响

以鄂西南地区和鄂西北为例，两地降雨量相差约600毫米，气温差异也较大，亚热带季风气候和山地地形导致西北地区冬少严寒，夏无酷热，雨量充沛，雾多湿重，风速小。崇山峻岭的环境和雨量丰富的气候条件决定了鄂西南地区对干栏式建筑的营造，木制架空的“干栏式”结构吊脚楼使住宅脱离地面，在山地地区的气候环境中，通风、安全、防潮、避暑、防蛇虫的功能尤为重要。

① 《湖北省志　地理》（上），湖北人民出版社1997年版，第354页。

图 4-5　湖北年降水量图

而鄂西南部分地区随着中原文化的融入与日渐强盛，合院式的布局逐渐成为主流，并与当地条件结合形成了独具特色的天井院民居，它虽然统一在传统的合院形制下，但却体现出对气候条件极强的适应性，可以说，北方合院式民居进入南方地区以后出现的一系列变化，实际是同一种形态结构在不同的气候差异性条件下作出的应变与适应所致。

## （二）温度湿度影响

从生理的角度来说，人体认为最舒适的温度是夏季 26 摄氏度左右，冬季 14 摄氏度左右，而在鄂西南地区，这种舒适宜人的气温维持的时间并不长，相反，夏季酷热或冬季寒冷的时间要更长。峡江地区最具特色的天井院民居代表秭归新滩民居，主要以外来南方民居风格和空间模式为基础，对内模糊划分了室内外空间，对外又能将外部街巷空间阻隔。

由于气候以炎热潮湿为主，天井式的平面布局较为常见（见图 4-6、图 4-7）。在纬度较高的北方为抵御冬季严寒气候，避免冬季日照入射角度较小的不足，聚落单体之间就保持着较大的日照距离，合院尺度因而也较为开敞。通风条件好，对于降温有一定作用，也有部分开口较大的天井更多直接引入阳光，会使得天井空间与外界温度的差异减小，更多地蒸发室内潮气，降低相对湿度；创造天然的小气候，对外封闭而对内开敞的庭院可以有效地抵御寒风侵袭，利用冬夏太阳日照角度的差别，庭院内的各单体建筑又可互相遮阴。

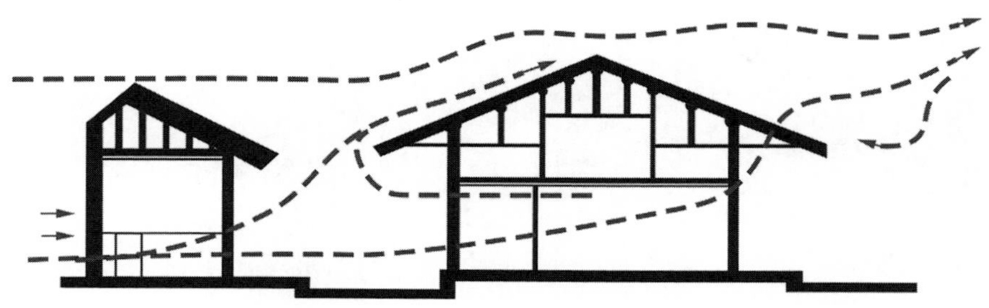

**图 4-6　天井民居通风示意图**

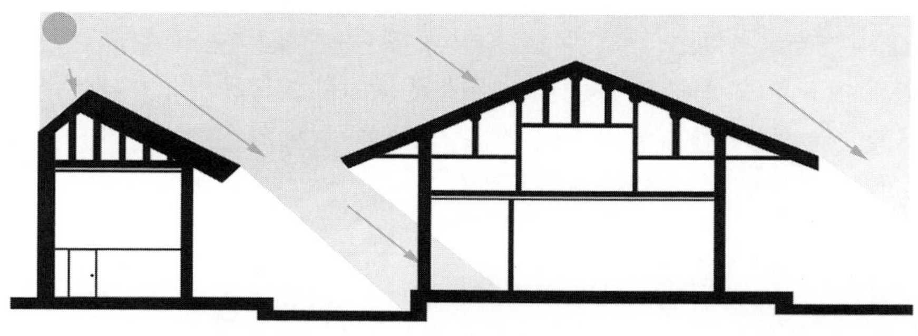

**图 4-7　天井民居光照示意图**

而气温湿度较高的南方地区则正好相反。鄂西南地区明显的山地气候特征使得冬寒夏凉，降雨量大，空气潮湿，风速小且多山地丘陵，符合干栏式民居的形成条件，同时也影响了建筑形态，是干栏式建筑具有通透、轻盈特点的深层次原因，它体现出了对气候以及地理条件的强适应性。鄂西南地区夏季降雨量在 300—700 毫米之间，基于此，鄂西南民居在建造的时候，首先就要考虑防潮的问题，作为支撑大梁及屋架的木柱对于整幢宅十分重要，所以说柱的防潮处理也是举足轻重的，年长日久，受环境影响往往会出现开裂、腐朽和虫噬，柱根更甚。所以石墩垫柱脚以隔潮湿防腐烂是柱础的来由，柱础的使用历史几乎和木构一样长久，而在鄂西南传统民居中的柱础更突出了这种防潮的功能（见图4-8）。由于山区地形的特点，防潮湿、防虫蛇的需求一直存在，环境资源又十分丰富，所以逐渐形成了砌石为基础、木柱为框架、板材为墙身、顶覆瓦片、桐油饰面、一层挑空的民居建筑，最终形成现今常见的土家族特色传统民居——吊脚楼。除此之外，山墙顶端内屋角和木地板下等地方容易形成潮气积聚的死角，因此除门窗外，在墙基，封火山墙顶端也多设孔洞、小窗，以便通风防潮。另外，鄂西南传统民居在营造时，往往选择台地或缓坡地，目的是迅速地排水，遇上连续性的降雨，尤其是大雨、暴雨时，山上倾泻的水顺自然地势流到低处，避免滞留在村内，引起洪涝或浸渍（见图4-9）。

**图4-8　柱础**

**图 4-9　利于排水的吊脚楼**

# 第五章　鄂西南传统民居设计伦理生成的人文环境

我国幅员辽阔，各地区的地理条件、人口分布、经济文化发展状况、建筑条件、历史传统等因素呈现千差万别之态，人们必须意识到城市建设与建筑文化的地区性有其内在联系，是多种文化源流的综合构成，正是这种各具特色的地区建筑文化共同显现出中国传统建筑文化丰富多彩、风格各异的整体特征。因此，应更积极地开展地区建筑文化的研究，探索其特殊规律，通过特殊认识一般，从而为建筑创作提供更为广阔的意蕴。① 因为中国各地自然地理条件迥异，在人类发展的历史进程中，自然环境相对人为环境变化较缓慢，要理解鄂西南传统民居所生成的历史文化背景，不能抛开湖北独特的自然地理环境孤立地去谈。

梁启超先生对中国自然环境对历史文化的作用有一段经典论述。

北地苦硗瘠，谋生不易，其民族销磨精神，日力以奔走衣食，维持社会，犹恐不给，无余裕以驰骛于玄妙之哲理，故其学术思想，常务实际，切人事，贵力行，重经验，而修身齐家治国利群之道术最发达焉。惟然，故重家族，以族长为政治之本，敬老年，尊先祖，随而崇古之念重，保守之情深，排外之力强，则古昔称先王，内其国，外夷狄，重礼文，系亲爱，守法律，畏天命，此北学之精神也。南地则反是，其气候和，其土地饶，其谋生易，其民族不必一身一家之饱暖是忧，故常达观于世界之外，初而轻世，继而玩世，既而厌世，不屑屑于实际，故不重礼法，不拘拘于经验，故不崇先王，又

① 吴良镛：《建筑文化与地区建筑学》，《华中建筑》1997年第2期。

其发达较迟，中原之人常鄙夷之，谓为野蛮，故其对于北方学派，有吐弃之意，有破坏之心，探玄理，出世界，齐物我，平阶级，轻私爱，厌繁文，明自然，顺本性，此南学之精神也。①

鄂西南传统民居不仅是自然地理环境影响下的产物，也是历史文化的具象投射，其生成与发展随着历史文化变迁互为印证。笔者认为，造成湖北传统民居今日之风貌的历史文化背景有以下几点较为突出。一是以湖北中心的先秦楚文化，为鄂西南传统民居最重要的精神内核和基础，至今影响着鄂西南建筑活动；二是湖北特殊的地理和文化区位带来的纷至沓来的移民和移民文化，其中最为重要的是明清时期“江西填湖广”大规模的江西籍移民活动；三是鄂西南的多民族聚集带来的多民族的交流和融合；四是湖北多元并存的宗教信仰，湖北在历史上和今天，都是道教、佛教、基督教以及少数民族原始宗教活动的重要地区，宗教和信仰不仅影响着该地区的宫廷和宗教建筑，同时对周边的民居也有一定的影响；五是贯穿湖北的经济活动路线，其中较为有代表性的是盐道和茶道，这种始于贸易的经济活动，逐渐演变成了文化线路，对周边的民居形成辐射的效应。

## 一、经济环境

近年来，道路交通型文化遗产在学术界引起广泛关注。历史上有两条经济型线路对鄂西南局部地区的传统民居产生了辐射性影响。其一为“川盐古道”，其二就是“万里茶道”。本书所探讨的“川盐古道”主要指四川和重庆的产盐区通过食盐的运销辐射湖北的水陆混合型运盐古道，该道路呈现出水路和旱路交织的混合特征，具体由运盐石板路、河道、码头等构成。本书所探讨的“万里茶道”指17世纪到20世纪中叶，从我国福建武夷山起到俄罗斯并转运欧洲各国的茶叶运输和贸易线路，本书重点研究的是该路线的湖北段。（见图5-1、图5-2）

川鄂古盐道分布线路总体上呈“四横一纵”的格局。“四横”即长江线、汉

① 梁启超：《论中国学术思想变迁之大势》，上海古籍出版社2001年版，第25—26页。

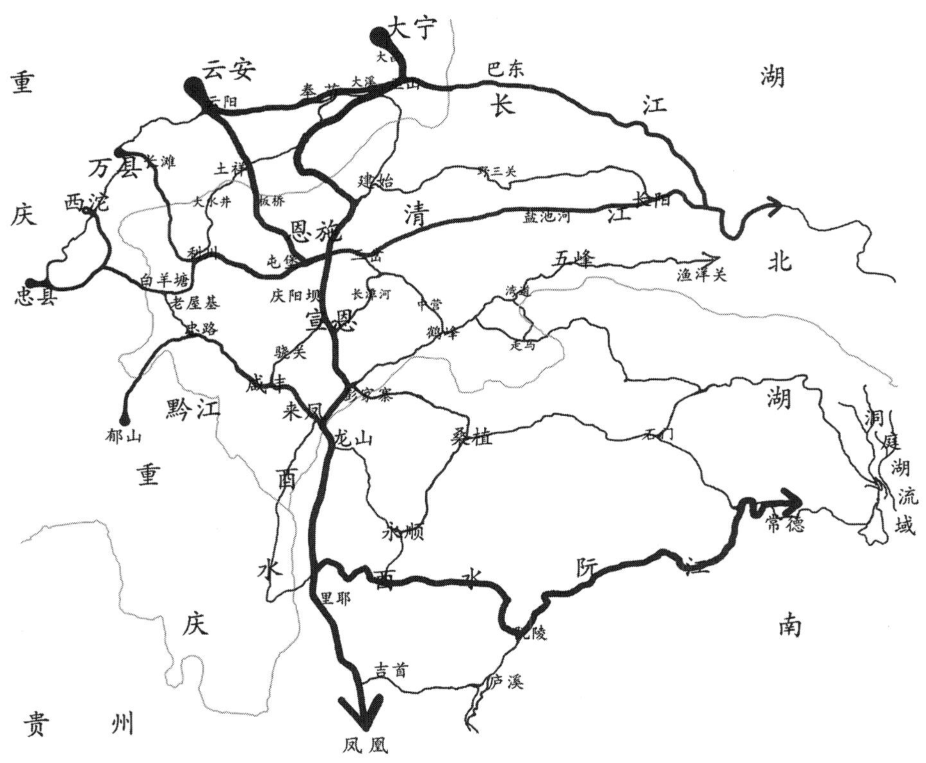


**图 5-1　川盐古道**

水线、清江线和酉水线，“一纵”即由万县（万州）、奉节等长江盐运码头出发，经陆路翻越大山到湖北恩施，并辐射到湖南凤凰等地。其中，长江线是川盐入楚的最主要通道。大量考古资料表明，川盐历史可追溯到史前人类活动，在汉魏时期，在今渝东南，取卤制盐已经形成相当的规模。《华阳国志·巴志》记载，“有盐官在监、涂二溪，一郡所仰；其豪门也家有盐井”。因为湖北本地不产盐，七耀山山脉地势险峻，在历史上，四川黔江、彭水境内的盐，沿清江顺游而下，供应湖北食盐，一直到 20 世纪 90 年代，四川食盐始终供给鄂西南的咸丰、来凤等地。

在几千年的川盐入楚的历史中，对鄂西南传统民居影响最深远的当属清政府发起的大规模“川盐济楚”。咸丰三年（1853 年），由于太平军控制了长江水上交通，淮盐无法进入内地，清政府在 1853 年到 1876 年实施了第一次“川盐济楚”，淮南盐商被四川本地盐商取代成为此次售盐活动的主角。此次

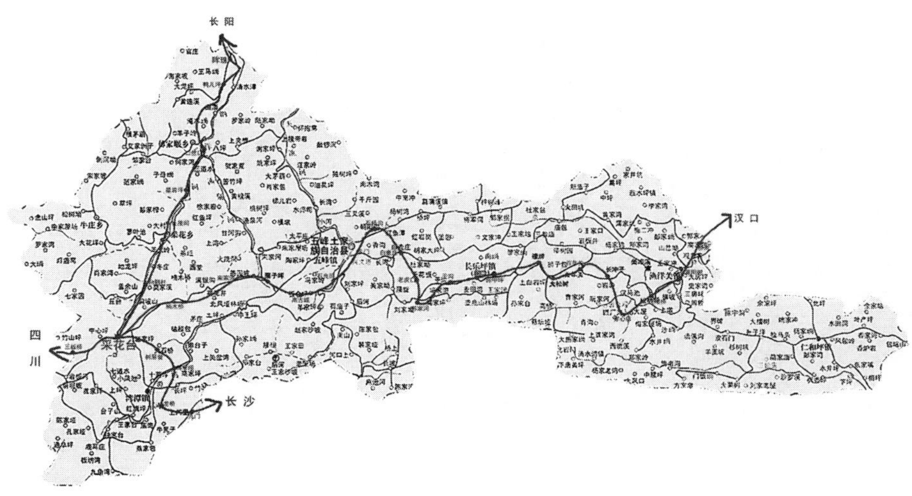


**图 5-2　茶叶之道(自绘)**

“川盐济楚”历时 26 年,在鼎盛时期,四川食盐销量占全国 1/4,税收占全国 30%,在川盐的运输道路上,大量的民居伴随古镇的兴建而兴建起来,其繁华场景,至今从遗址上依稀可见。尤其在湖北境内的川盐古道的两侧出现了一批有别于周边聚落的民居,这些民居除了富有当地地方特色外,也兼具川盐运输所带来的巴蜀民居特征。

## 二、文化环境

### (一)巴文化

“巴”是涵盖国、地、人、文化的一个具有独立意义的概念,巴文化是巴国文化与巴地文化复合共生的地域文化概念。巴文化区范围大致上北起汉中,南达黔中,东起鄂中,西至川中。三峡地区是巴文化融合过程中影响较大、渊源颇深的核心区域,巴文化经数万年在该地的演变融合,已然成为该地区的最深层的文化底蕴。史籍称长江三峡川东鄂西之交的地区为“巴”,如《山海经·海内经》均是指其地域名称,不是指族别和族称。①

① (晋)郭璞注,(清)毕沅校:《山海经》,上海古籍出版社 1989 年版,第 212 页。

古代"巴人"又称"巴族",诞生在三峡地区的一个古老部落,据《山海经》记载,炎黄二帝时期,他们便开始出现在长江三峡地区。《华阳国志·巴志》亦所载巴为"黄帝、高阳之支庶",其历史渊源可上溯到远古传说中的五帝时代①。"巴人"泛指居于"巴"的地域范围内的人,巴文化自远古时期开始绵延于此,形成特色的巴地习俗、塑造了特别的巴人情怀,最终融合造就了别具一格的文化脉络。乡俗、习性、建筑等物质表征在时光荏苒中,凝结着巴文化伦理意识,往来不穷。

巴文化根植于涵括鄂西南的三峡地区,巴人用建筑这种表现形式记录下人类社会文明与设计伦理发展的重要篇章,这样的伦理意识从数万年前开始,或明或暗地映射在当今鄂西南传统民居之上,至今仍有傲然风姿。巴人建筑的伦理特征随着生产性活动变化而逐步发展,巴人所在的三峡地区受地理环境影响,房屋建筑形式独特,凝聚着远古时期巴族先民智慧和创造的结晶。其建筑文化影响深远,源远流长。巴人建筑的形成、演变及发展既与三峡地区特定的地理环境和文化环境相关联,又与巴民族自身的社会历史与伦理意识同步②。三峡地区"长阳人"遗址、"秭归玉虚洞"遗址等发现印证了这里是人类最早的发源地之一③,旧石器时代早期至中期便有原始人类活动,靠狩猎、采集为生,居住形式是"巢居"和"穴居"。

《周易·系辞》谓:上古穴居而野处,意指"穴居"这种居住形式。据考证,穴居习俗主要传承于洞穴密布的南方民族,尤其是巴族分布的三峡地区有着十分悠久的历史。廪君传说中提及"务相居赤穴,四姓居黑穴",就是对古代巴人举族居岩洞的回忆④。《录异记》记载:"李时,字玄休,廪君之后,昔武落钟离山崩,有石穴,一赤如丹,一黑如漆。有人出于丹穴者,名务相,姓巴氏;出于黑穴者,婂氏、樊氏、柏氏、郑氏,皆此四姓。""峒"与"洞"本义相通,此后"峒"便用以称呼南方或特指武陵地区的人群和事物,道明这一地区洞穴密布且"以穴为居"的突出习俗。"洞穴密布"是由于三峡地区多岩溶地貌,境内峰

---

① (东晋)常璩:《华阳国志·巴志》,齐鲁书社2010年版,第76页。

② 朱世学:《三峡考古与巴文化研究》,科学出版社2009年版,第37页。

③ 湖北省秭归县地方志编纂委员会编:《秭归县志》,中国大百科全书出版社1991年版,第28页。

④ 参见(宋)范晔撰:《后汉书·巴郡南郡蛮》,中华书局2007年版,第43页。

岭重叠，洞穴密布，河流纵横，地貌多样，既有山地、河谷，又有平坝、高原。多样的地理环境衍生出特有的居住形式，以穴为居至今仍在鄂西南清江流域的利川、恩施、巴东和长阳境内残存①。穴居对巴地巴人后世的居住形式产生深远影响，这种直接隐于山洞而居的形式直到今日都未完全退出历史舞台。

恩施州巴东县的楠木园高桅子、东壤口、大坪、沿渡河、鳊鱼溪等三峡地区，有不少属于旧石器时代早期和中期的人类居住遗址。据分析，这些遗址的居住地附近一无山岗，二无洞穴，很可能是居住在树上。在恩施州鹤峰县走马锁坪村，新中国成立初期还曾有人居住过这种树屋。究其形式是在几棵树之间横绑些许粗木棒，然后在木棒上平铺木棍，叠加草与竹席等物。再将房顶做成斜面，盖上草并捆扎好，四周也捆绑上木棍或竹棍以为壁，留下出入口，并用竹篾扎好一楼梯，以便于上下。这种居住方式，或多或少留存着古老巴人巢居的影子。

“以穴为居”“筑巢为居”这两种最原始的建筑形式，作为当时特定背景下特殊伦理意识的呈现，一定程度上说明原始巴人能够逐步适应客观地理环境，并且融合主观思维加以应用，构成了两种鄂西南地区民居类建筑的主流。一是“以穴为居”逐步演化成为“地面台式建筑”，二是“筑巢为居”逐步形成独特的“干栏式”建筑。不仅如此，张良皋认为“穴居的空间概念与巢居的构造方式相结合就是中国建筑的主流”。“穴居”与“巢居”的论证过程还为现代人不断探寻巴文化发展历程、溯源我国建筑设计伦理提供坚实可靠的理论依据。

旧石器时代晚期，三峡地区原始人类的伦理意识随着生产性活动进行发展，逐步形成了窝棚式的临时性居所。位于江陵县荆州镇郢北村的江陵鸡公山遗址，出土了数个由各类石制品围合而成的圆形石圈，这可能便是古代巴人窝棚式住址的建筑内里②。这类形式的居所至今在鄂西南内陆腹地高山或半高山地域仍有留存。此类临时性建筑形式至今依然保留，是因秋收时节防止偏僻之处的庄稼受到野兽的侵害，利用树干树枝与茅草搭建一座呈立体三角形的临时性居所，又被当地人称为“虎坐棚”，这也侧面印证了古代巴人因生产性活动而逐渐进步的设计伦理意识，为日后地面台式建筑的发展奠定

① 《方志·长阳县志》。

② 余西云:《巴史·以三峡考古为证》，科学出版社2010年版，第25页。

基础①。

新石器时代时期的巴人建筑可与现代鄂西南传统吊脚楼民居产生直接对话，巴人建筑伦理意识的创新可直接映射在今日鄂西南传统吊脚楼民居之上。距今10000—4000年，巴人逐渐走出山洞或森林，在平地、河谷或丘陵地带搭建地面台式建筑，还根据三峡地区特殊的地理环境形成巴文化传承的代表建筑形式——干栏式建筑，俗称“吊脚楼”，且基本上沿江、河、溪流而居，这也是当今继承巴人信仰的土家族建筑设计伦理的典型居所形式。据考证，自大溪文化开始，三峡地区的原始居民在建房时就在房屋墙体底部铺垫起稳定和防潮作用的石块，往后这一先进的建筑技术得到发展，垒砌高度也逐步增加。这种在墙体底部垒砌石块的建筑形式，自古至今在鄂西南地区随处可见（见图5-3）。

**图5-3　鄂西南地区部分吊脚楼民居**

巴文化相对完整地传承至今，主要是靠与之生活环境相似的土家族全方位的沿袭。巴人经济以渔猎为主，故巴人建筑设计伦理总体表现为亲水的、自

① 参见朱世学：《三峡考古与巴文化研究》，科学出版社2009年版，第75页。

由的，其建筑文化带着明显的渔猎文化特征。如今的土家族提倡的也是包括农耕在内的多元复合式经济，土家族的生活有渔猎、农耕等多种生产方式，渔猎生产是其生活的主要方式。不仅如此，聚居于湘鄂川黔交界区的土家族，由于地理环境和巴人一致，进而将巴人的生活方式、信仰图腾、巫教文化①、民族性格、情感方式、语言文字得以延续和创新，呈现出今日巴文化的特殊面貌。

## （二）楚文化

楚文化因楚国和楚人而得名，是周代发祥并兴盛于今日湖北、进而覆盖于东周南方和传播于先秦海内外的区域文化。在楚人长期对蛮族的战争及交流中，糅合了中原文化的末流和蛮楚文化的余绪。楚文化是融冶南北文化后来居上而创造的东周文化翘楚，经久未衰。

早期的楚国位于与豫西南相邻的鄂西北，南方温柔诗意的气候、浩瀚无边的湖海、奇峰罗列的山川不停激发他们的想象力，使他们的浪漫主义情怀更加丰富。楚人所生活的地域自然环境非常优越，这种优越的环境为他们“信巫鬼，重淫祀”风俗形成提供了物质条件。《汉书・地理志》中记载：“楚有江汉川泽山林之饶；江南地广，或火耕水耨。民食鱼稻，以渔猎山伐为业，果蓏蠃蛤，食物常足。……信巫鬼，重淫祀。”颜师古注引应劭曰：“言风俗朝夕给，偷生而已，无长久之虑也。”楚地人民不需要为最基本的口腹之欲奔波劳碌，精神生活更加丰富多彩，生活之余热情洋溢地去探寻神秘而又亲切的大自然。

楚文化的传播归功于“兵临城下”“问鼎中原”等典故侧面表现出的楚人不服输、开拓进取、艰苦创业的性格特征。楚人立国初期，偏僻狭小，它是以子爵之位封国五十里，可谓寒酸之极。因此，不满足于偏安一隅的楚人历经筚路蓝缕，以启山林的艰辛，最终位列春秋五霸、战国七雄。楚国对外扩张的政策是文武并举、软硬交错。文化上“抚有蛮夷”“以属华夏”，比当时管子“戎狄豺狼，诸夏亲昵”和孔子“裔不谋夏，夷不乱华”的思想都还要进步。武力值的加强方面，楚人吸取吴越和华夏的青铜冶炼技术精华，使自己的矿冶水平后来居上，成为制造冷兵器、壮大军队实力的坚实基础。

楚文化兼收并蓄，内蕴深厚。《史记・楚世家》记载楚王熊渠“我蛮夷也，

① 参见（唐）樊绰：《蛮书》卷十，中国书店 1992 年版，第 21 页。

不与中国之号谥”。从文化特征来看,楚文化为南方文化代表,有别于北方中原诸国文化和西南少数民族文化。从发展动态看,楚文化具有动态有机特征,根据考古材料,楚国扩张、楚文化西渐并没有消灭鄂西南聚集的少数民族文化基因,而是呈现出对其吸收和融合的文化特征。

秦王朝一统中原后,楚国政权随之倾覆。呈现楚文化独特风貌的楚建筑遭受秦人毁灭性摧残后,却依旧以不同于恪守周礼的时代主流革新理念、“天人合一”“道法自然”的建筑设计思想或明或暗地对后世建筑产生影响,并不断与其他地域文化融合,潜移默化地形成了自身独特的审美和伦理观。楚国虽于公元前 223 年亡于秦,但楚文化的创造主体犹在,楚文化的辉煌成就固存。兴盛的秦文化在相当程度上是汲取楚文化因素而昌兴。秦灭六国,焚毁楚城楚宫,但“写放其宫室作之咸阳北阪上”①。

楚败秦胜,汉兴秦亡。楚、秦的历史角逐终究是文化的较量。楚人灭秦立汉,在关中之地大兴宫室,或因生活习俗或因凝结乡情,建筑特征与伦理意识自然多承楚制。“有无相生”的伦理法则、“大象无形”的建造意识掀起了复楚文化的热潮。楚人建立的西汉王朝早期仍较为全面地复兴和弘扬了楚文化。汉人对楚国宫殿建筑十分赞叹和追怀,司马相如在《子虚赋》中生动地描写了楚王在“方九百里”的云梦泽游猎而“登云阳之台”;边让的《章华赋》极言章华宫之宏大华美。汉代“未央宫”也一以贯之楚人的设计伦理意识,体制宏伟的特点一脉相承,占国都长安近七分之一面积。汉武帝下旨修造“建章宫”与“飞廉观”,“飞廉”意指楚人崇奉的“凤”这种神鸟。

由此,西汉前期统治者对楚建筑文化与伦理意识的心驰神往可见一斑。上行下效,统治者对于楚建筑形制审美的欣赏也潜移默化地自上而下对当朝百姓产生影响。1979 年湖北云梦出土的东汉晚期砖室墓陶楼兼有若干楚建筑特征,极具楚人文明的生活方式、积极开拓的伦理意识,呈现为多层高楼、规模宏大、结构紧凑、装饰精巧等特征,这座陶楼内部分工明显,前楼用作日常起居(下层)和卧室(上层),后楼设碉楼瞭望楼,前楼为保卫主人安全,设哨棚。

魏晋南北朝时期,中国大地先后出现独立政权几十余个,政治纷争和民族冲突不断,民不聊生,政治中心不断向南偏移,推动了经济文化中心逐步回归

① (汉)司马迁:《史记》,三秦出版社 2008 年版,第 23 页。

到南方故楚之地。魏晋南北朝推翻了汉代"罢黜百家,独尊儒术"的单一局面,人们摆脱了儒学的束缚而获得了思想大解放,并因循汉末出现的学术新风,崇尚道家以自主地进行社会和人生问题的探讨,发扬楚文化传统以自由地进行文化创造。此时,在故楚旧都除了中原文化,更有中外文化的不断碰撞,加之楚地原有的丰厚文化底蕴,呈现出创造性的精神文化特征。南朝佛教随波逐流地附会玄学而大行其道。位于湖北当阳的玉泉寺便源于南朝梁武帝敕建的复船山寺。此时鄂西南民居建筑也受到寺观建筑影响,其中不乏有关于佛教信仰的设计细节,鄂西南及其周边地区百姓在战乱年代只能将生活希望寄托在求得救赎的佛教玄学之上。

隋朝政权建立后,国家政治趋于稳定,因民族隔阂、敌视而形成的民族矛盾趋于消解,随着南北文化长期交流、融通,北方统治者自觉、积极地追效先进的南方文化,南北经济发展也趋于平衡,这个阶段南北对峙的主要障碍基本消除,社会统一的条件日趋成熟,结束分裂而重归一统、平息战乱而实现安定,成为人民的强烈要求和历史的必然趋势。统一后的唐宋时期,鄂西南地区的施州(今恩施州)及边地出现土汉杂处地区,使该区受汉文化的影响较他处更大,土人中有能用汉文著作者。宋代施州地广人稀,人口严重缺乏。当时施州的羁縻州官为了增加人口采取了招人垦荒和掠夺人口的措施,鄂西南地区民居特征与北方民居特征交融。唐中叶以前,以乡舍为代表的民居类型较之北方可谓"栋宇简易,仅除风雨",极为简陋,多以茅舍形式出现。随着政治稳定,经济文化不断共荣,荆州、鄂州等地的茅屋竹舍开始为瓦房所代替①,江夏等地的城墙开始包砖②,鄂西南及周边地区民居建筑材质发生改变,砖瓦建筑不断推广,民居中呈现"有无相生"的建筑文化或多或少是楚文化的折射。

元明至清初时期,鄂西南的族群流动十分频繁且规模较大,形成鄂西南自先秦以来的第二次族群流动浪潮。鄂西南及其周边地区战事频繁,除了朝廷镇压外,也有各少数民族的武装斗争。频繁的战事促进了鄂西南和周边地区之间的族群互动。因此,这一时期与战争有关的族群流动主要发生在土司地区。正因为此,旧时施州的土司城遗址是鄂西南地区代表性元代建筑,也是目

---

① (清)董诰:《全唐文》第五六六卷,第3册,上海古籍出版社1990年版,第51页。

② 《中国史籍精华译丛·新唐书(牛僧孺传)·新五代史·资治通鉴·宋史》,黄河出版社1993年版,第89页。

前现存寥寥无几的元代建筑。元明至清初时期土司城经过多次增修,或是土司势力扩张,或是战乱纷争重建,抑或是朝廷责斥整改,今日所见面貌已非元代原貌,但元代的建筑法式依然可见。这座土司城从选址布局到结构造型,都未遗存楚建筑文化的韵味。

改土归流至清末时期,鄂西南地区出现了政府组织的移民活动、各民族自发的迁徙活动以及军事斗争导致的族群流动三种人口流动情况,形成了这一地区自古以来规模最广、影响范围最大的移民高潮。长时期的动乱,流官的执政以及大量外来人口迁入,作为移民通道上的鄂西南地区,其民居设计伦理必然受到移民发源地的影响而产生流变。

就跨区域文化碰撞、交流、融合等对鄂西南传统民居设计伦理的影响而言,鄂西南传统民居设计伦理深受楚文化影响。楚人的思想意识和建筑意象在现存鄂西南传统民居上仍有显现,历时数千载没有消亡,反而为历代营造匠人神往、化合和吸收。

## 三、政治环境

### (一)"改土归流"

鄂西南位于湖北、湖南、重庆、贵州四省市交界的武陵山区,区内聚居着土家、汉、瑶、苗、侗等多个民族。先秦到唐宋时期,该地区推行羁縻政策,羁縻政策是统治阶级笼络少数民族使之不生异心而实行的一种地方统治政策。"羁"就是用军事和政治的力量威慑控制,"縻"就是以物质利益抚慰。这个时期鄂西南少数民族基本上处于自治状态,其所居住的民居受汉人影响有限,呈现出各民族原生的特征。元明时期,中央对该区域控制进一步加强,采用更为严格的土司制度,但总体来说,该地域依旧是相对自主和独立。

直到清雍正时期,政府对鄂西南土家族地区实施改土归流,长达数百年的土司制度宣告结束,鄂西南变成委任政府委任流官。改土归流后,汉族物质文化、制度文化和精神文化以多种方式向土家族地区渗透。这个时期汉族文化以前所未有的速度向鄂西南地区传播,对鄂西南民居产生了巨大影响。

汉族制度文化在土家族地区的确立,郡县制代替土司制,里甲制代替旗长制，绿营制代替旗兵制，大清律例代替土司家法。汉族精神文化在土家族地区强制输入，土家族精神文化被强行中止。禁跳摆手舞及禁止土家族部分传统祭祀活动，改变土家族服饰，令土家人剃头。不仅如此，对于土家族信仰的傩神，清政府认为是“端公邪术”严加禁止。

**表 5-1　改土归流区域表**

<table>
<tr><th>区域</th><th colspan="2">司地归属</th><th>改流时间</th><th>土司名称</th><th>改流安置及去向</th></tr>
<tr><td rowspan="10">鄂西南</td><td rowspan="4">施南府</td><td>宣恩县</td><td>雍正十三年</td><td>高罗、木册、忠峒</td><td rowspan="4">授木册、东流、腊壁、唐崖把总，授高罗、忠峒、卯洞、漫水、散毛、大旺、金峒、龙潭、忠路、忠孝、沙溪千总，赐房产、田产；高罗、龙潭、沙溪、唐崖安插汉阳县，腊壁安插黄陂县，其余安插孝感县</td></tr>
<tr><td>来凤县</td><td>雍正十三年</td><td>卯洞、漫水、散毛、大旺、东流、腊壁</td></tr>
<tr><td>咸丰县</td><td>雍正十三年</td><td>唐崖、金峒、龙潭</td></tr>
<tr><td>利川县</td><td>雍正十三年</td><td>忠路、忠孝、沙溪</td></tr>
<tr><td>施南府</td><td>宣恩县</td><td>雍正十三年</td><td>施南宣抚司</td><td>革职</td></tr>
<tr><td rowspan="2">施南府</td><td rowspan="2">宣恩县</td><td>雍正十年</td><td>东乡</td><td rowspan="2">革职</td></tr>
<tr><td>雍正十一年</td><td>忠建</td></tr>
<tr><td rowspan="2">施南府</td><td>咸丰县</td><td>雍正十三年</td><td>西坪</td><td rowspan="2">不明</td></tr>
<tr><td>利川县</td><td>雍正十三年</td><td>建南</td></tr>
<tr><td>宜昌府</td><td>鹤峰县</td><td>雍正十三年</td><td>容美宜慰司、椒山土司</td><td>容美司置陕西；五峰、椒山、水浕、石梁四长官司留原地，赏五峰司千总，支食俸薪</td></tr>
</table>

一则则禁令下达后，土家族人传统居住方式、部分传统行为方式、传统家庭制度、传统续嗣办法和婚姻习俗均受到冲击。此后，汉族价值观大量输入，清政府将汉文化价值观强加于土家人头上，强行要求土家人接受汉族礼俗。将汉族天神信仰推行于土家族地区，汉族服饰引入土家族地区，在土家族地区推行汉族的续嗣办法，如婚姻须凭媒妁、父母做主，采用汉族迎娶方式。汉文化

自上而下地在土家族地区不断扩散。一是清政府确立了以府、州、县学为主体的学校教育体系的传播途径，以程朱理学及儒学作为中心内容，强调学生的人品修养。二是在土家族地区实行科举考试，促进了土家人对汉文化的学习①。

在“改土归流”之前，鄂西南传统民居大多以早期“干栏式”建筑为主，以立柱架屋为主要结构特点，从巢居演变而来，《魏书·僚传》记载“依树积木，以居其上，名曰干兰。干兰大小，随其家口之数”。《新唐书·南蛮传下·南平僚》记载“山有毒草、沙虱、蝮蛇，人楼居，梯而上，名为干栏”。专记湘西少数民族风俗与物产的《溪蛮丛笑》描述得更为具体，“所居不着地，虽酋长之富，屋宇之多，亦皆去地数尺，以巨木排比，如省民羊栅。叶覆屋者，名曰羊栖”。

在这个时期，鄂西南少数民族传统民居的基本特征可以从“改土归流”时期流官颁布的禁令看出。清雍正八年（1730 年）永顺知府袁承宪在《详革土司积弊略》第 5 条载：“男女混杂坐卧火床”，无男女卧室之分；“中若悬磬，并不供奉祖。半室高搭木床，翁姑子媳联为一榻。不分内外，甚至外来贸易客民寓居于此，男女不分，挨肩擦背”，无祖先祭拜空间，无主客空间划分；乾隆七年（1742 年）永顺知县王伯麟《禁陋习四条》也有类似记载：“永顺土民之家不设桌凳，亦无床榻，每家惟设有火床一架，安炉灶于火床之中以为炊爨之所。阖宅男女，无论长幼尊卑，日则环坐其上，夜则杂卧其间，惟各夫妇共被以示区别，即有外客留宿，亦令同火床”，可见，无常备家具，火床是家庭的聚集地。

在大规模汉化过程中，鄂西南少数民族的巫鬼活动被禁止，“今既改流，凡一应陋俗俱宜禁绝”②；少数民族的传统居住方式也被禁止，清政府认为该地区民众“男女不分，挨肩擦背，以致伦理俱废，风化难堪”③，传统民居布局的分区开始注重男女；在人际交往上，推行汉族的男女有别、内外有分，要求“嗣后务其严肃内分别男女，即至亲内戚往来，非主东所邀，不得擅入，至其疏亲外戚，及客商行旅之辈，止许中堂”④；鄂西南少数民族自古有成年分家的习惯，

① 段超：《改土归流后汉文化在土家族地区的传播及其影响》，《中南民族大学学报（人文社会科学版）》2004 年第 6 期。

② 黄贤美：《鹤峰县志》，湖北人民出版社 1990 年版，第 31 页。

③ 张天如编，顾奎光纂：《永顺府志（清乾隆版）》，《文渊阁四库全书》集部，别集类。

④ 乾隆《鹤峰县志·义馆示》，卷首。

清政府认为该行为“置祖父母、父母之衣食于不问”①,所以严禁分家,接受汉人的忠孝节义。鄂西南现存的民居,多建于改土归流之后,所以在现存的民居上,出现火塘和祖宗牌位并存的空间格局,这是非常典型的少数民族文化和汉族多元融合的迹象。

土家族地区大规模改土归流持续了近30年时间,改土归流从制度更新上打破了土司执政时期人口流动的障碍,对流区对外来人口垦殖也出台了一系列惠改政策。在这些因素的综合影响下,外来移民经水陆两种方式源源不断地进入改流区。从现有文献看,到乾隆中后期“湖广填四川”移民浪潮结束时,土家族地区大规模的人口流入结束。其时,各府、州、厅、县的人口数量较改流初期有数倍规模的增长。正因如此,政治移民浪潮对鄂西南地区传统民居设计伦理的影响进一步加深。

### (二)“江西填湖广”与“湖广填四川”

对鄂西南传统民居设计伦理的生成过程造成影响,尤其是现存鄂西南传统民居设计伦理的另外一个重要因素就是明清时期的几次移民活动,民居的居住者和营造工匠的身份发生变化,自然将设计伦理及理念突出地映射到了鄂西南传统民居的生成上。自秦汉至宋元,中国移民的主流是北人南下。明代初年,情况发生了变化。长江流域人口的输出地主要是苏南、浙江、安徽徽州、赣北、赣中及鄂东地区,输入地主要是苏北、安徽(徽州除外)、湖北、湖南和四川,构成从东南向西、向北的扇形迁移。

笔者认为,对鄂西南传统民居生成影响较大的移民运动是明清之后的“湖广填四川”“江西填湖广”,以及清雍正时期“改土归流”政策。这几次大规模的移民运动中,湖北民众大量进入四川,改变了重庆、四川以及移民通道鄂西南地区的民居风貌,使得鄂西南地区传统民居呈现出区域风格的差异。与改土归流不同的是,“江西填湖广”与“湖广填四川”的移民浪潮是一种政府鼓励,是民众自愿自发的大规模移民现象(见图5-4)。

据史料记载,“江西填湖广”最早可上溯到唐朝,在持续一千多年的移民运动中,因鄂西南现存传统民居多建于明清之后,故对今天鄂西南传统民居影

---

① 乾隆《鹤峰县志·义馆示》,卷首。

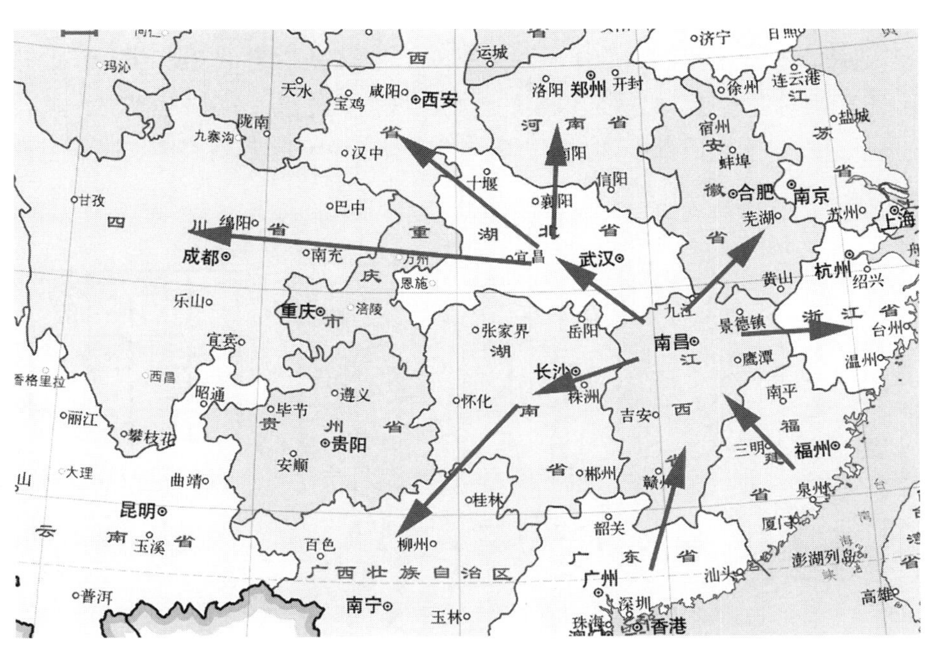


**图 5-4　“江西填湖广”“湖广填四川”移民流线图**

响最大的还是明清时期的、以今湖北和湖南为轴心的移民运动。在这个时期，大量的江西人进入湖北，大量的湖北人迁入四川，故有民谣“江西填湖广，湖广填四川”。民国《松滋县志》记载：“松滋氏族，问其故籍，皆自江右而来。”在江西移民中，来自赣北地区的移民为最主要。

著名历史地理学家谭其骧先生在 20 世纪 30 年代所著《湖南人由来考》谈及“且平江、湘阴而北之湖南人，以其为南昌人后裔之故，而有‘湖北味’，则自此直可以想见，即湖北省之人，其大半当亦为南昌人之后裔也。”①根据张国雄先生在《明清时期两湖移民研究》中的数据记载，明清时期湖北家族有六成以上来自江西，以江西南昌府、饶州府为主，江西移民在湖北的整体分布上，呈现由东向西渐减的态势，并且江西移民进入湖北后，呈现出同州府县乡聚集居住的特点，清同治《竹溪县志》第十四卷“风俗”记载：移民多亲戚曲党，因缘接踵，聚族于斯，这样一种持续性的迁移方式，对于鄂西南地区的民居的建造、扩

① 谭其骧：《长水粹编》，河北教育出版社 2000 年版，第 219 页。

建以及建筑的伦理表达有直接影响。

在湖北移民进入四川的移民活动中，加上清雍正时期的“改土归流”的政策，之前相对独立的少数民族聚集地开始出现大量的汉人，原本以少数民族传统民居为主要呈现的鄂西南民居开始被汉化，在今天鄂西南的传统民居上呈现出融合的特征（见图 5–5）。

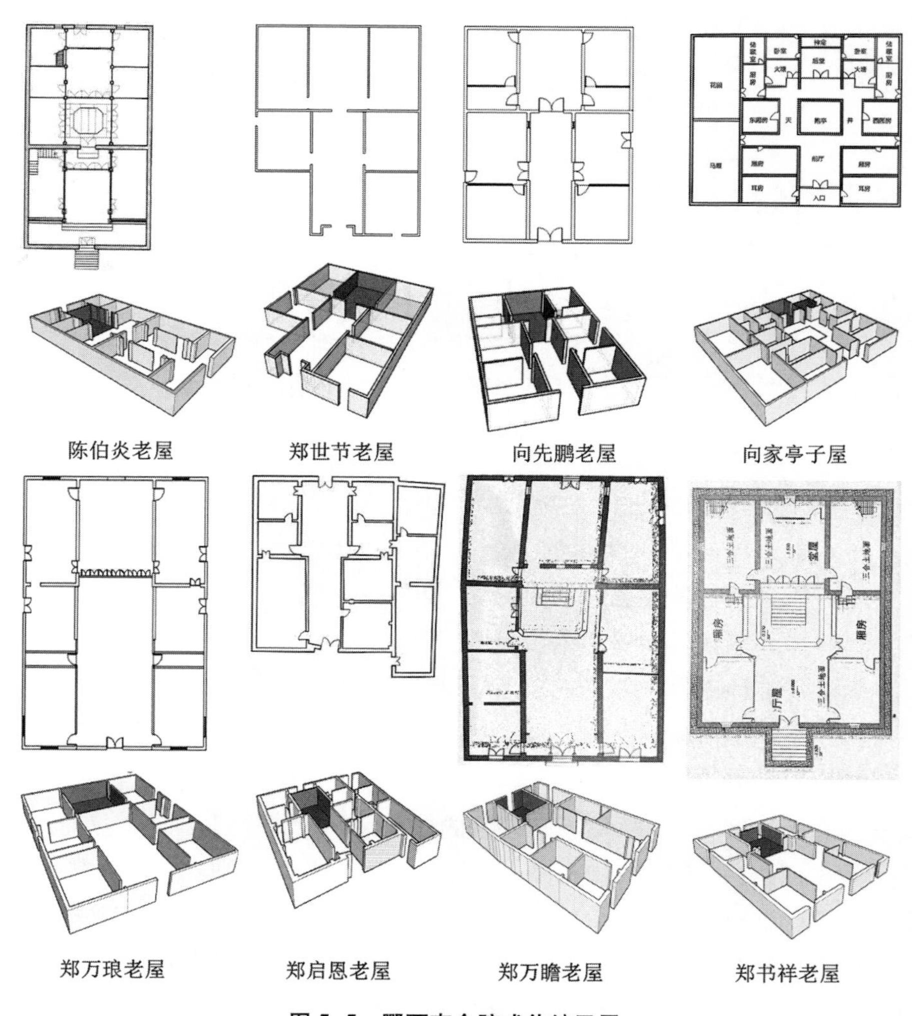


**图 5–5　鄂西南合院式传统民居**

# 下　编

## 鄂西南传统民居设计“礼—化—用”及新时代民居设计伦理法则

# 第六章 “礼制”意象：起居生活设计的人伦意识

“建筑问题首先不是建筑学本身，而是伦理学上的。”“建筑是文化的反映，当文化随着时代发生变化的时候，建筑必然跟着变化。”①中国建筑的伦理制度在周代时便已有明确记载。《周礼·考工记》记载：“匠人营国，方九里，旁三门，国中九经九纬，经涂九轨，左祖右社，面朝后市，市朝一夫。”历经后世诸朝不断修订、补充，形成了系统化的建筑营造伦理制度。其中，民居建造的制度文本始见唐代《营缮令》，《营缮令》对建架、尺度、屋顶、建筑装饰做了详细限定。《唐会要》引用自《营缮令》“又庶人所造堂舍，不得过三间四架，门屋一间两架，仍不得辄施装饰”。宋代建筑伦理制度对官宦有所放宽，但对庶民规定更严格和繁复。《宋史》记载：“凡民庶家，不得施重栱、藻井及五色文采为饰，仍不得四铺飞檐。”明代建筑伦理制度进一步细化，《明史》记载“官员营造房屋，不许歇山转角，重檐重栱，及绘藻井，惟楼居重檐不禁。公侯……用金漆及兽面锡环。……覆以黑板瓦，脊用花样瓦兽，梁、栋、斗拱、檐桷彩绘饰。门窗、枋柱金漆饰。庶民庐舍，洪武二十六年定制，不过三间，五架，不许用斗拱，饰彩色。”房间的数量、结构、斗拱使用、色彩使用有更为明确规定。清承明制。

鄂西南现存的传统民居大多建成于明清时期，明清时期的制度、当地自然环境、宗教信仰、民族民俗等因素共同作用于鄂西南传统民居设计行为，民居的平面布局、材料与色彩、造型与装饰、政策法令、营造匠人和居住者的意识、

---

① [美]卡斯腾·哈里斯著，申嘉、陈朝晖译：《建筑的伦理功能》，华夏出版社2001年版，第358页。

营造尺度与规范等方面呈现出地域性、时代性、民族性的伦理特征。从设计内容看，鄂西南传统民居设计包括厅堂、婚房、天井、堂屋、厢房、院落等空间实体，也包括空间实体延续出来的家具摆设、建筑装饰等生活延展物，还包括营造思想和经验。

传统民居属于建筑门类，民居设计伦理和建筑伦理在概念上有很大交融。在设计学语境中，实用和美观原则被划为伦理基本原则，鄂西南传统民居设计伦理内容和形式的研究中，需要考量设计伦理在实践、制度和精神层面的不同表现，重点探讨当地民居建造和使用的内在联系，居住者修身与齐家、治国、平天下为追求的目标在民居上获得彰显。

传统民居空间有效影响居住者的生活形态，显现了所处其中的人的行为动机、思想和社会伦理规范，调研鄂西南民居居住关系过程中，发现其营建不仅包含了传统伦理中宗法、等级等伦理规范，还有效孕育了父慈子孝、兄友弟恭、孝悌亲情等积极的社会和家庭教化关系，这种独有的设计智慧是西方设计乃至当下设计很难企及的。也同时印证了一般民居伦理所体现的国家、社会到家庭三种空间伦理意识，实现居住理想到本土实用的兼顾。

民居建造深受时代和社会制度影响，鄂西南传统民居的设计伦理背景正是“礼制”意象的表述，包括传统社会皇权至上的政治伦理观、尊卑有序的等级道德观、群体意识的信仰。从宗教信仰、宗法等级和家国同构关系衍生出的社会关系投影在鄂西南传统民居的平面布局、居住关系、屋宇装饰、家具使用等方方面面，在这种同质同构的家国关系的影响下，家庭中的每个成员在原有生物性血缘关系上，还加上了宗法的关系。在传统社会中，这种关系在很多时候超越原有的生物性血缘关系，成为家庭生活的最高的论断准则。比如父子关系不再是单纯血缘上的父子关系，一定程度上，父亲作为家庭的至高统治者，与国家的皇帝在国家中的地位类似。

## 一、居住空间的政治伦理表达

从中国传统建筑设计特征看，由南到北，上至宫殿，下到庶民的居所，通过平面布局的空间与尺度划分，有效区分了神佛、君臣、父子、夫妻、妻妾、朋友之间的伦理关系。除此之外,性别上的行为准则在民居平面布局中也有充分考量。《礼记·内则》曰“礼始于谨夫妇。为宫室,辨外内,男子居外,女子居内。深宫固门,阍寺守之,男不入,女不出。”在同一个居所里,男女被特有的空间布局局限在不同空间进行活动。

鄂西南地处中国腹地,境内少数民族众多,鄂西南传统民居的平面布局的设计伦理呈现出典型的多元化和融合化的文化特征。每个朝代的经济、政治、习俗观念、统治阶级的思想等无一不深深浸入各地传统民居的设计,伴随着少数民族和汉人的混合,鄂西南地区的传统民居更具多变性和民族化。《上思州志》载“唐天宝初设为州,以土酋沿袭,隶邕。宋、元因之。唐、宋土酋沿袭无考……”元代始置土司,至清代改土归流止,土官共世袭400余载。在此期间,权力被封授给西北、西南地区的少数民族部族首领,若有朝廷批准,土司可以世袭。土司对朝廷承担一定的赋役,并按照朝廷的征伐令提供军队;对内维持其作为部族首领的统治权力。土司在其统辖的范围内就是名副其实的皇帝,故民间又称土司为“土皇帝”,土司的意志就是法律。“土司杀人不请旨,亲死不丁忧”直观地反映了土司统治的专制和残暴。

## 二、礼制规范的民居空间设想

正是在多元融合和土司管理制度下,住宅等级制度的森严直接限制了鄂西南土家民居的建筑形制,致使建筑形式相当简陋,民居的发展一度趋于停滞状态。与此同时,土司为显示自身实力,提高自己地位和影响,为了防守和生活的需要,各处土司兴建富丽华贵的土司衙署,导致土司与土民的房屋形式分化巨大。土司管理时期的土家人生活拮据,难求其他,故依旧承袭着较为原始的生活状态,无长幼内外之分,长辈尊幼、嘉宾主客皆可同时围坐火塘,“炊羹”共食,憩于火床之上,且男女无别,除夫妇共被,其余皆“挨肩擦背”杂卧于其间,礼制观念淡薄。两千多年封建社会发展,使得儒家礼仪教化和伦理观早已刻入汉人之骨,此番情景在派至土家族地区的汉族流官看来,可谓是“伦理废尽,风化难堪”“寡廉鲜耻”。于是各地流官发出告示,严禁男女混杂坐卧“火床”,对鄂西南土家族的民居提出了严格要求。

改土归流后,汉民大量迁入,工匠也随之而来,之后鄂西南的土家民居在建构过程中，由于政府要求或屋主追随汉人风尚，所请工匠多为汉人。汉族工匠修建住宅，在满足主人需求的同时，民居的形制当然多依汉制而建，这样强制性的文化入侵在很大程度上破坏了土家族自身住宅建筑独有的风味与民族特色，但与此同时，该时期的鄂西南土家族民居建造开始自由灵活化，开始了崭新而独特的发展模式，在儒家礼制观念与土家人居住要求的结合之下，形成了其特有的方位及尊卑观，多表现于居住文化和房屋整体形制等方面的改变。

其中，祠堂是一个最为典型的改变案例，作为家族纪念性的建筑之一，祠堂是家族祭奠祖先的礼仪活动场所，是形成"家—天下"的社会认知与社会人文模式的物象载体，是人与人关系和谐语境的物象表达。湖北省宜昌市秭归县向家坪的屈原祠就是为纪念屈原而修建，始建于汉，重修于清乾隆十九年（1754 年），建筑面积 1651 平方米，檐硬山顶砖木结构，三间三进，整个建筑运用了大量的木材和石材，具有典型的江南古建筑风格。山门建筑风格独特、歇山重檐、三面牌楼、六柱五间、三级压顶，气势非凡。整个建筑雕梁画栋，雕刻精细，蔚为壮观。屈原祠最典型的部分是中庭，中间四根合抱大柱，选用上好的松、柏、桐、椿四种木料制成，取"松柏同春"之意，祈求家族世代兴旺（见图 6-1）。

再如受安徽和江西建筑风格影响，鄂东南民居天井四周多设置靠椅，俗称"美人靠"。在封建传统伦理的桎梏下，年轻女性不能轻易外出，但是人追求自由的天性也需要被释放，所以营造设计中通过空间的处理，社会伦理禁忌与人的自然天性在一定程度上获得妥协。在环境心理学的理论中，如果身处相对私密小空间，只要能观察到较大的空间，原有小空间所带来的幽闭恐惧感会直线下降，如果观察者在观察过程中，无法第一时间确定空间的边界，那么在他附近设置依靠的装置，使得他能有所依靠地去进行观察活动，这个是对幽暗和恐怖的封闭性空间常见的处理方法，在鄂西南传统民居中类似"美人靠"（见图 6-2）这种以小空间观察大空间的处理手段比比皆是，强调空间伦理的礼制秩序的同时，兼顾顺应人的天性，使得传统民居和居住者形成和谐的生活场域。

**图 6-1 屈原祠**

**图 6-2 鄂西南传统民居中的"美人靠"类似设置**

## 三、色彩制度约束的居者身份

色者，颜气也，由于描述色彩的需要，后逐渐由颜气转注成颜色，中华民族是一个熟知色彩装饰的民族。西周《考工记》记录先祖受材料局限影响，依旧从矿物原料和动物体内提取出红、褐、黄、黑、白及通过调制而成的混合色，形成质朴的五色观（见图 6-3），用以匹配祭祀场所，将颜色和等级序列极早地联系在一起。《礼记》载："楹，天子丹，诸侯黝，大夫苍，士黈"，就是说，皇帝的房屋的柱子用红色，诸侯用黑色，大夫用青色，其他官员只能用黄色。明代官方规定王公府第正门用绿油铜环，一、二品官用绿油锡环，三至五品官用黑油锡环，六至九品官用黑门铁环。清代正式规定：黄色的琉璃瓦只限于宫殿，王公府第只能用绿色琉璃瓦。于是，黄色成为帝王之色，黎民百姓不得用之。公侯"门用金漆及兽面，摆锡环"；上两品官员"门用绿油及兽面，摆锡环"；三至五品"门用黑油，摆锡环"；六至九品"黑门铁环"，并规定"一品官房，其门窗户牖并不许髹油漆。斗拱及彩色装饰不得用于普通百姓所居房舍"，传统民居大门普遍采用黑色。

可见，传统建筑的形制、规模和色彩都受严格控制，不能随个人喜好而肆意发挥。从宫殿到民居，其色彩艳丽程度是逐渐减小的，从耀眼华丽的装饰到朴素简约感，民居的装饰、色彩等都受严格约束，这就解释了现存民居用色大多都是无彩色的素雅色调,虽然局部地方使用了彩色装饰,也都是较为低调的色彩,远离代表神权和皇权的大红和黄色。在鄂西南少数民族聚集区,位置偏僻、交通不便、远离政治和权力的管辖,加之少数民族浪漫自由天性的影响,相比之下用色会显得比较自由与洒脱。

同时,鄂东南传统民居受江西移民森严的宗法影响,加之朱熹理学的熏陶,在色彩上尤为规整,严格按照清代营造规范处理,不轻易逾越。据史料记载,清代鄂东南传统民居的营造工匠基本来自江西移民,所谓“工匠无土著”。以至鄂东南地区传统民居与赣北民居有很大的相似度,江西宗法保守,宗族强大,阶级和伦理观念浓厚,同时,作为理学大家朱熹的故里,理学氛围浓厚,到湖北境内尤其是集中在鄂东南的江西移民,多宗族整体移民,其宗法规则俱有保留,相对于湖北其他地区的民居,鄂东南传统民居在色彩的运用上,更为保守且小心翼翼,普遍使用黑、灰、青色及桐油色等低彩度的色彩。

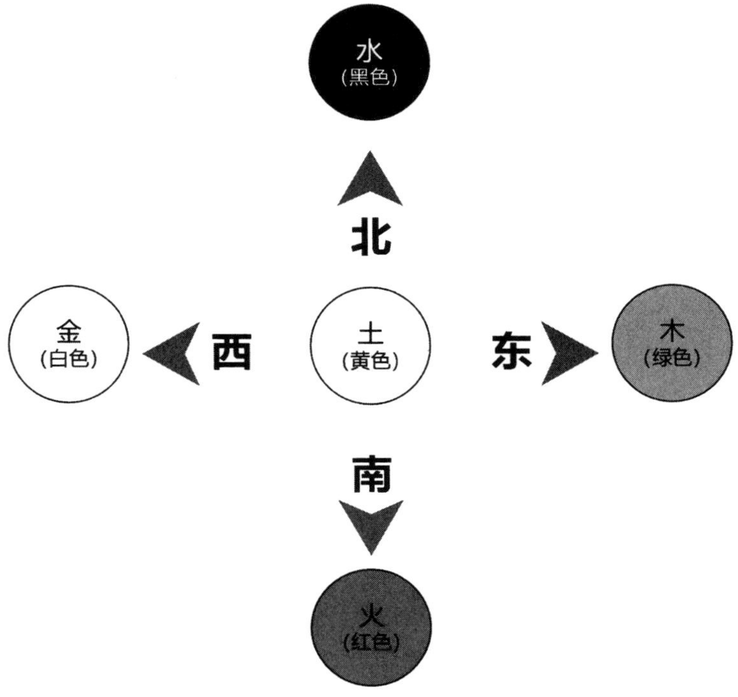


**图 6-3 五方、五行与五色对应图**

因此，与鄂西南地区浪漫自由的用色手法完全不同，鄂东南地区的民居用色更加突出“维理”，“理”字的本意是将璞玉加工成宝玉，使其成型成器，之后引申为事物的内在规律。“理”虽然不是法律制度，但是在一定程度上相对于“礼”来说更加原则化，其对人的约束是方方面面的。在鄂东南传统民居的屋顶、大门、窗户、柱子以及装饰的油漆方面，黑色最为常见。江西的吉安窑盛产黑釉瓷，江西移民素来对于黑色的处理和运用驾轻就熟。黑色在起初属于吉祥色彩，但随着赤色、黄色逐步升格，形成了黄色为尊，赤色为贵，然后依次为绿色、青色、紫色、白色、黑色的色彩序列。

统治阶级占据了高饱和的颜色后，黑色变成了普通民众最常用的色彩，为统治阶级少用。普通民众使用灰瓦白墙，一方面不会冲淡统治阶级的存在，在整体环境中与官方建筑的红墙黄瓦形成搭配，在整体环境上看来，也是有主有次的自然合理的分布。当然，色彩使用上也有动态灵活的做法，普通民众婚丧嫁娶、红白喜事特殊时刻，允许使用高饱和度的色彩，通过外设灯笼、春联等临时性的设施以达到普通阶层和统治阶层一定程度的统一。

随着江西移民向湖北内迁，赣北民居对色彩的处理方法也在湖北境内散布开来，影响到了鄂西南传统民居。鄂西南部分民居开始放弃吊脚楼形式，转而尝试营造合院式民居，它们大多以青砖砌成，色彩多以青砖本身的色彩为主，冷色调给予人一种严肃庄重的视觉感受，无形中为院落增添了几分气势。也有一些院落为使其色彩不那么单调，会在墙壁上刷上白漆，在局部绘制颜色丰富的装饰画，由于政策限制，装饰画很少用浓烈色彩，均为冷色调，虽说如此，也为民居增添几分欣欣向荣的气息（见图 6-4）。

如湖北省巴东县信陵镇狮子包古建筑群的传统民居大多沿袭明清建筑风格，受楚文化和徽派风格影响，呈现出独有的建筑特色，在建筑色彩搭配中采用色彩的两个极致色黑和白，具有极强的鲜明性。瓦主要由黑色来体现，墙面主要由白色来表达。墙面具有高高的马头墙，马头墙随屋面坡度层层迭落，远看为一段段的黑色线条（见图 6-5）。白色墙面干净清爽，在平视时，大面积的白墙呈现在眼前，层层叠叠，马头墙上的黑色瓦片和白墙边缘交替呼应，层次感很强。另外还有猫弓背式马头墙，墙上的单色、冷色调墙绘与建筑内外的黑瓦、白墙极为协调，显得格外古朴典雅，汉族对于营造文化的传承、对于理的维护在配色上可见一斑（见图 6-6）。

图 6-4 墙绘

图 6-5 马头墙

图 6-6 猫弓背式马头墙

此外,鄂西南因为中武当道教的存在,该地区民居色彩的伦理上增添了道教的宗教色彩,中武当道教建筑群周边的传统民居用色受道教影响,形成被辐射的形态特点。“道”作为万物之始,代表着阴阳两极,“阴”用黑色来表示,“阳”则用白色来表示。然而,另一种颜色也可以表示阳,那就是朱砂红。所以当时的道教建筑主色调为“丹”,一方面是由于古代烧砖所致的红色,另一方面也带有古代封建社会所延续的以红避邪之说。与鄂西南不同的是,鄂西北地理位置独特,是河南、陕西、重庆的毗邻地区,处在南北建筑交锋的前沿,鄂西北传统民居一方面较严格地遵守北方建筑所强调的伦理规则,多使用黑白两色,但由于武当山道教建筑的强大辐射,在该地区的传统民居配色上,尤其在门窗或者彩绘装饰上，常有斑斓的色彩，在该地区对于这些原属于皇家色彩的使用，不能理解为僭越，而是作为宗教传播的标识（见图 6-7）。

**图 6-7　徐大章老屋局部①**

① 图片来源：引自十堰日报传媒集团秦楚网。

# 第七章　尊卑有序的等级道德观与群体意识

鄂西南传统民居中宅院的布置与空间分布深受中原文化的影响，体现出贯穿中国封建社会几千年的礼制与礼教思想，其长幼有序、内外有别的家族宗法制度，也会在平面布局中通过严格的形制表现出来。

## 一、“以长为尊”的长幼等级

汉人“以长为尊”的观念传入鄂西南地区，也体现在当地房屋内部结构布局方面，由男女不分、亲疏不分的“一开间”逐渐演变为“二开间”至“三开间”（见图7-1），加快了鄂西南传统土家民居中的堂屋从无到有的过程。汉文化中堂屋早期含义是父母居住的地方，故在改良土家民居的过程中，工匠也依汉人之法，做堂屋置于房屋正中。“一明两暗式”通常就是指这种三开间。明间即为堂屋，堂屋后常有一个小房间，称为“抢兜房”，正屋进深不大时则没有。按照以长为尊的习惯，父母住左侧“大里头”，儿媳住右侧“小里头”。有兄弟则兄长居左，弟居右，父母则住堂屋后（见图7-2）。

首先，“以长为尊”的理念凸显在居住面积体量方面，位于湖北巴东县官渡口镇楠木园村的李光明老屋，建筑面积356平方米，面阔七间、依山就势，正面做成板壁平房，两侧则为吊脚楼，是鄂西南土家族住宅建筑的典型代表。历史上记载，鹤峰第一任知州毛峻德曾提出“自分之后，好货财，私妻子，置祖父母、父母衣食于不问，是禽兽行也，何以为人乎”①，所以也就要求土家要效仿汉式大家庭制度，已婚男子与父母共居以全心赡养、敬爱父母，严禁分家，若有

① 段超：《土家族文化史》，民族出版社2000年版，第260页。

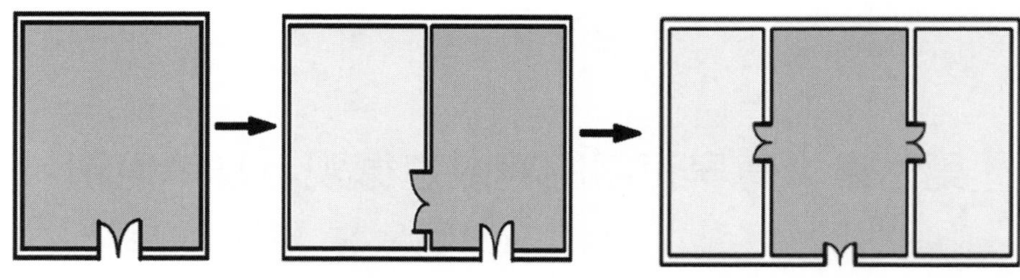

图 7-1　由"一开间"演变为"三开间"流程图

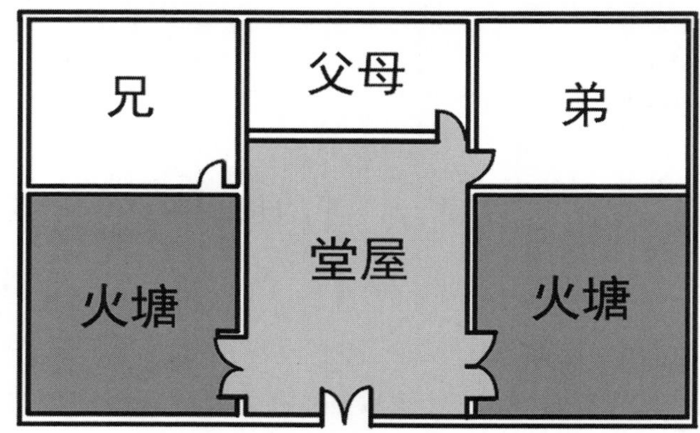


图 7-2　三开间平面布局

违背，皆以惩罚。从李光明老屋的居室分配上来看，很明显是以中线的原屋设为堂屋，以堂屋为活动居住的中心区域，按照以左为尊的习惯，父母需要住在最尊贵的左侧"大里头"，而儿和媳皆要居住于右侧"小里头"。后来，由于时代的发展，人口增长速度加快，政府颁布了相关的"分家"政策，李光明便将房屋的结构进行了改造，以供更多人口能够在符合政策的条件下居住。他将堂屋定为中心点，围绕堂屋进行对房屋的拓展，从而将房屋从之前的"座子屋"逐渐转变成了"三合水"的结构。同时又将象征着家庭数量的火塘置于堂屋的左右两侧的空间内，所以原则上来说，一个土家传统民居中有多少火塘就代表有多少家庭单位。受政治影响也好，受心理依赖影响也罢，从分区上可以体现出后辈们对于长辈的依赖与敬爱。从李光明老屋的分区体量上，父母居住的部分使用面积为 57. 15 平方米，其中用于祭祀及会客的堂屋面积为 20. 25

平方米，而居住的卧室面积为 19.35 平方米。父母居住区的左边为兄长的居住区，原本使用面积为 35.25 平方米，后扩建为 73.5 平方米，弟弟的居住面积初建时为 34 平方米，后扩建至 53.6 平方米。整个建筑从最初的“一明两暗三开间”演变为“L”型建筑，最后由于多种原因继续扩建，演变为“三合水”民居也就是“U”型来满足赡养父母同时又能分居的需求。除李光明老屋之外，包括鄂西南地区的恩施宣恩县彭家寨的诸多传统民居、来凤县舍米湖村的诸多传统民居以及来凤县兴安村的诸多传统民居等都有这样的分区和体量特征（见表 7-1）。

**表 7-1　彭家寨某传统民居平面演变进程表**

| 时期 | 平面布局类型 | 面积 | 平面图演变 |
| --- | --- | --- | --- |
| 前期 | “一”字型排列称为“座子屋” | 57.15m² （全家使用） | 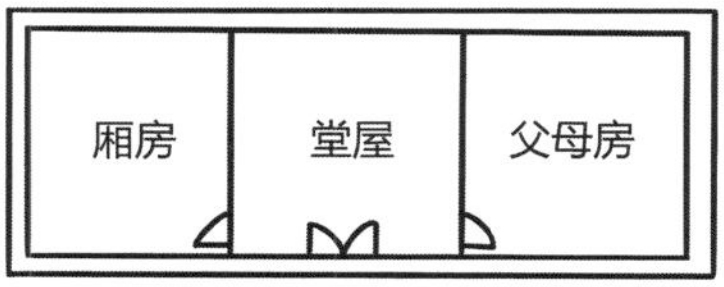 厢房 堂屋 父母房 |
| 中期 | “L”型民居称为“钥匙头” | 126.4m² （父母：57.15m² 兄：35.25m² 弟：34m²） | 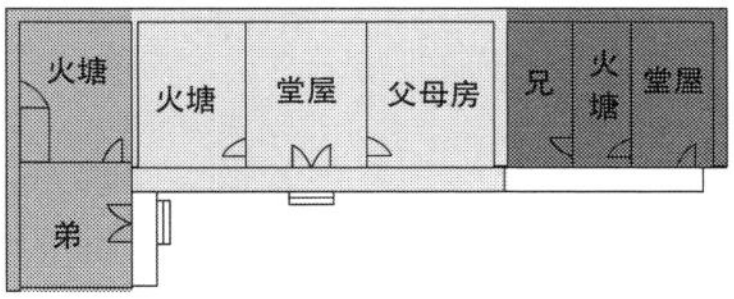 火塘 火塘 堂屋 父母房 兄 火塘 堂屋 弟 |
| 后期 | “U”型民居称为“三合水” | 184.25m² （父母：57.15m² 兄：73.5m² 弟：53.6m²） | 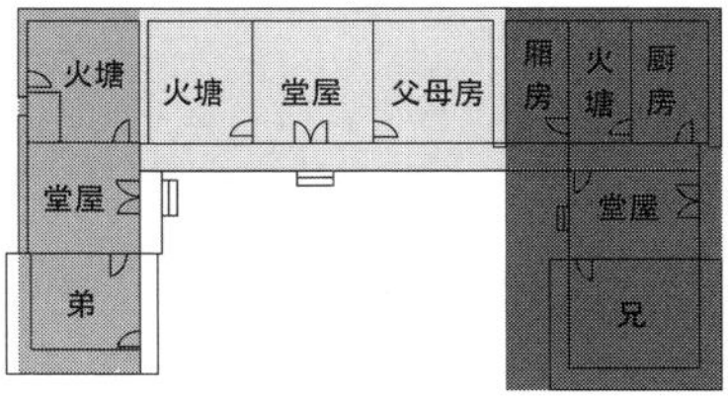 火塘 火塘 堂屋 父母房 厢房 火塘 厨房 堂屋 堂屋 弟 兄 |

其次，“以长为尊”凸显在居住方位方面。严禁分家后，数世同堂的家庭数量有所增长，新规囊括地区的家庭少亦有十余人，书香门第等大户家庭甚至多至几十人，这样的状况一直持续至新中国成立前。在诸多制度法令

的限制下，新的大家庭制度决定了住宅规模扩建和房间分隔的必要性，住宅平面的不同组合形式也适应新的规模而生。住宅中卧室数量若不够，就增建厢房、阁楼等，但长者必住主屋，一般是堂屋以左的卧室。增建建筑数量由该家庭分家情况决定，增建规模由其经济条件决定，多者乃至合院数进。

明末清初大迁移时期，大量浙江人来到兴山，以响滩为基地从事运输业。位于湖北兴山县高阳镇响滩村的陈伯炎老屋，建于清光绪十八年（1892 年），属于徽派传统民居的典型代表。在分区上，其父母居住的房间是整个房屋中采光、温度、环境等各方面条件最优越的，且与堂屋的距离也是最近的。因为父母是其家庭中最为年尊，家族地位最高的人，其他的家庭成员则根据老幼尊卑居住在堂屋两侧，地位越低，则与堂屋的距离就越远。由此可见，传统的“孝亲敬长”的思想观念，充分地体现在这种居住礼法之中。陈伯炎老屋坐东朝西，受到“以东为尊”“以左为尊”的思想，其父陈映奎的居室被设置在堂屋的左边，面积最大，采光最好。主卧的家具还被镶嵌了骨画，镶嵌材料主要以牛骨为主，制作技艺精良，虽年深日久，仍保存完好。而且各个景物如小桥、人物、亭台楼榭、山石、树木之间互不叠挡，生动形象。除了嵌骨拔步床、嵌骨书柜和嵌骨太师椅等，还有雕花衣架、围桶、虎子等起居用品。而陈伯炎则居住在中堂右侧的小卧室，在前厅我们可以看到门楣上悬挂着一块进士匾。在建筑高度上，从前厅至堂屋层层递进，在进大门处设置往上的台阶，这是因为向上的台阶具有“进身”的含义，因此台阶就被赋予了“进身的凭借或途径”的含义。这也从潜移默化中将“忠顺”“孝悌”等级观念融化在接受者的心灵深处，由此告诫后人要以忠孝为先。在笔者调研过的有限样本里，除陈伯炎老屋之外，位于兴山县高阳镇响滩村的吴宜堂老屋、秭归县新滩西陵村的向先鹏老屋、秭归县屈原镇桂林村的郑韶年老屋以及秭归县新滩南岸桂林村郑万琅老屋等，大都具有这样的以“孝”“敬”为先的平面分区特征（见表 7-2）。

**表 7–2　“以长为尊”平面布局民居表**

| 地点 | 空间布局 | 文化象征 | 平面图 | 民居模型图 |
| --- | --- | --- | --- | --- |
| 兴山县高阳镇响滩村陈伯炎老屋 | 垂直分区——以长为尊 | 孝亲敬长 | 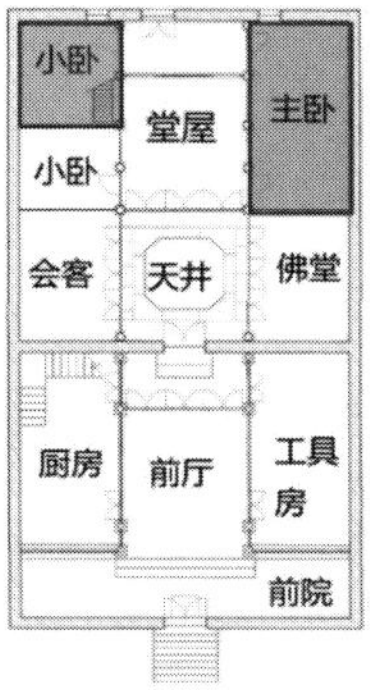  | 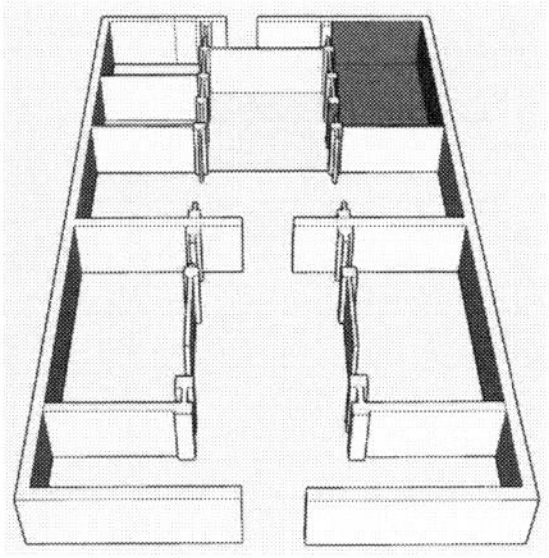  |
| 新滩镇桂坪村一组赵子俊老屋 | 垂直分区——以长为尊 | 孝亲敬长 | 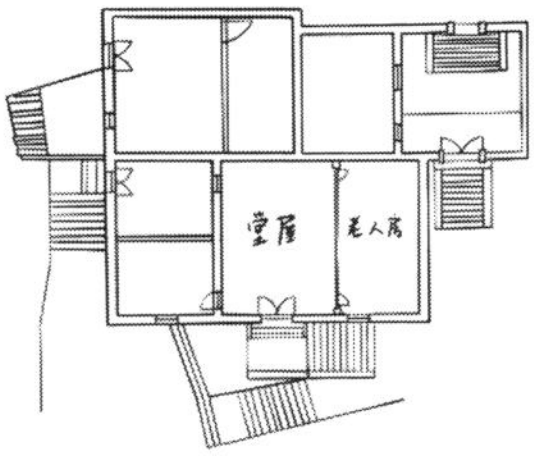  | 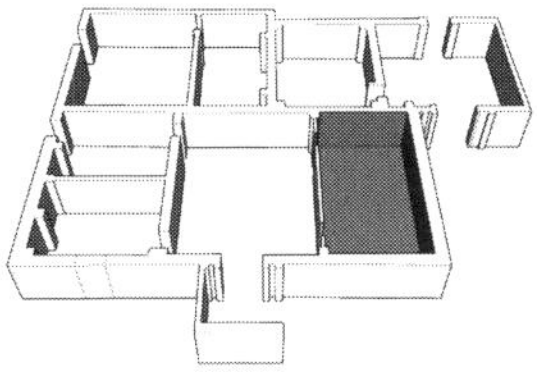  |
| 秭归县新滩镇八老爷老屋 | 垂直分区——以长为尊 | 孝亲敬长 | 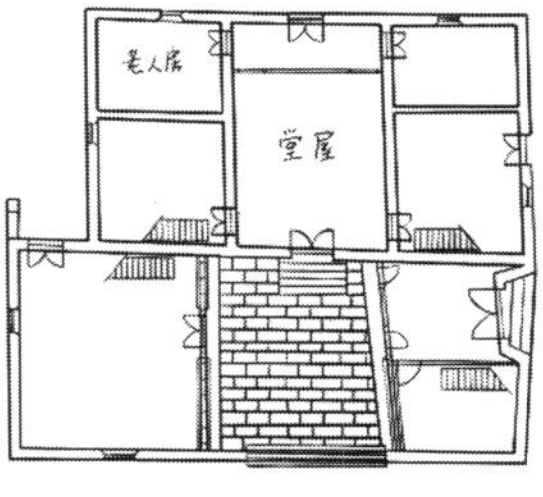  | 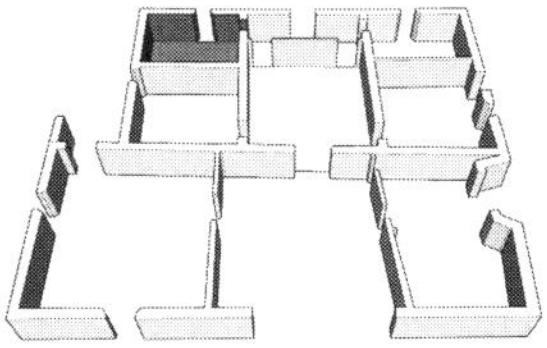  |
| 湖北恩施来凤县百福司镇舍米湖村民居 | 水平分区——以长为尊 | 孝亲敬长 | 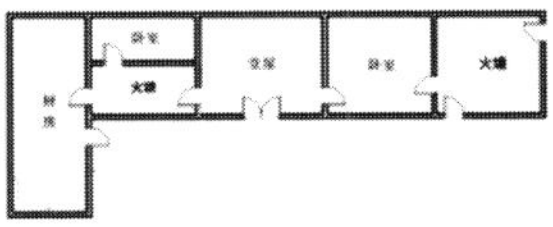  | 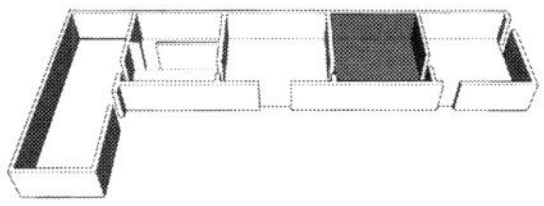  |

续表

| 地点 | 空间布局 | 文化象征 | 平面图 | 民居模型图 |
|---|---|---|---|---|
| 太平溪镇端坊溪村三组杜烈祥老屋 | 水平分区——以长为尊 | 孝亲敬长 | 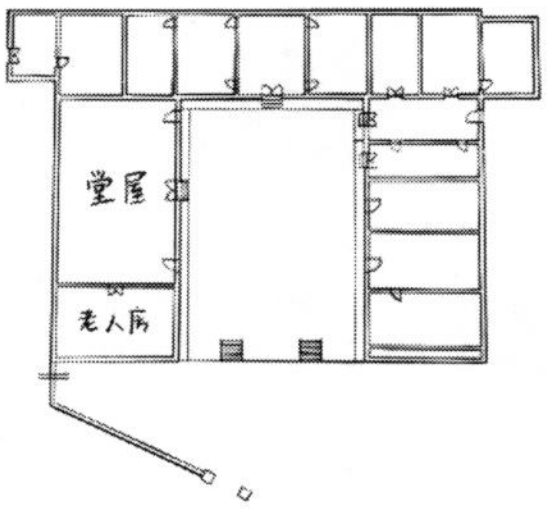 堂屋<br>老人房 | 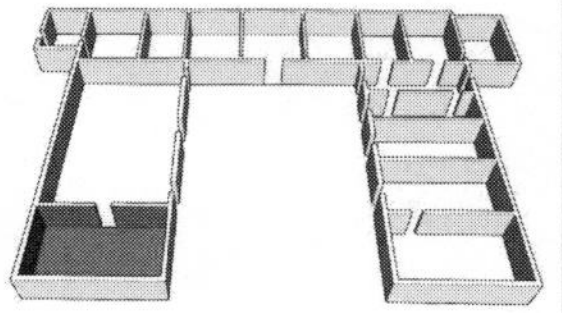 |
| 巴东县沿渡河费世泽老屋 | 水平分区——以长为尊 | 孝亲敬长 | 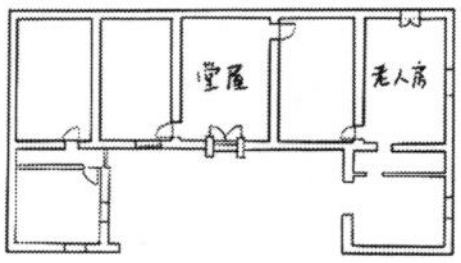 堂屋<br>老人房 | 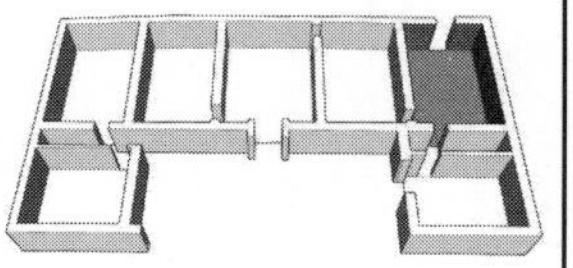 |

所以,在鄂西南传统民居的营造上,无处不反映出清政府所推行的儒家尊卑有序价值观和"以长为尊"居住伦理观。所有这些位序特征的融合或分离潜移默化地形成了鄂西南民居固定的生活习惯,包容了当时传统民居的群体意识、伦理价值、分合有秩的文化内涵,也是清代以来封建伦理观念的文化意义在鄂西南传统民居平面设计中的充分体现。

## 二、以"用"区分尊卑秩序

鄂西南传统民居的家庭人际关系中,夫妻关系往往是最重要也是最微妙的一种,其有别于父子、兄弟、朋友等关系,其特殊性决定了夫妻关系的伦理性更为浓郁。从民居平面空间布局设计和妻妾日常活动的区域看,妻妾等级秩序为代表的家庭关系秩序非常明显。妻的地位始终高于妾,所以在平面布局中位居正房或东厢房,而妾只能住在西厢房,这是利用"以左为尊""居中为尊"的标准来区别妻妾等级的。

清文学家李渔曾言:"娶妻如买田庄,非五谷不殖,非桑麻不树,稍涉游观之物,即拔而去之,以其为衣食所出,地力有限,不能旁及其他也。"可见此时的传统士人官吏对妻妾之别早已了然于胸。娶妻是为了求“实”，诸如持家、生子；而买妾虽通常都打着延续香火的幌子，但究其实不过“娱情”二字。此类妻妾功能定位的区分，实际就已经决定了二者的家庭地位。

在诸多鄂西南传统民居中，妻妾大多并存在同一民居空间中，据县志、府志记载，历史上的湖北乡贤绝大多数平衡了这些家庭关系，形成良好的家教和家风，并且辐射乡里。究其原因，一是以完善的礼法和家规族范稳定成员的身份地位。明陶宗仪《辍耕录・阴府辩词》有记载“侧室刁氏有娠，妻怒之，箠挞苦楚，昼夜不息”。二是在居住和生活中进一步强化这种地位。妻子往往被称为“正房”“大房”，妾则被称“副室”“侧室”“篷室”等，从称呼上来看，妻妾的身份高下明朗。

在鄂西南传统民居中为稳定或改善家庭关系的例子处处可见，以清代民居建筑郑世节老屋为例。该屋位于鄂西南秭归县新滩南坪村，建筑面积 300 平方米。据当地民居所传，郑世节为徽州盐商，在新滩断流停航期间，携家人在此地定居。由于郑氏家族家大业大，在一夫多妻的情况下，根据传统“东尊西卑”的观念，正房理应住在东厢房，偏房住在西厢房，据说该民居在建造时，正房与偏房夫人权势悬殊，为了突出东侧建筑体量以示正房之威严，直接省去了西侧厅屋的次间，正房居住于东侧的次厅，偏房居住在西侧的西厢房，次厅面积为 21 平方米，西厢房面积为 16 平方米，正房和次厅的结构和体量都超过了西厢房，以此来突出东位之尊。人流路线分析上也可以看出妻和妾的差异，不论是出入的路线还是用餐的路线，都少有交集。妻和妾居住空间之间的门窗互不相干，这样的分区做法杜绝了妻和妾的人际沟通，其实是一种“社会离心空间”[①]的做法（见图 7-3）。这样的平面分区主次分明、布局合理，既解决了夫妻关系中最棘手的妻妾问题，也造就了郑世节老屋“别具一格”的建筑风格（见图 7-4）。

另外，在鄂西南传统民居中还有类似的妻妾分区做法，例如吴宜堂老屋位于兴山县高阳镇响滩村一组，建筑面积 291 平方米。该建筑为砖木结构建筑，平面呈纵长方形布局，坐东朝西，沿坡地而建。该民居的基本格局为两进院

---

① 社会离心空间是指社会空间的一种。与“社会向心空间”相对。使人分开，较少交往，以减少刺激，确保私密性的空间环境。受环境特征（如家具布置、光线变化或平面布局等）的影响。

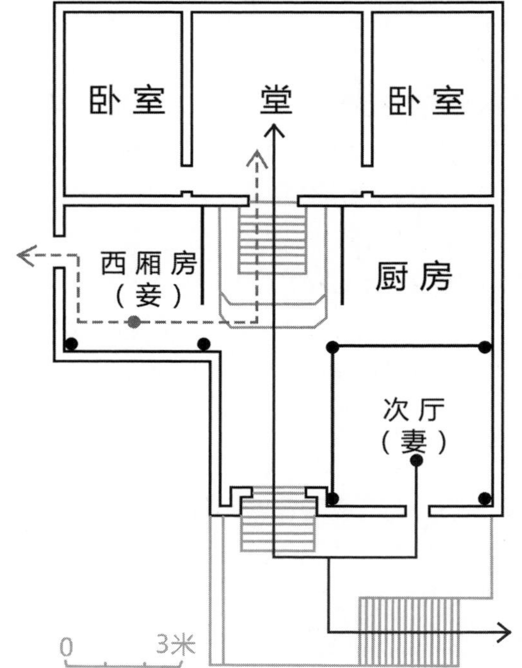


图 7-3　郑世节老屋中的人流路线分析图

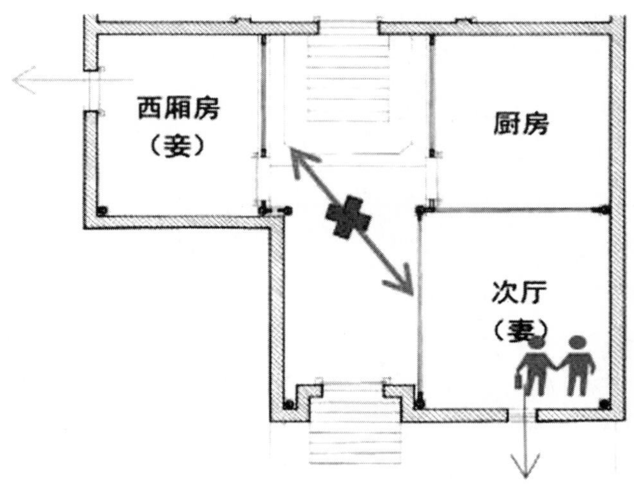


图 7-4　郑世节老屋社会离心空间

落，有厅屋、天井、堂屋和厢房。从平面布局上，老人居住于堂屋左侧，正妻居于堂屋右侧，充分体现了“以左为尊”的方位伦理观，妻子和老人的空间位于整个民居布局的东方，由东向西分别是老人、正妻、妾，前院为厨房和佣人用房。从人流路线上看，妻子和妾的房间都有侧门，且路线并无交叉，减少了双方接触，总体来说，妻的居处无论是层高还是体量上都比妾更优一筹，这也凸显了吴宜堂老屋中所蕴含的尊卑等级关系，解决妻妾关系所运用平面布局分区手法（见图7-5）。

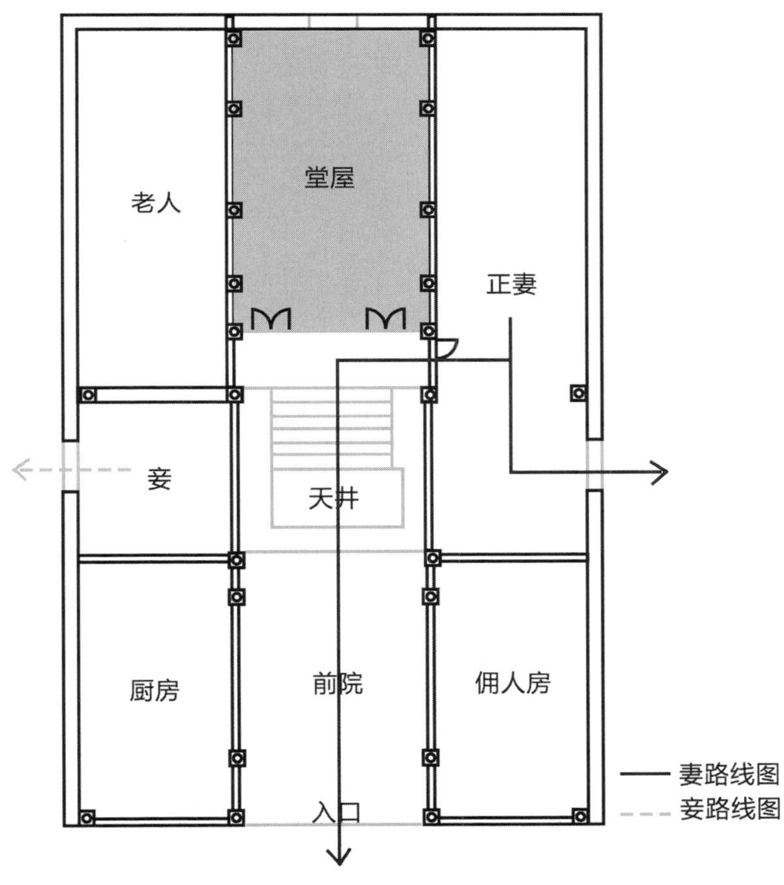


**图7-5　吴宜堂老屋人流路线分析图**

## 三、以“中”为尊的伦理信仰

在改土归流期间，汉族精神文化在鄂西南土家族地区强制输入，清政府规定“得容美改土归流，旧日恶习，俱经悛改”。土家族由此废除了以往供奉本民族土地、灶神、雷公、鬼公鬼婆的鬼神崇拜，转而推行汉族的天神信仰，“伏惟尊神，作一州之保障，操生死之权衡，辅国佑民，御灾捍患，是其职也”。基于信仰的转化，在鄂西南传统民居的平面布局上，大量反映出清政府所推行的汉族天神信仰观念。

汉人以“中”为尊，遵循“王者必居天下之中，礼也”的要求，中轴布局十分严谨。堂屋在改土归流之后的鄂西南传统土家民居中一直都处于核心位置，正屋三间房的最中间必定做堂屋，其次是卧室和火塘，经济条件较好的家庭还有马厩等附属功能房。土家民居中的堂屋处于住宅平面最核心地位，除了迎宾接客、集会议事，其最重要功能是祭拜先祖和神灵，这样的布置反映了鄂西南传统土家族居民对祭祀活动的高度重视和“法天敬祖”的心理需求（见表7-3）。

**表 7-3　以“中”为尊特征的鄂西南传统民居平面布局表**

| 地点 | 空间布局 | 核心空间 | 平面图 | 民居模型图 |
|---|---|---|---|---|
| 秭归县新滩镇南坪村三组郑书祥老屋 | 水平分区——中心式 | 中堂 | 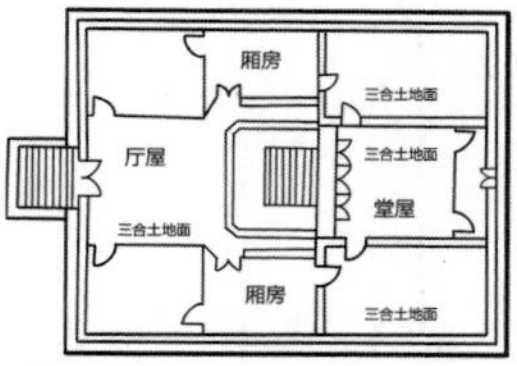 | 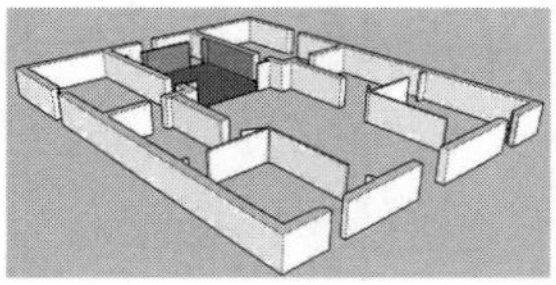 |
| 巴东县楠木园王宗科老屋 | 水平分区——中心式+并联式 | 中堂 | 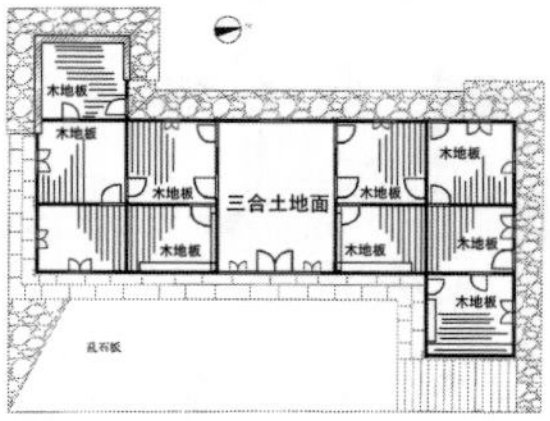 | 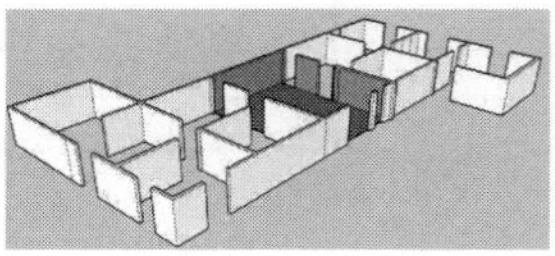 |

续表

| 地点 | 空间布局 | 核心空间 | 平面图 | 民居模型图 |
| --- | --- | --- | --- | --- |
| 巴东县楠木园李光明老屋 | 水平分区——中心式+并联式 | 中堂 | 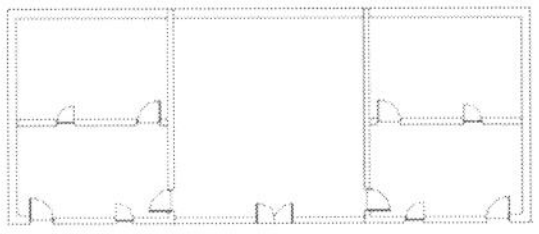 | 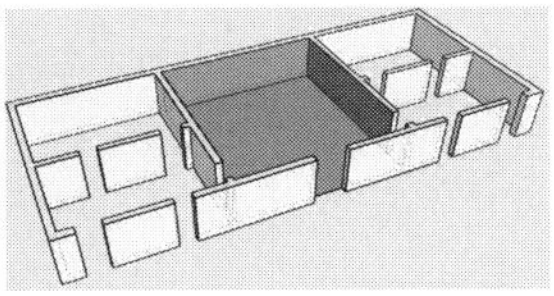 |
| 恩施来凤县百福司镇舍米湖村民居 | 水平分区——中心式+并联式 | 中堂、火塘 | 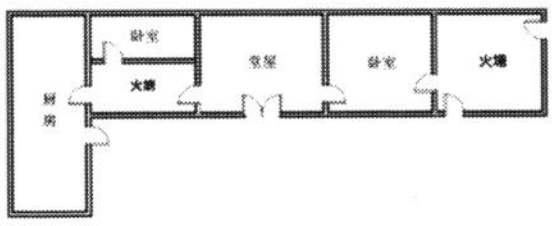 | 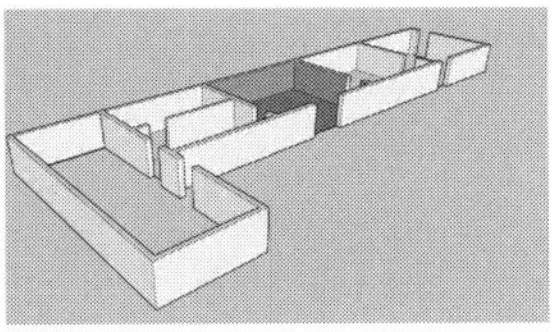 |
| 巴东县楠木园顾家老屋 | 垂直分层——中心式 | 中堂 | 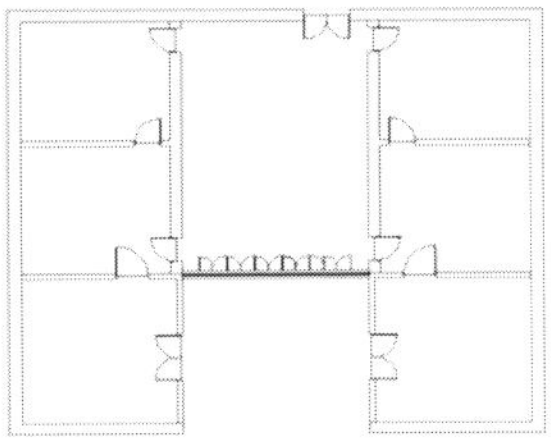 | 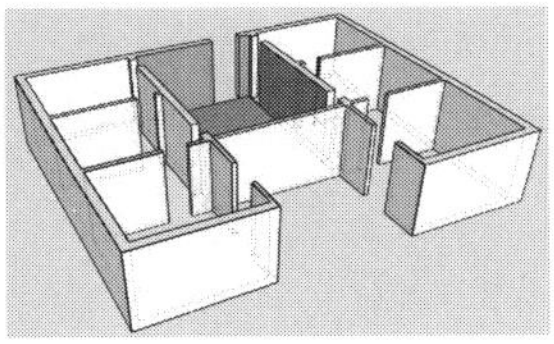 |
| 秭归县新滩南岸西陵村向先鹏老屋 | 垂直分层——中心式 | 中堂 | 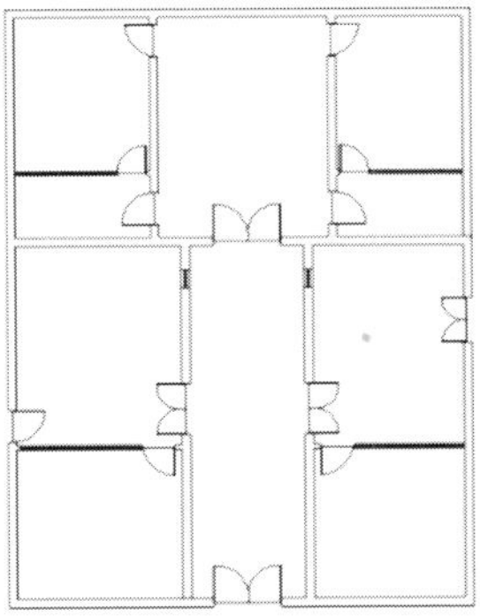 | 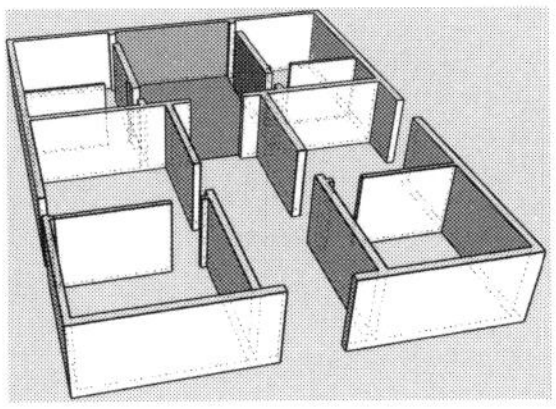 |
| 兴山县高阳镇响滩村吴翰章老屋 | 垂直分层——中心式 | 中堂 | 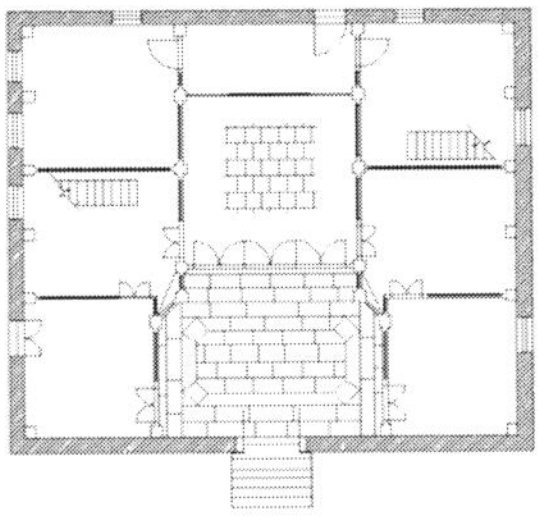 | 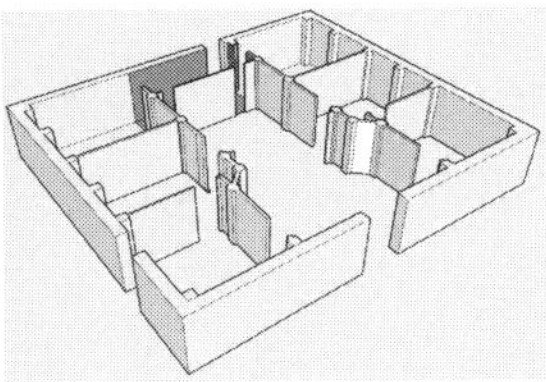 |

“家”在坊间和各种古代文献中常以“堂屋”来表示,如:《湖北民俗》中“老人出堂”“孝子不孝下堂母”分别指“老人过世”和“母亲改嫁不带儿,儿子可以不尽孝”。不仅如此,“堂屋”在当时,从某种意义上来说,更是代表了一个家庭乃至整个家族,从而在当时人们的心中有着非比寻常的重量。自鄂西南地区“改土归流”后,各方文化、社会风俗的逐渐汇入,鄂西南传统民居也随之受到了不同程度的影响,从而使得当地的传统民居中的“家”也受到了“孝亲敬长”等礼制观念的影响。但当地居民在接受外来文化的同时也将其与本地的风俗民情进行了融合交汇,在保持自身文化能够继续长存的基础上,积极吸取外来优秀传统文化,兼容并蓄,从而形成了独具特色的鄂西南文化和当地的土家族文化。随着汉族思想观念流入,礼制也被带入其间,在原生土家族人的思想社会观念的基础上衍生出一套新的礼俗文化。这套礼俗文化既有原生土家族根深蒂固的尊敬祖先的特点,又有江西宗法礼制的礼孝缩影,集中体现了家族的社会关系、家庭关系中的尊卑等级,左右着他们民居空间的营造、空间的划分以及民居空间中的行为。在传统民居营造中,堂屋始终作为民居中的核心空间范围被首先搭建,其余空间皆围绕堂屋为中心向外扩张。在民居落成之时,首要大事是择吉日,安香火,即在堂屋正中或以东摆放神龛,摆上香案拜请祖先归位。香案中间一般都是供奉“天地君亲师”①,旁边列写祖先或者供奉精美的祖先牌位,表达着尊祖敬宗之情,体现了家族对于孝礼文化的遵从与重视(见图7-6)。自此,堂屋成为用以家堂祭祀、会客等举行重大决断或仪式的具有精神功能的空间,同时也成为了“人神共居”的载体空间,承载着家人祈求祖先神灵在冥冥之中庇佑荫泽的愿望。除开平面功能分区之外,在堂屋的建构上,通常采用通顶的设计,力图通过高大的空间营造氛围,寓意祖先可“通天达地”。在堂屋的隔断上,大门一般都设有整片或半片的镂空窗格,保证堂屋空气流动通畅之余,也寓意祖先可以“来去自如”,在纹饰上也是时刻提醒后人心怀孝悌、恭敬之心。除堂屋以外,家族中的房间也按照礼俗文化次序或者家中权力等级划分居住,在尊祖敬宗的家庭布局结构上而言,鄂西

---

① “天地君亲师”思想发端于《国语》,形成于《荀子》,在西汉思想界和学术界颇为流行,明朝后期以来,崇奉天地君亲师更在民间广为流行。“天地君亲师”五字成为人们长久以来祭拜的对象,充分地表现出儒教民众对天地的感恩,对君师、对长辈的尊重之情。同时也体现出“中国民众的敬天法地、孝亲顺长、忠君爱国、尊师重教的价值取向”。

南传统民居中土家民居基本与此地汉人的布局观念相一致。

**图 7-6　传统民居神龛**

另外，应清政府要求，祭祀仪式的主流形式由“土王庙”族群祭祀转变为“神龛”家庭祭祀，故此时的鄂西南传统民居的堂屋中，一般都设有“神龛”，神龛位于堂屋后墙壁正中的上方，与墙壁处于同一平面，用于供奉“天地君亲师”神位。形成了后裔子孙和死去的先人共同“生活”在同一个空间中的形式，即是极具特色的“人神共居”形式，这也是土家人正本清源、追念故祖以及“改土归流”后崇尚儒家文化的体现。神龛是鄂西南传统民居的一大特色，主要分布在恩施土家族苗族自治州土家族人居住的区域。

清初统治者提倡治家讲求忠义孝悌，其核心思想是仁爱，讲究忠孝，注重宗法礼制，“教以孝，所以敬天下之为人父者。教以悌，所以敬天下之为人兄者也”①。于鄂西南地区而言,宗族制度对传统民居的营造有着深刻的影响。如李氏祠堂,同样是以祖堂为中心进行布局,以强调尊卑有序、忠义孝悌、内外有别的思想。

## 四、居住尚“吉”的群体意识

从装饰设计的角度看,图案与色彩只是一种视觉语言。但从文化学角度来看,它们又被赋予了丰富的内涵,人们常常把原本属于自己的观念强制性赋予在某一代表物中(见图 7-7)。鄂西南传统民居的装饰图案或造型中,很多都与中国传统文化中代表吉祥喜庆寓意的题材相关联,如象征高雅节操的松竹梅兰、象征祥瑞平安的龙凤麒麟、象征健康长寿的灵芝仙鹤、象征财运通达的铜钱如意等。除了形象寓意以外,传统民居建筑装饰还取材于戏曲、民间传说、奇花异草或珍禽异兽,具有浓厚的伦理色彩及祥瑞的象征意义。人们常将所熟知的神话传说、历史故事表达于装饰中,它的社会意义使其具有道德教育的特殊功能。如用梅兰竹菊四君子来比喻高尚的品格,清华其外,澹泊其中,不作媚世之态;用替父从军巾帼英雄花木兰宣扬忠孝节义;用杜鹃鸟来祈望大地回春、吉祥如意等。或选用文字排列组合作为装饰,如多种字体书写组合的百寿图,不仅蕴含传统韵味,同时其艺术价值也不可小觑。② 象征、寓意和祈望等手法被广泛运用于鄂西南传统民居装饰,将民族文化、社会伦理和审美意识相结合,形成独具民族特色的建筑装饰纹样。这种居住尚吉来源于两方面信仰影响。

一是道教的影响,鄂西南中武当天柱山作为道教圣地,道教符号在鄂西南传统民居装饰中颇为普遍,其往往被人们以喜闻乐见的形式来宣扬自己的思想观念。道教的基本信仰是长生,表达了对生命的尊重。象征健康长寿的灵芝仙鹤是最能代表道教的形象,在鄂西南恩施某传统民居的屋脊装饰上就布满大大小小的仙鹤。除上述装饰纹样之外,寓意长寿的装饰题材还有松、桃、菊花、龟、祝寿图、寿星寿字符等。

---

① 《孝经·广至德章第十三》。

② 张缨:《中国传统建筑中的装饰艺术》,《西南交通大学学报》(社会科学版)2005 年第 3 期。

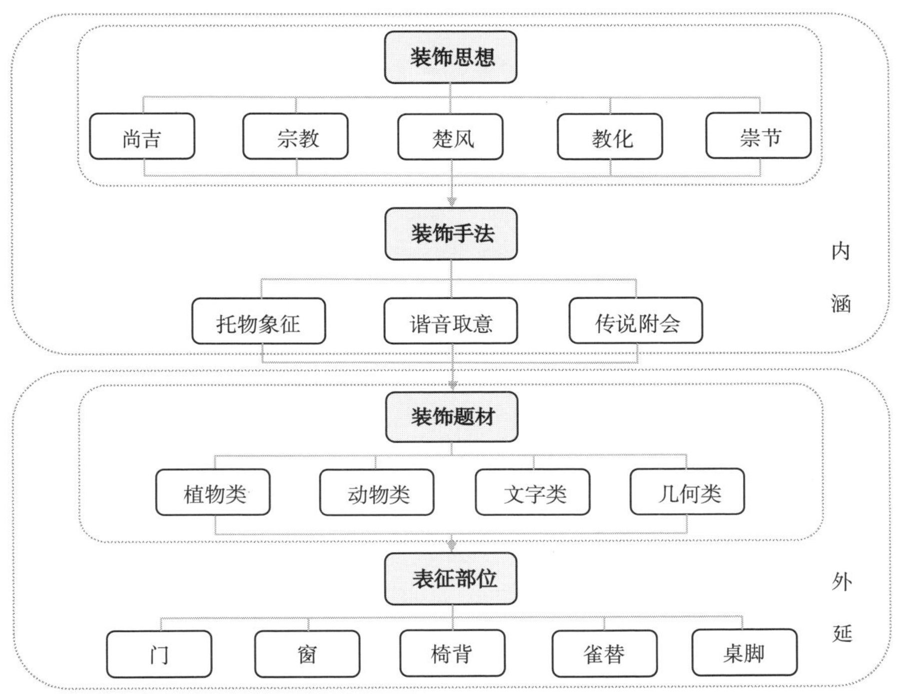


图 7-7 鄂西南传统民居装饰题材的内涵及外延

二是佛教对鄂西南传统民居的影响也不可忽视，由于鄂西南地区汉文化传统的影响和儒家思想的主导地位，外来的佛教在汉化过程中逐渐世俗化，在鄂西南传统民居的装饰题材中，几何纹样“卍”字纹是最能代表佛教的一个符号，它是梵文，汉语称为“万”。“卍”字一般在格扇门或者窗的装饰上使用，除了单个使用外，还将许多万字上下左右相连，寓意为“万字不到头”。万字四端向外伸出，不断反复呈连续纹样，意为连绵不断，万事如意。万字符以二方连续的组织纹样出现，视觉冲击力强，其构成形式给固定的装饰空间增加了动感和秩序美。另外，大象在鄂西南传统民居中的应用也十分普遍。据说佛教传入东土，是由大象驮经而来，因此民众认为大象功不可没，是给人类带来福音的动物。在湖北恩施狮子包古建筑群某民居梁柱与石柱底座交界处，以雕刻的形式把大象、蝙蝠刻画得细腻逼真，二者都象征着福气和吉祥（见表 7-4）。

表 7-4　鄂西南传统民居“尚吉”装饰题材分析表

| 纹样图例 | | 装饰题材 | 装饰手法 | 装饰思想 |
|---|---|---|---|---|
|  |  | 动物类：仙鹤 | 托物象征 | 道教符号，象征健康长寿 |
|  | 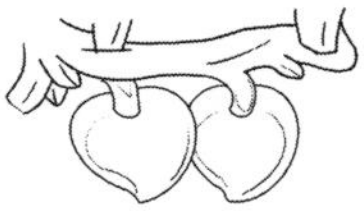 | 植物类：桃 | 托物象征 | 道教符号，寓意长寿 |
| 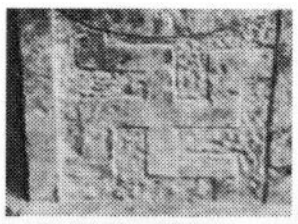  | 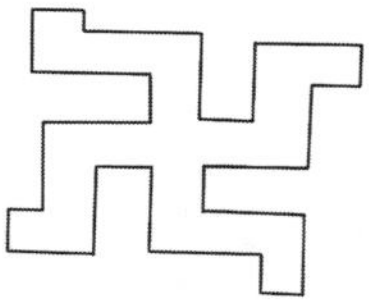 | 文字类：梵文“卍”字纹 | 谐音取意 | 佛教符号：意为连绵不断，万事如意 |
|  |  | 动物类：象 | 传说附会 | 佛教符号：象征着福气和吉祥 |

续表

| 纹样图例 | 装饰题材 | 装饰手法 | 装饰思想 |
| --- | --- | --- | --- |
| 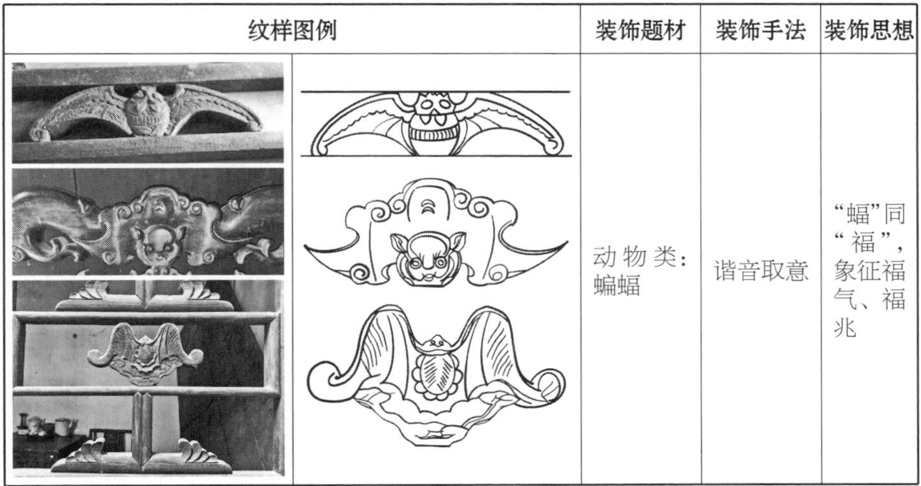 | 动物类：蝙蝠 | 谐音取意 | “蝠”同“福”，象征福气、福兆 |

本土道教和汉化中的佛教都遵循着世俗化的轨迹成长，在民居建筑装饰中与儒学互融的现象，是儒、释、道三教合一的结果，也是明清时期社会发展的趋势所决定的。在鄂西南传统民居的装饰题材中就能见到许多道教、佛教的相关装饰。如湖北红安八里湾徒山村的吴氏祠堂，在民居装饰中也存在多种文化混合呈现的现象。据吴氏家谱记载，此祠始建于清乾隆二十八年（1763 年），同治十年（1871 年）重修，现吴氏祠为光绪二十八年（1902 年）新建，当时吴氏兄弟二人在外经商小有积蓄，于是重建祠堂。祠堂门口牌楼两侧雕刻着巨大的“卍”字纹（见图 7-8），凸起部分刷红漆，显得醒目而又庄重。祠堂的“观乐楼”楼顶部绘有八卦太极图，虽历时一百余年，这图案依旧线条清晰，色彩鲜艳，恍如近日所画，在八卦图的外围又有八幅画，画的是腾云驾雾的神话人物（见图 7-9）。

**图 7-8　“卍”字纹**

不论是土生土长的道教，还是来自异国的佛教，经过长期的传播与发展，

图 7-9　神话人物和八卦太极图装饰

都被中原文化所包容。在鄂西南传统民居中，能够感受到宗教建筑的民俗味道、见到民居建筑中的宗教纹样，这些精美的建筑装饰纹样蕴含了极其深刻的寓意和丰富的文化内涵。除受道教、佛教影响而产生的装饰之外，巴楚文化对于鄂西南传统民居中装饰的影响也难以泯灭。

作为巴楚文化的组成部分，楚人尚凤的文化特征在鄂西南土家族传统民居的屋顶装饰上得以体现，木制吊脚楼和板壁屋的屋顶装饰较为丰富，垂兽常用凤的形象来装饰，飞檐翘角采用凤尾、卷叶花纹等自然植物造型，皆以秀丽、防雨为佳；同时，由于土家人尊崇自然、简朴恬淡，装饰上并不追求尊贵繁杂，雕塑和纹样较为简洁，习惯用瓦片堆砌成简单的花卉纹样。其屋脊上造型常为象征富贵满堂的方孔古钱或瓶形，或为寓意福禄寿三星高照的蝙蝠、葫芦、寿桃，或放置三叠瓦成“品”字形期盼家中有人高官厚禄、飞黄腾达。这种垂脊雕塑、正吻雕塑搭配正脊顶端的瓦片装饰，显得既精巧细腻又简洁朴素，虽然没有官制建筑的尊贵豪华，却散发着土家族人民浓厚的尚吉气息。

在鄂西南土家族民居装饰图案中，不论是对神祇的崇拜也好，对统治者的歌功颂德也罢，其本质目的都是生活得平安和富裕。鄂西南过去生活条件艰苦，越是贫穷，人们的功利心就越强，鄂西南土家族民居的信仰掺杂了许多功利主义因素，他们爱神敬神主要是为了给自己图吉祥、谋福利。比如历画，最能反映这一主题——《福寿双全春牛图》《洪福齐天春牛图》《靠天吃饭春牛图》《天下太平春牛图》等，“福寿双全”“洪福齐天”可谓直奔主题，“发财”与“享福”则是不可分割的；祈祷“天下太平”，只有安定的社会才能有民众的幸福；“靠天吃饭”则反映了风调雨顺对于农业社会的重要性。所以说，鄂西南土家传统民居装饰图案所表达的福、禄、寿主题是当时社会各个阶层生活理想的高度概括。

除此之外，神仙的逍遥自在、长生不死和佛国的极乐永恒都是人们所追求的理想。因此各种以民间传说为题材的雕刻装饰在鄂西南传统民居中也屡见不鲜，如八仙分别携宝剑、折扇、云板、葫芦、渔鼓、荷花、花篮、笛子，济世救人、惩恶扬善的神话故事，再如隋炀帝下扬州、状元游街、武王伐纣、华山探母、大闹天宫、天子出游等故事，不胜枚举（见表 7-5）。

**表 7-5　鄂西南传统民居“尚吉”装饰题材分析表**

| 纹样图例 | | 装饰题材 | 装饰手法 | 装饰思想 |
|---|---|---|---|---|
|   |   | 动物类：凤 | 托物象征 | 楚人尚凤、精巧细腻又简洁朴素 |

续表

| 纹样图例 | | 装饰题材 | 装饰手法 | 装饰思想 |
|---|---|---|---|---|
| | | 动植物组合类：葫芦、牡丹，仙鹿 | 谐音取意 | 葫芦谐音福禄、牡丹寓意长寿，仙鹿表达长寿与福禄 |
| | | 人物类：神仙，人物场景 | 传说附会 | 象征神仙的逍遥自在、长生不死和佛国的极乐永恒 |

通过对土家民居装饰图案演变过程的考察发现，其主题逐渐从祈神辟邪朝着吉祥喜庆转化，即“迷信”成分正在逐渐减弱。所以在土家民居装饰图案中所见到的往往都是喜气洋洋的气氛，即使是神仙也多为和颜悦色的，与庙宇中的神像相比少了许多庄严。如门画中的神荼、郁垒，原本是捉鬼辟邪的，应是凶神恶煞形象，却在画中被五个童子团团围住，面含微笑，显得分外祥和。在土家装饰图案中，诸如姜太公、天官、八仙、财神等神仙都是如此。

# 第八章　和谐关系:设计营造的安居与成员教化

鄂西南传统民居的空间、装饰、建筑符号等作为伦理载体之一,在满足装饰功能的基础上,同时也被传统伦理文化制约影响着,以倡礼教、成教化、助人伦的社会教化功能和弘扬伦理道德为己任的儒家思想的影响最为显著。鄂西南传统民居在楚文化、移民文化和宗教文化以及多民族文化的影响之下,借助居住形式设计宣扬了孝、和、礼等传统教化,昭示人伦之轨、儒家之礼,令人触环境之景而生尊老爱幼之情,耳濡目染而习修身齐家之道,给予居住者身心双重鼓舞,同时满足愉悦自身教化他人的目的。

## 一、家庭"倡孝"教化

孝道是中国社会关系中最核心的伦理规范,所谓"慎终追远,民德归厚"。"孝"不仅用来协调家庭中父母与子女的关系,还进一步延伸到社会领域,主要体现为"孝悌""孝忠"。"孝悌"观念是中国传统伦理文化的重要内容,"孝"是人子对父母、晚辈对长辈要尽孝道,"悌"则是敬爱兄长,宗法制有嫡长子继承制,决定了兄长的地位,它规范了封建时代晚辈必须对父母及其他长辈履行义务。在儒家看来,孝敬父母、敬爱兄长是实行仁德教化的根本。在中国传统社会中,家庭是以家长为核心的,对家长的"孝"就成为每一个家庭成员的义务,同时也成为衡量家庭成员善恶与否的价值标准。因此,"孝"也是人们所必须具备的优秀美德。"孝"的题材自然成为鄂西南传统民居装饰的重要内容,一般常见的有"二十四孝""李逵探母"等等,以此来教化人们要对长辈孝顺,也起到宣扬儒家传统伦理文化中"孝"的作用。

“二十四孝”①是我国古代孝文化的代表，是传统孝文化高度浓缩的产物，在民间流传极为广泛，民众对之有着极高的心理认同。二十四孝的表现以“成教化”为主，通过民居装饰传播这种传统美德，以树立榜样的方式对人们起到教育作用。“二十四孝”涉及的人物上至帝王，下至平民百姓，范围广泛，序而诗之，用训童蒙。在鄂西南传统民居装饰中，常见的题材类型主要是采用人物故事的方式来表现，用来教育子孙后代要对自己的长辈、父母行孝，以此来宣扬儒家传统伦理文化中的“孝”（见图 8-1）。

**图 8-1　二十四孝彩绘装饰（局部）**

鄂西南地区的传统民居受移民文化影响，汉族和少数民族传统民居的营造基本秉持着汉人的伦理观念和政府所希望的教化功能。以二十四孝、神灵

① “二十四孝”是指孝感动天、戏彩娱亲、鹿乳奉亲、百里负米、啮指痛心、芦衣顺母、亲尝汤药、拾葚异器、埋儿奉母、卖身葬父、刻木事亲、涌泉跃鲤、怀橘遗亲、扇枕温衾、行佣供母、闻雷泣墓、哭竹生笋、卧冰求鲤、扼虎救父、恣蚊饱血、尝粪忧心、乳姑不怠、涤亲溺器、弃官寻母这二十四个关于“孝”的故事。

**图 8-2　二十四孝格扇门装饰(三峡湖北库区传统建筑)①**

信仰为主题的隔扇木雕能够出现在民居之中,足以看出湖北人对孝文化的重视、对传统伦理观念的推行,在清代熊云华老屋中“百里负米”“卧冰求鲤”“亲尝汤药”“戏彩娱亲”等践行孝道的故事变成形象的说教方式呈现在格扇门上(见图 8-2),是“忠孝传家”传统道德的真实写照,也是传统伦理观念的具体践行。以“二十四孝图”来宣扬孝悌思想,无不使人们在浓郁的文化氛围中受到熏陶,从而完成宣扬儒家传统伦理文化的教育目的。“孝”是传统儒家伦理文化核心之一,主要是体现父慈子孝、兄友弟恭的内容,这是为人子女的本分,孝顺是报答父母养育之恩。

在传统观念中,“不孝有三,无后为大”,由此传宗接代和对子嗣的祈求也成了“孝”文化中的一部分。因此,在鄂西南人的传统思想中,传宗接代的观念也占据着非常重要的地位。在鄂西南传统民居装饰题材中,主要表现为两类。

一类就是动植物花纹,如葡萄、石榴、松鼠等这种多子的生物,这类题材的纹样一般是由一个或多个组成,寓意多子多福,家族人丁昌盛。鄂西南传统民居

① 图片来源:国务院三峡工程建设委员会办公室、国家文物局编:《三峡湖北库区传统建筑》,科学出版社 2003 年版,第 236 页。

中栏杆架上的木雕装饰，很多是由牡丹花、葡萄和石榴组合而成，“牡丹”象征荣华富贵，“石榴”和“葡萄”则象征多子多福，中间的牡丹花已经盛开，两旁的石榴树和葡萄藤也是硕果累累，此雕刻在构图上主要采用了均衡的方式，构图饱满，总体基本是左右对称，局部不对称。在视觉中心的位置上设置牡丹和葡萄的造型，体现了主人对多子以及家庭富贵的追求，以此来宣扬儒家传统伦理文化中的“孝”。

另外一类是人物形象和场景故事类，如“百子闹元宵”“百子图”“大官赐子”等。调研中，不少民居雕饰画上，常见“连生贵子”图示，一般是由小孩和莲花组成，采用中心对称的构图形式，莲花处于中间位置，是视觉中心，莲花分列两旁呈对称形，两个小孩对列在莲花左右。小孩在图中寓意“贵子”，莲花的“莲”与“连”同音谐意，即“连生贵子”。再就是刻画妇人端坐在树下，一位老仙人腾云驾雾而来，寓意儿孙满堂，子嗣兴旺同时希望子孙成龙，腾达升迁，光宗耀祖。这一类题材纹样在民居雕饰中的出现，体现了住宅主人对多子多福的追求，宣扬了儒家传统伦理文化中的“孝”（见表 8-1）。

**表 8-1　鄂西南传统民居“倡孝”装饰题材分析表**

| 纹样图例 | | 装饰题材 | 装饰手法 | 装饰思想 |
|---|---|---|---|---|
| | | 植物类：石榴 | 托物象征 | 多子多福 |
| | | 植物类：葡萄 | 托物象征 | 硕果累累，多子多福 |

续表

| 纹样图例 | | 装饰题材 | 装饰手法 | 装饰思想 |
|---|---|---|---|---|
| | | 动物类：松鼠 | 托物象征 | 多子多福 |
| | | 人物场景类：孩童玩耍 | 托物象征 | 多子多福 |

## 二、家庭“崇节”教化

《说文解字》有“节，操也”。《左传·文公十二年》有注释“节，信也”。《周易·杂卦》则是“节，止也”。总的来说，“节”应该指的是一种崇高的气节，是各种美德的综合体。一个人能够做到“富贵不能淫，贫贱不能移，威武不能屈”，能够坚持为国利民和实事求是，就算是有了节。因此，“节”的题材自然成为鄂西南传统民居装饰的重要教化内容，如以“岁寒三友”“四君子”等来宣扬其君子气节的；以“渔樵耕读”等来宣扬勤俭节约的；以“一品清廉”“一品当朝”“路路清廉”等来宣扬为官清廉的，都是希望子孙后代有良好的情操。

“四君子”是由梅、兰、竹、菊四种植物的纹样组成，有的是单个成图，也有的是放在一起组成一个纹样。梅的不畏严寒，独自傲然挺立，高洁傲岸正是文人所向往。兰因其生长在深山野谷，才能洗净绮丽香泽的姿态，以清婉素淡的香气长葆本性之美。古人一直以幽谷兰花比喻隐逸的君子。菊一直被视为长寿之花，古人认为菊花能轻身益气，使人长寿，同时还被看作是花群中的隐逸者，并赞扬它不畏风霜，绽香开放。而竹虚心有节，以“劲节”“虚空”“萧疏”的个性被古人颂扬。文人高士常借用梅、兰、竹、菊来表达自己清高拔俗的情趣，表现了他们对世间秩序和生命意义的感悟，或作为自己的鉴戒，成为自我心理情致的表现。在鄂西南民居建筑装饰中,“四君子”的装饰纹样处处可见,有的是作为木雕形式出现,有的则是以砖雕的形式出现,多用以彰显主人的高尚情操,同时也是用于教育后世子孙学习“梅、兰、竹、菊”的君子风格。

湖北秭归县新滩镇八老爷老屋堂屋正门屋檐下,正门上部(相当于额檐位置)有四个格子,绘有彩色的屋檐画,题材为梅、兰、菊、松四幅装饰画,分别采用两种构图形式,左边的两幅形态为花茎从左侧向右侧成弧线斜伸出去,叶子大部分也是从左侧向右侧成弧线斜伸,花朵与叶子交叠在一起,而右边的两幅形态刚好相对称,花茎、叶子大部分都是从右侧向左侧成弧线斜伸。这四幅纹样雕刻线条流畅,造型比例适宜,朴实大方,装饰性强,以显主人的高尚情操,达到宣扬“节”这一儒家伦理文化的目的,也表现出长辈对子孙的期盼与要求,意喻品格高洁,子孙兴旺。除此之外,在湖北省恩施州宣恩县椒园镇庆阳坝村凉亭街的鄂西南传统民居中也有不少以梅花为主题的花窗雕饰。

荷花作为雕刻装饰纹样的主题,与“梅、兰、竹、菊”一样,常用来颂扬君子气节。在历史上被称为“君子之花”,又叫“青莲”,佛教中有“火坑中有青莲”之说,在民间通常比喻“清正廉洁”。在鄂西南民居建筑装饰中,荷花的装饰纹样处处可见,有的是作为木雕形式出现,有的则是以砖雕的形式出现,有的则是以石雕的形式出现,有的则是与其他纹样一起使用,表达更深层次的文化内涵。

在湖北巴东县官渡口镇楠木园村的李光明老屋中,就有荷花形象的花窗雕刻装饰,这个雕刻采用均衡的构图形式,工匠们在造型时依势而作,以荷花作为主题内容,将其进行抽象设计,并着重刻画其形态与神韵,作为其配景的荷叶、茎被很好地布置在这个图形中,疏密有致,线条流畅,雕刻精美,将画面完美地结合在一起,突出表现了荷花的君子风格,显示出主人的高尚情操,同时也具有教育后世子孙在官场上清廉的教化作用,达到宣扬“节”这一儒家传统伦理文化的目的(见表 8-2)。

**表 8-2　鄂西南传统民居"尚吉"装饰题材分析表**

| 纹样图例 | | 装饰题材 | 装饰手法 | 装饰思想 |
| --- | --- | --- | --- | --- |
|  |  | 植物类：梅 | 托物象征 | 不畏严寒，独自傲然挺立，高洁傲岸 |
|  |  | 植物类：兰 | 托物象征 | 清婉素淡，隐逸君子 |
|  |  | 植物类：竹 | 托物象征 | 虚心有节，劲节、虚空、萧疏的个性 |

续表

| 纹样图例 | | 装饰题材 | 装饰手法 | 装饰思想 |
|---|---|---|---|---|
| | | 植物类：菊 | 托物象征 | 长寿之花，古人认为菊花能轻身益气，使人长寿，不畏风霜，绽香开放 |
| | | 植物类：莲 | 托物象征 | 君子之花，清正廉洁 |
| | | 几何类：冰片纹 | 托物象征 | 洁身自好、克己自律。隐喻"十年寒窗无人问，一举成名天下知" |

除上述传统民居装饰设计采取花的题材之外，崇"节"的典型代表还有湖北省宜昌市三斗坪镇东岳庙村杨家湾老屋，该居所柱石上雕刻的《百忍图》等图案，告诫后辈治家要以忍为先，尊祖敬宗，读书积善，彰显出封建社会家族制度下对教育的重视。此外，为体现"洁身自好""克己自律"等文人情操，在该

民居的书房隔扇雕饰上还运用了“冰片纹”的装饰纹样，作为装饰及建筑功能，这种雕饰是客观存在的物质对象，那么，隐藏在它视觉表象下的意义——人们的心理形象，则要通过“冰片纹”隐藏在符号背后的“十年寒窗无人问，一举成名天下知”这种传统文化的深层次解读才能使这种装饰图形符号的意义明确起来。这种装饰的暗喻做法，使自己与家人日日行走其间能抬头可见，从而不时警觉起生活中应该奉行的言行准则。

## 三、空间功能规划的社会教化意图

湖北境内现存传统民居多建于清代，清雍正十三年（1735 年），清政府对土家族地区实施改土归流，汉文化开始向少数民族聚居区大规模传播，湖北境内少数民族传统居住方式随之被强制改变，清政府认为湖北境内少数民族传统居住方式“男女不分，挨肩擦背，以致伦理俱废，风化难堪”。此后湖北境内汉族和少数民族村落传统民居的营造基本秉持政府所希望的社会教化功能。

鄂西南传统民居在平面布局方面有其独特性，受改土归流的影响，其布局与传统中原地区汉族传统民居的平面布局有所不同，清代改土归流后的整体营造充分贯穿统治者的社会教化意识。清政府认为，土家族男女青年交往随意，相互对歌，有伤风化，故作规定“男子十岁以上，不许擅入中门，女子十岁以上，不许擅出中门。”同时“嗣后务其严肃内外，分别男女，即至亲内戚往来，非主东所邀，不得擅入内。至其疏亲外戚，及客商行旅之辈，止许中堂交接”。之后，对湖北土家族传统家庭制度也进行变更，禁止男子成年后自立门户，严禁分家，以避免子女置父母衣食而不顾。在当地传统民居的营造上，无处不反映出清政府所推行的汉族价值观和伦理观，其营造的空间伦理，布局规则，对所在地民众起到了潜移默化的教化功能。

地处宜昌三斗坪镇东岳庙村的杨家湾老屋（见图 8-3）于清代乾隆年间建成，为当地航运商人黎大境所建。其建筑布局呈长方体，纵深两进，居所整体左右对称，以中门为中轴，正厅为中心。民居建造之时采用前低后高、步步高升的铸造手法，保障内部空间私密性的前提下使空间有分隔而不堵塞，访客深入居所时随设计而进，难以窥见宅内活动。

杨家湾老屋空间伦理位序有着严格的宗法家族孝悌伦理观念和以血缘亲

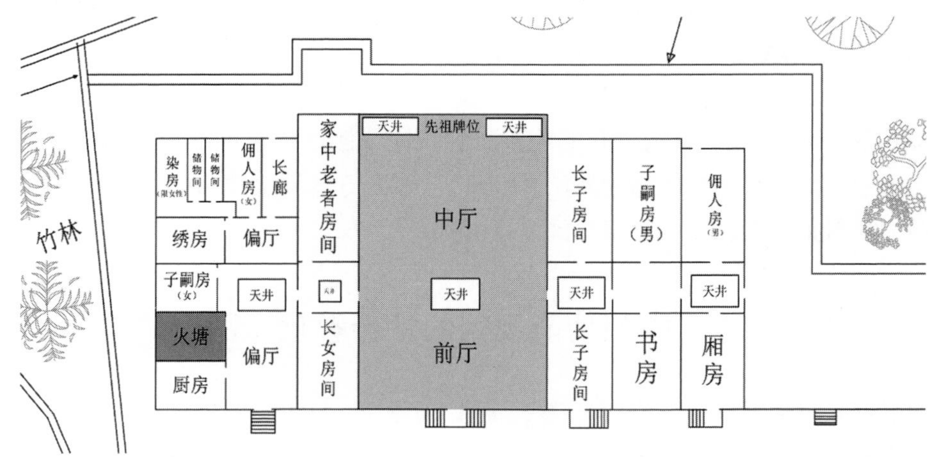


**图 8-3　杨家湾老屋平面图**

性为延续的香火观念（见图 8-4），影响着民居建筑空间的数量及位置。其规模并非一次成型，而是随人口的增加不断扩建，房间数量不断增多，部分外墙变内墙，但不管如何扩建，向心力始终未曾改变，始终是以中心厅堂为中心。内部采用居中取势，左右对称布局的礼教建筑的平面划分，老屋大门正对中心厅堂，厅堂多用于平时会客议事，同时供长辈议事及男人活动。中厅地势略

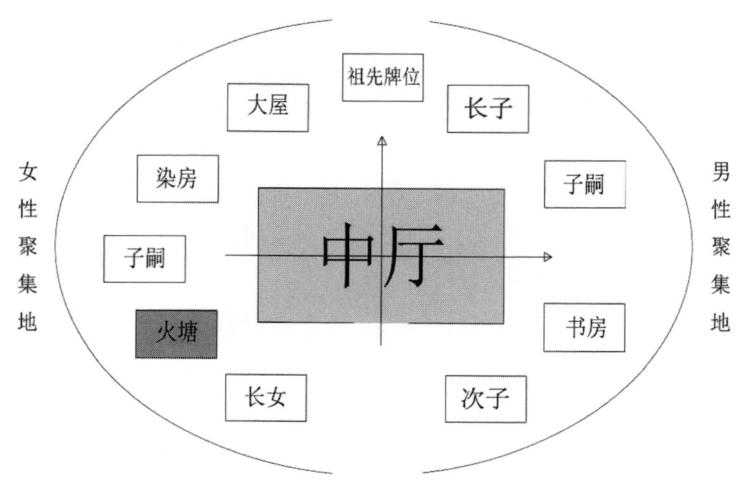


**图 8-4　杨家湾老屋的住宅平面**

高，穿斗式木构架，与其他房的硬山搁檩式有所区分，符合《礼记》中“以多为贵”“以高为贵”的礼教原则。

杨家湾老屋内部的空间设计，妇女及晚辈颇为受限。家中未婚女性的厢房男性不得闯入，书厅也同样设置在左边，因为要表示“尊儒”，并且书厅明确划定为男性专用。每个侧厢房的天井设中不设后，设后不设中，天井周边有回廊，回廊只有很窄的通道以供进出，由此作为分割，形成较为独立封闭的空间。所有这些位序特征的融合或分离潜移默化地形成了固定的生活习惯，包容了当时传统民居的群体意识、伦理价值、分合有秩的文化内涵。另外，湖北黄石市阳新县的李衡石故居以及湖北秭归县的熊云华老屋在平面布局上都具有相似的空间划分方法。这些蕴含在乡村精英居所中的教化手段与设计智慧，潜移默化地影响着历代乡贤与当地村民的伦理观与价值观，最终达成《礼记·经解》所说“礼之教化也微，其止邪也于未形，使人日徙善远罪而不自知也”的社会教化效果。

## 四、装饰与陈设的社会教化功能

清代鄂西南传统民居的家具陈设艺术是尊卑、长幼等伦理观念以及生活习俗在家具器物中的映射，体现了当时以程朱理学及儒学为中心的内容。如堂屋是鄂西南传统民居的家庭公共活动重地，作为居所中心区域，其装饰和陈设需长年保持清洁整齐，不能出现有失尊严的低俗现象和污垢等。其家具陈设也必定遵循“方正”“有序”之原则，十分考究。

位于湖北兴山县高阳镇响滩村的陈伯炎老屋在家具陈设方面颇具特色。堂屋后方用于隔断的壁板为太师壁，太师壁两侧对称，有通往后堂的门洞，门洞上方的装饰以木雕挂落增加其庄严效果。中堂两侧对称摆放了八把嵌汉白玉的酸枝木椅，八把木椅呈对称规则摆放，中堂前方摆放有雕花春台、石刻祖宗神像、雕花牌位等。雕花春台上摆有镜子与花瓶装饰，取“平静”之意，以告诫家中的长辈在居于此座时，应以平静的心态对待家族中的兴衰荣辱以及族人晚辈的善恶赏罚（见图8-5）。

**图 8-5　陈伯炎老屋中堂陈设**

另外在座序方面，无论长辈还是幕僚皆以“序”入座。儒家经典著作《尚书》《周礼》中，已有关于家具的使用和身份、地位结合起来的规定，形成了一套较为严格的礼仪制度，这种儒家“礼”的观念在很大程度上左右着后代家具陈设的式样。在鄂西南传统民居中，若是室内陈设的坐具种类较多，那么人们会根据自己的等级地位选用坐具，一般长辈和晚辈、主人和仆人不能坐在同一位置或同一类型坐具上。这里值得一提的是，即使是家族中位尊的主人，不行仪式的平时也只在右边落座，一是表示谦恭，二是虚位以待，因此，堂屋的座椅不经常同时使用。在使用坐具时，也有讲究。宾主要垂足坐在太师椅上，不能跷脚，不能斜倚，正襟危坐。这叫坐有坐“相”，这个相，既是形式又是内涵，反映宾主自身修养和对宾客的尊敬和重视。可见，堂屋的家具作为会客厅中最为重要的一套家具，它集中体现了清代传统民居中的礼仪教化形式。

此外，乡贤家祠的陈设也有极其重要的教化意义。宝应朱氏家祠位于老城朱家巷北小石头街 8 号，为清湖北布政使朱士达家祠，有门厅、穿堂、大厅、厢房共 19 间。正厅居中放一张翘头长案，上置祭拜用香炉、烛台，牌位供奉处，有几何纹样的木雕挂落，既划分空间的界限，又并未完全隔断空间的联系，供台上，始祖八三公夫妇牌位放在最高位置，时刻提醒家庭成员谨记自己的身份，履行"忠顺""孝悌"之责，由此告诫后人要以忠孝为先。

总体上看，鄂西南传统民居社会教化的设计，在空间布局划分上强调"居中为尊，左上右下""以多、高为贵"的位序观念；在建筑装饰题材上强调"尊卑之礼""君子之仪""宗族伦理""忠孝节义"的伦理观念；在家具的陈设上重视"家风""家规"教育和"方正""有序""忠顺""孝悌"的处世标准。这些蕴含在布局分区和器物层面的教化方式，影响着居住者以及来访者的行为举止和礼仪规范，进一步增强了居住于其中的家族成员的家族凝聚力与向心力，同时对周边的普通村民也有潜移默化的影响。

# 第九章　理性调节：居住“生态—人本”适用设计伦理

## 一、家庭情感实用理性功能

亲子关系与家庭和谐、社会稳定之间密切相关，潘光旦曾经把中国传统的代际关系归结为双向抚育模式，费孝通则将这种模式进一步阐释为“反馈”模式，“抚育幼儿，赡养老人是一切社会必须解决的问题。中国传统社会就是采取反馈模式来解决这个问题的”。都市文明为表征符号的现代性正在侵蚀中国传统文化的生存场域，传统民居中的高质量的居住区亲子互动空间，对提升当代亲子关系亲密度，进一步提升居民生活幸福感，起到十分重要的作用。

这种家庭情感实用功能主要体现在家庭教育和情感互动的辅助上。首先，亲子互动空间是传统家庭教育中的重要组成部分，父母对子女的教育，对子女心理的影响都映射和集中于亲子互动空间。在亲子互动空间中，父母通过亲子互动来加强亲子之间的联系，互动使得父母对子女的教育可以基于朋友角度进行，让亲子关系变得和谐、融洽。当然亲子互动空间中的亲子互动不仅仅是父代对子代的影响，子代也会将时代发展中的新知识新信息传递给父代，对父代行为、心理产生影响。总而言之，在亲子互动过程中，父母可以将做人道理、好的习惯交给子女，子女会带给父母世界上更多新奇的事物，对父母双方都有好处。居住空间中有许多构成空间的因素是提升亲子关系的重要依托，通过这些外界元素父母与子女更加自然地进行交流，作为文化符号的实质性物质成为亲子体验的记忆载体和情感体验的外在化表现。

鄂西南传统民居营建中，以亲子关系为基础的家庭结构成为乡土社会的主体互动的行为基础，父系伦常、男女有别等礼治规范在这种亲子交流空间中成为主体行为的约束机制。遵循以父权、家族为体系的家庭空间，依据“礼治的可能必须有传统可以有效地应付生活问题为前提”①的原则，维系着差序格局的亲子空间秩序。“长期的教育已把外在的规则化成了内在的习惯”②，亲子空间的教化功能长期规训着居住其中的主体，对抗着渐渐走向失序的社会机制（见图 9-1）。

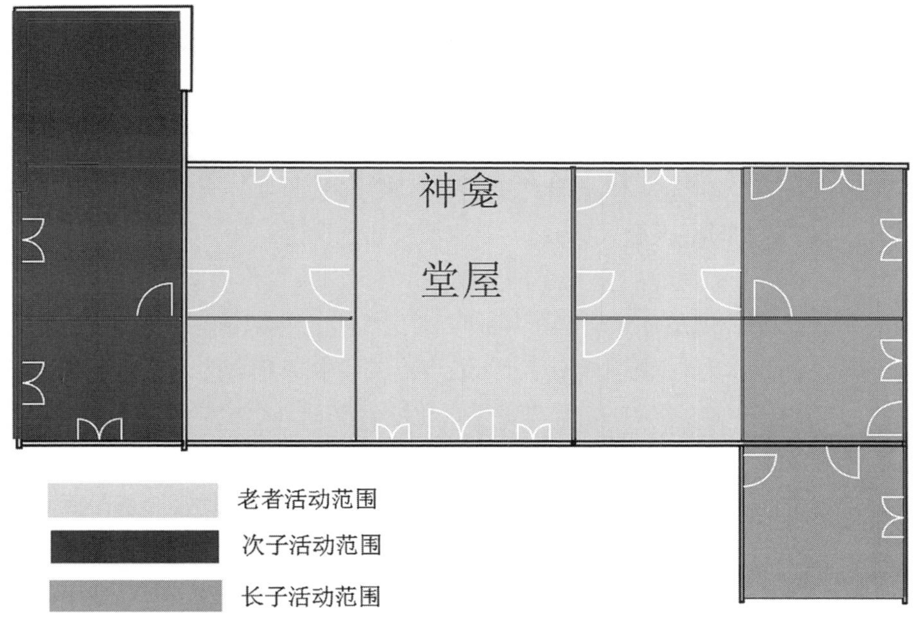


**图 9-1　王宗科老屋平面分区图**

（一）家道、家风的传承

“一家仁，一国兴仁；一家让，一国兴让。”伊始于 2013 年，乡风、家风、民风三风建设就多次出现在习近平总书记的讲话之中，习近平总书记多次强调要培养以好家风作为社会风气的支撑点，以培养社会主义核心价值观为主要内容，助推民风乡风向好的方向发展。新时代要“培育文明乡风、良好家风、淳朴民风，改善农民精神风貌，提高乡村社会文明程度，焕发乡村文明新气

① 费孝通：《乡土中国》，北京出版社 2005 年版，第 75 页。

② 费孝通：《乡土中国》，北京出版社 2005 年版，第 79 页。

象”。文化为乡村之魂,文化兴则乡村兴,传统民居作为地域特色传统文化的物质载体,存续着各个历史时期社会群体的集体记忆与家教内容,承载着物质与精神层面的双重意蕴。传统民居对于解读鄂西南地区的家风、民风、乡风传承提供了丰富的景观文本。

“家,居也”,居住于其间的家庭长辈通过身体力行和言传身教形成具有鲜明家族特征的家庭文化,我们将其称为家风。在新编汉语《辞海》上卷中,“家风”意为“家庭或家族世代相传的风尚、生活作风”。家风是一种环境,一种文化氛围,一种潜移默化间影响人的无形力量,它是家庭伦理道德的集中体现。

家风纯正,雨润万物;家风一破,污秽尽来。中华民族历来重视门楣家风的教育和传承,讲求耕读为本,忠孝传家。应从家出发,改变社会,源清流洁,强基固本。早在西周时期,《金人铭》已有对家风性质的探讨;汉朝时,《诫子》中记录了“万石门风”的家风典故;西晋南北至宋朝,家风以重人伦道德为主;元明清时期,家风家训已成规范体系。五千年中华文化瑰宝之所以能源远流长,主要得益于祖祖辈辈的口耳相传和身体力行,最终形成了中华儿女的处世哲学和经验总结。在中国传统文化中,优秀的家风文化灿若繁星,例如传统家风中的父慈子孝、兄仁弟悌、修身克己等家训,《颜氏家训》《郑氏家训》《曾国藩家书》等家训、家书,依旧被奉为经典。良好的家风并非来源于空洞的说教,而是以民居陈设、空间布局、装饰题材或文字传记为载体,融在日常生活的方方面面。

鄂西南民居中有许多体现出传统家教风俗的设置。举例来说,堂屋就是传统民居中传承家风的物质载体核心。《园冶》释“堂”:“堂者,当也。谓当正向阳之屋,以取堂堂高显之义。”平时有什么大事发生,都会将人聚集到堂屋,因此堂屋具有很多功能,平时祭祖在堂屋进行,会客地点也在堂屋。此外,堂屋对于族里调皮的年轻人来说或许是一个噩梦。当年轻人犯了较为严重的错误,触犯家族条规,家族长老会在堂屋惩罚年轻人。鄂西南的王家民居就有着严格的家法,对年轻人的惩罚形式多样,包括“鞭批”“盖风斗”“抱线柱”。最恐怖的要数“抱线柱”,所谓的“抱线柱”是指将犯了错误的年轻人绑在堂屋的柱子上,由家族长者执行鞭刑。如果年轻人执拗不承认错误,那只能忍受皮开肉绽之苦,许多年轻人受不了皮肉之苦,最后只得乖乖认错,立字具保。绑年轻人的柱子叫作“勤敬柱”,表示对年轻人既有激励又有鞭笞作用。又如在熊云华老屋中也有体现家风家教的装饰案例,柱子上刻画了许多表现孝道的故事,比如“百里负米”“卧冰求鲤”“亲尝汤药”“戏彩娱亲”,这些也反映了鄂西南地方民居受到中原文化的影响。民居中以“二十四孝图”或者其他方式展示孝道文化,使居住于其间的晚辈们无形之中接受孝道文化,并在实际生活中践行孝道,从而达到宣传孝道文化的目的。又如杨家湾老屋,该居所的柱石上雕刻着《百忍图》的图案,就是告诫后代要以忍为先,而后才能安家兴国,教育后代要尊祖敬宗、读书积善,是封建社会在传统家族制度下对家风家教重视的表现。作为民族文化和地方文化的重要载体之一,传统建筑是人的精神和文化的具象表现,其具备的伦理教化功能不可忽视。

**图 9-2 宜昌太平溪望家宗祠**

位于鹤峰县下坪乡岩门村的周家院子,聚族而居,世代重视家风世泽,团结一心,形成了良好的家族风气。“正直廉洁,尊卑有礼,勤俭持家”周家院内八户人家,家家强调继承礼仪道德,保持德育长存不坠,把多年言谈举止形成的家风凝练成文字,便有了我们眼前的周氏家训(见图 9-3)。“唯我周公后,濂溪百世孙”“敦亲睦邻,守望相助;路不拾遗,夜不闭户;崇文重教,励志笃行”。这些良好的家训、家规,通过长辈们的言传身教,影响着每一个周家人。家家户户恪守祖训，传承家规，坚守正道，做贤子孙。欣逢盛世，与时俱进，尤重清廉，不染流俗，令人受教而生慕习之意。周家院子犹如“桃源胜地”，这里看得见山，望得见水，院子传承着的家训、家规、家风“传家宝”已产生“蝶变效应”，其浓浓的“廉”味，迅速蔓延到整个鹤峰县，涌现出许多像周家院子这样注重家庭、注重家教、注重家风的美丽庭院。这些美丽庭院正擦亮着底色，助推乡村振兴。

**图 9–3　鹤峰县周家院子①**

① 图片来源：【纪检人·镜头】鹤峰县：周家院子“廉”香味浓_中共恩施土家族苗族自治州纪律检查委员会·恩施土家族苗族自治州监察委员会 http://www.eslzw.gov.cn/2019/1112/918634.shtml。

“君子之德风，小人之德草，草上之风必偃。”民风即社会风气，其核心为民间风尚，是基于一定地域范围的人们在生产生活中约定俗成的道德修养和社会规则，表现在人们生活的方方面面，外化为精神状态和行为习惯。《管子·八观》说：“入州里，观习俗，听民之所以化其上，而治乱之国可知也。”指的是通过观察地方风化，可以预测一个国家的兴衰治乱的趋势。可见，民风是社会兴衰的风向标。

民风的形成与地理环境有关。民风是特定区域范围中，反映着这个地区人的精神面貌和生存状态以及当地的环境、政治、经济、文化诸多方面的“活化石”，同时，也在一个相当长的时期影响着该地区政治、经济、文化等的发展。民风是特定地域的民间教化和习俗，也是地域区间一种交流方式与过程。民风在中国悠久深厚的历史和国土辽阔的地理环境中发展形成了诸多具有地域特色的优秀传统民风，以鄂西南地区为例，因历史、地理等因素形成其特有的巴楚文化，有着尚尊崇礼、兄友弟恭、倡孝崇节的民风。

一个地域的民风，反映这个地域人的精神面貌和生存状态，折射出当地的地理环境、经济、政治、文化生态等诸多方面情况。鄂西南地区由于特殊的地理区位，多民族融合，加之移民和儒家信仰的影响，反映于民居的平面陈设、装饰题材、建筑规范等方面，该地区的民风则呈现出一定的特殊性、包容性和多样性特征。例如在鄂西南的部分县市，土家族苗族居民居多，传统民居以极富特色的木构干栏建筑——吊脚楼为主要形式。吊脚楼多依山就势而建，呈虎坐形，以“左青龙，右白虎”中间为堂屋，左右两边称为饶间，作居住、做饭之用。饶间以中柱为界分为两半，前面作火塘，后面作卧室。吊脚楼上有绕楼的曲廊，曲廊还配有栏杆。“前朱雀，后玄武”为最佳屋场，后来讲究朝向，或坐西向东，或坐东向西。土家族人还在屋前屋后栽花种草，种植各种果树，但是，前不栽桑，后不种桃，因与“丧”“逃”谐音，不吉利。在土家乡间习俗中，老虎的形象是常见的，在传统民居营造中都会出现与虎相关的形象，在新房建成时，堂屋的中柱要有“白虎镇乾坤”的红色方纸，表示着镇宅驱邪的含义，以此求得家宅平安。房屋的建筑构造讲究“虎坐势”，窗户、窗框等的雕刻更是多见虎头吞口的装饰纹样，而且在檐口以及窗口会出现虎皮花的装饰纹样，顾名思义，虎皮花就是类似老虎的皮纹。从日常生活中就不难看出人们对“老虎”这一形象的崇拜，未成年的孩童穿虎头鞋、戴虎头帽、睡虎头枕，祈福孩子们可以得到老虎的庇佑，茁壮成长。在家族的神龛上，也会供奉着白虎牌或木头雕刻的保护，为全族祈福。① 对于虎的崇拜已经成为一种民风的文化记忆。传统民居内的群体对于空间内的文化记忆具有高度的认同感和文化自觉，因此，文化记忆具有稳定性，并不会轻易地随着代际交流主体的更替而消逝，循环往复，便成为了民风的重要组成部分。

### （二）成员间的情感交流

鄂西南地区秭归县新滩镇郑韶年老屋属于典型的“多代居”空间，既有空间形制，又有大院子来充当亲子交流空间，这样既能保证亲子之间的交流，同时也能满足多代人各自独立生活的愿望。除此之外，受传统礼制文化的影响，家中老者还肩负教化育人的责任，“多代居”的居住形式既能树立老者的威严和责任，又能使得晚辈在这样的环境下得到良好的教导与行为规范。“多代居”提升了郑家人的亲子感情，同时保证郑家一大家子各自的独立空间。

《礼记·曲礼》有言：“为人子者，居不主奥，坐不中席，行不中道，立不中门。”所以长辈议事时，子女不能随意闯入厅堂，不能居住于正厅两坊，正厅后堂或者左方一般皆留予老者或者家中长子，因为“居中为尊，左为上，右为下”。郑韶年老屋祖祠的两侧一般为长者居住，而遵守以左为尊的习俗，左边住着父母，右边则住着兄长。实际上，这样的分区方式既凸显家中老者在权威和方位上的至高无上，也不妨碍老人与晚辈的共同交流与活动，大多数老人把与孙儿交往视为人生乐趣。郑韶年老屋的平面布局也存在诸多老人和晚辈小孩的共处区间（见图9-4）。其平面布局和空间功能设计既满足了尊卑有序、内外有别的传统伦理观念，又满足了多代同堂、其乐融融的家庭伦理需求。

湖北咸宁通山境内还有一座颇具规模的平民院落——周家大屋。据《周氏宗谱》记载，周瑜的第三十五代后人从江西辽田迁到此地，在乾隆年间，于九宫山镇建屋，民居属典型的天井院落。由三座三进五开间的屋舍组合而成，三兄弟各户环抱一院，各家关起门来自成体系，打开门又户户相连，交往自然而频繁，是典型的社会促进空间。周家大屋属于典型的“多代居”空间，“多代

① 杜娟：《鄂西南土家族传统民居窗饰雕刻的艺术元素解析》，《建材与装饰》2019年第33期。

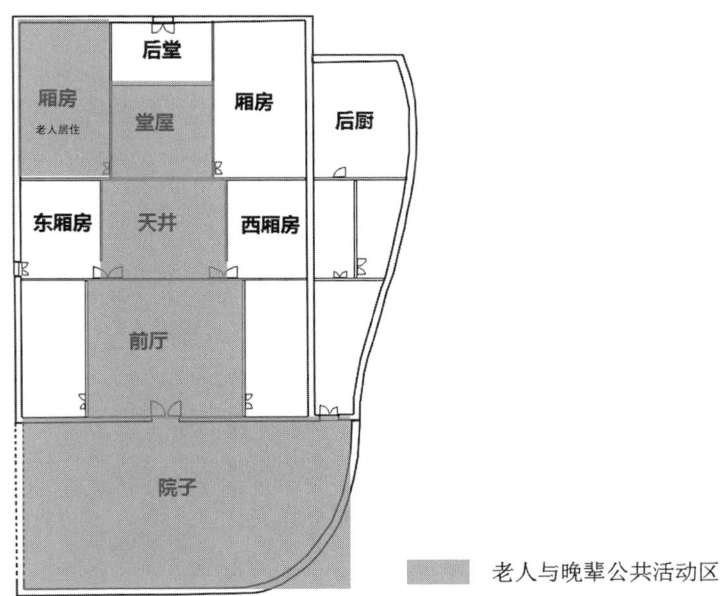


**图 9-4　郑韶年老屋老人与晚辈公共活动分区图**

居”既符合东方儒学文化圈的传统伦理观念,几代同堂、互相照顾、共享天伦之乐;又能满足当代社会老少几代人在生理功能、心理需求、社会角色、生活情趣、习惯观念的差异而导致的各种独立生活的愿望。使老少各有自己的私密空间,又有供几代人交流欢聚的公共空间。除此之外,受传统礼制文化的影响,家中老者还肩负教化育人的责任,“多代居”的居住形式既能树立老者的威严和责任,又能使得晚辈在这样的环境下得到良好的教导与行为规范。“多代居”使得周家人感情上更为亲切,把几代人各自的生活空间有机地联系起来,同时也优化了周家老人的养老环境。

## 二、居住环境生态适应设计

### (一)木、竹材料的自然选择

中国传统建筑以土、木为主要材料,很少使用石材,由于木材在耐久性方面远逊于石材,以至于中西两大文明的建筑给后人留下了全然不同的印象。

时至今日，中国石结构建筑的低调表现仍令很多学者感到困惑：为什么直到明清，在技术条件完备，同时也不无需求的情况下，石材在中国始终未能登堂入室？古建筑专家梁思成曾经给出一个推论："中国结构既以木材为主，宫室之寿命固乃限于木质结构之未能耐久，但更深究其故，实源于不着意于原物长存之观念。"古人的石材加工技术并不落后，尽管如此，许多民居在修建之时还是从千里之外来运送上好木材。在古代的交通条件下，建筑材料的长途运输是很不经济的；只有当使用木材的意义超越物质层面，进而成为一种执着的文化选择乃至建筑观念中的要素时，人们才会如此不惜人力物力地寻找木材来盖房子。

在鄂西南传统民居的选材中，木材是使用最为广泛的建筑材料。木材作为建筑材料有诸多优点，取材方便，质地轻便，加工灵活。与其他材料相比，木材质量轻、韧性好，抗弯、抗拉强度较高；易于加工组装，又可因地制宜，就地取材，另外，木材的导热系数小，冬暖夏凉，适合用于筑造民居。

木材的使用在鄂西南传统民居"吊脚楼"的建造中较为典型。吊脚楼建设的最初阶段，营造工匠将满足人们日常生活的基本功能要求以及将经济要求放在首要地位。就地选取合适的建筑材料，结合自身经验，综合把控材料的质感、肌理、色彩等要素，使其在达到需求和预想的效果的同时，又与周边环境和谐共生。鄂西南的吊脚楼以当地自然资源较多的木材种类作为建造原料，主要以松、柏、椿、杉为主。椿树多用于房梁制作，偶尔也作柱子用；椿树有一特大功效，就是能不被白蚂蚁、山蜂子所蛀蚀。木材的柔韧性和温和性等物理属性特别突出，充分利用木材的这些特性，以此体现人们"因才适用"以及对自然资源的保护与珍惜。

在解决圆木与圆木间的拼接缝隙时，杜绝使用化工原料，利用木材的柔性，用榫卯技术拼接，不但效果良好，而且经济、易得、环保、实用。吊脚楼房屋立体构架以穿斗式木结构为主，各种梁、柱、檐、椽等木质预制件组成一个框架结构，在建造时组装即可（见图 9-5）。在穿斗式构架体系中，施工速度快，木柱就是主要的承重结构，在施工初期，地基只需要略加平整，柱基设置好垫石，这样既利用了石材耐湿、耐腐的优点，又避开了古代用石不精的弊端。在吊脚楼整体建筑材料的质感上，由上至下，由精致至粗糙，轻巧至沉重，人工至天然，张弛有度、变化有序，同时又能够符合结构和力学规律。与此同时，其结构呈现清晰明确，功能明确，充满诚实，几乎看不到拉斯金所提及的"无所事事"的部分。

**图 9-5 鄂西南传统民居中的木架构**

鄂西南地区的清代建筑巴东楠木园王宗科老屋中同时利用了两种材料，这是十分罕见的，忽视了传统的"阴阳"材料之别，木材的使用是沿用传统，而石材的使用则是单纯地为了隔离潮气，使得建筑的根基更加稳固。王宗科老屋的屋顶材料采用青瓦排列，下面则是经营造匠人之手精细加工过的木纹明显的板壁，底层的板壁面层则采用当地的竹木、芦苇等天然植物性材料，建筑最底部的垫石地基是由当地盛产的石料堆砌而成，其建筑材料一览无余地呈现，充满了真实感和自然感（见图 9-6）。同时在外立面的材料肌理上也有着较为丰富的变化。这些材料的有机结合正是吊脚楼虽然轻巧，却能给人以稳定感的原因。在材料的选择上有节约型设计的意味，注重对"质"的追求，强调人对建造的目的性，突出建筑物的内在因素，减去不必要的功能和结构，使其具有最合理的方式、最简约的形式和最优良的功能，同时减少了环境污染、降低资源能耗，以最小的投入获得了最大的经济效益，体现了“普遍的共生”的生态环境伦理观。

图 9-6　王宗科老屋中体现的普遍的共生观念

除鄂西南吊脚楼之外，湖北其他地区的传统民居也多采用木结构，但其他地区的木结构建筑与鄂西南吊脚楼建筑存在明显不同，如鄂东南地区的民居建筑外观通常是白墙、黑瓦、青砖，褐色或者栗色的木构架（见图 9-7）。木构架结构为穿斗式，不用梁，而以柱直接承檩，外围砌较薄的空斗墙或编竹抹灰墙，墙面多粉刷白色。建筑的门窗、回廊以及室内的博古架、格栅等，一律用木材制作。木材取于自然，具有可回收、可再生特点，也是可以被自然消解的材料。这种朴素的自然观和哲学思想引导出来的行为，恰好符合可持续发展的生态观。

**图 9-7　白墙、黑瓦、青砖特征的鄂西南传统民居①**

在湖北现存的传统民居中,除去木材和石材之外,砖的比例为建筑材料之最。中国传统伦理观念中砖石多用于地下建筑和地面上与神鬼相关的建筑空间,为居民不喜,他们认为,活人的住宅须用竹木。宋代之后,朱熹提倡“庶民化”的宗法理论,将祭祀空间和生活空间结合在一起。砖这种在湖北民居中被活人所禁忌的材料由此开始登堂入室,出现在具有祭祀功能的厅堂,其阴阳属性开始被淡化,再加上民居对于防火性能的刚性需求和砖在防火性能上的优势,砖逐渐取代竹木成为徽州民居的主要建筑材料,影响到赣北民居,随着江西移民活动带到湖北。实心黏土砖是民居中常用的材料,湖北先人很早就掌握了烧砖技术。明清后,富户多住砖瓦房,而贫寒之家则是以草庐为主。所

① 图片来源:《三峡湖北库区传统建筑》,科学出版社 2003 年版,第 236 页。

谓“富者瓦土砖作强造室……贫者茅掾数间,猪圈牛栏附近房,以防盗贼”①。在鄂西南地区和鄂东南的传统民居中,青砖较为常见,青砖的颜色纯青、庄重古朴,但由于青砖厚度只有2—3厘米,质轻易碎,多作为土坯砖的辅料,用于制作空斗墙的样式,在外墙上作防水的用途。当地俗称“线砖”,是用江边的黄泥作坯烧制而成,砌墙时,往往是用砖拼砌成一个空斗,再用石子、白灰和土加水搅拌后浇注灌斗,这种空斗墙既节省材料,又坚实隔热,充分地适应了所处地域的气候,成为鄂西南和鄂东南民居普遍的建筑组成之一(见图9-8)。

**图9-8　青砖民居**

## (二)民居营建的节用意识

庄子言:“故纯朴不残,孰为牺尊!白玉不毁,孰为珪璋……夫残朴以为器,工匠之罪也”。庄子想要批判的是设计工匠为了一己私欲,滥用、破坏有限的自然资源,并提出这是设计工匠的责任。在湖北传统民居的建筑中,体现

① 林书勋、张先达撰:《乾州厅志》(清光绪版)卷五,《文渊阁四库全书》集部,别集类。

出了工匠在营造民居时对材料的一种“节约”、对装饰的一种“节约”，是一种对生态伦理的追求。这里的“节约”与形式、装饰、工序中的“少”并不完全等同，所谓“节约”是指在满足民居功能的前提下，尽可能就地取材、忠于材料本身，其存在的意义是追求在“和谐”的基础上，达到设计造物艺术中投入和产出间的最佳比率。鄂西南人民凭借湖北传统民居中对于自然材料的使用方法来呈现其蕴藏的“济困苦”的内涵，将其中的人文关怀和生态伦理观念传递给人们，以此引导、影响以及改变人们的建筑行为和生活方式。

因为工匠的节约精神，鄂西南传统民居的营造工匠对木材材性的理解和使用，达到了非同寻常的程度，“材尽其用”“物以致用”的生态伦理观贯穿整个营造活动。时至今日，鄂西南传统民居营造工匠在建造之始，进山选材都遵循一定的原则，一幢房屋尽量选用一个山域的木材，根据木材生长的位置和朝向决定用途和裁切方式等，在木材表面的装饰和防护上，鄂西南传统民居以雕刻为主要手段，较少彩绘，呈现材料本来的颜色和纹理（见图9-9）。一方面可以节约材料和物力，另一方面在满足个体自身需要的同时，也能兼顾群体和未来的需求。

**图9-9　鄂西南传统民居中的木雕**

除以上材料之外，鄂西南地区的竹、草资源也十分丰富，竹主要用于建造编竹夹泥墙，草用以铺屋。在鄂西北的传统民居中有不少民居采用编竹葺茅的建筑方法，所谓编竹葺茅是指用竹柱与篾编为胎骨，外面涂稻糠泥。由于湖北位于长江流域，水灾频发，古人迫于此经常迁徙，这种编竹夹泥墙、顶铺茅草的民居易建易弃，适合贫民生活的需要。宋代以后，鄂东黄冈的富足人家开始用瓦陶代替竹茅建筑民居，但乡村贫民仍多茅居。清代曾有记载“居室多编竹葺茅，以代陶瓦”，形容的就是贫困人家的民居仍使用竹茅代替瓦陶的景象。

## 三、居住功能的实用取舍

鄂西南传统民居的材料的选择和变迁，固然受制于自然、地理、经济等诸多因素，其伦理意识亦贯穿其中，互为因果。木材、生土、砖、石是鄂西南传统民居中最常使用的材料，各自有着不同的伦理文化意蕴，然而在每栋建筑中均可发现多种材料的综合运用，各种材料各专其能、各司其职，共同发挥的作用也恰到好处。

### （一）本地材料的“别贫富”差异适用

建筑既然服务于人，其理性和适度的使用就十分重要。民居建筑材料的本土使用被赋予了“别贫富”的功能，鄂西南地区的富裕家庭一般在民居建筑材料的选择上趋向于功能性好、建造效率高的材料，建造成本反而并未放在首位考虑，而贫困人家则是单纯为了寻求庇护，在民居建造上通常选择成本低廉、随处可取且建造效率高的材料。从材料性质上看，木材显然比石材更便于加工，生土比木材又更为廉价，用木材或者生土建造房屋比石材效率更高，耗材更少。

在鄂西南地区随处可取的自然建筑材料除木材之外，还有生土、石材、竹、草等材料。生土是一种热功性能好又极其廉价的材料，将黏土用水拌和，放入一定尺寸的模具中压制成型，然后利用光照就能制造成土坯砖，这是人类最初加工制造的建筑材料，在鄂西南传统民居中经常出现（见图9-10）。土坯制作简单、成本低廉，而且土坯砖砌出的土墙比较厚重，能够保温隔热，但是由于其外观粗糙又不能防潮挡雨,因此通常是在一些干旱少雨或工业生产不发达的地区用来砌筑房屋的墙体或内墙。鄂西南地区的富裕家庭一般很少用生土建造民居,仅是贫困人家为了节约建造成本,寻求庇护之所,但由于用生土建造的民居防潮性能一般,保留至现今的民居已所剩无几。有部分富有人家也会利用土的导热系数小与热容量大的特点,在猪圈或者牛栏的建筑中用生土建造,节约成本的同时形成冬暖夏凉的围护体系。

**图 9-10　鄂西南民居生土建筑**

鄂西南地区多山多石,石材的使用也较普遍,但受限于中国营造工匠整体对于石材处理的效率不高,鄂西南传统民居中,石材一般用于重要建筑和建筑的关键部位,如石础、墙体、台阶、水沟、石雕装饰等(见图 9-11)。也由于采石场的国家统配以及古时的运输成本,建筑中石料的使用变成区别贫富阶层与等级的直接呈现,受制于此,绝大多数的普通民众的民居放弃了石材作为建筑主材。石材坚固耐用,防水隔湿,可以延长房屋寿命,大户人家一般使用外地加工的石材,制门槛门框或用于院落铺地,甚至会选用上等石材制成整石梁柱,工艺精湛。小户人家则用当地的卵石,砌筑房屋勒脚或用于院落铺地。沿江地区的鄂西南传统民居常用卵石、水、砂制成砖石,用以铺地或者筑墙,天井、院落地面铺设青石板,外墙多用条石、块石、片石砌筑房屋的勒脚防潮等。

**图 9-11　石墙、石阶、石面、石板**

## （二）本地工匠营建思想的实用思考

据史料记载，影响鄂西南传统民居的另外一个重要因素是明清时期的多次移民运动，明清之后的“湖广填四川”“江西填湖广”，以及清雍正时期“改土归流”政策使得外来文化及外来工匠大量涌入鄂西南地区，给鄂西南的传统民居带来了赣北民居以及汉化的民居营造做法。汉人工匠的进入使得部分鄂西南土家族传统民居独有的风味与民族特色被渐渐冲刷掉了一些，之后鄂西南的土家民居在建构过程中开始自由灵活化，土家人生活习惯与汉族的营造形式不断激荡、改善、融合形成了土家族新的特色民居建筑样式。

这种影响一方面使得鄂西南地区传统民居与赣北民居有很大的相似度，另一方面，工匠作为“设计者”和“实施者”，外来工匠的实用思想在鄂西南民居的营造过程中则发挥着至关重要的示范作用。以鄂西南土家族吊脚楼民居为例，可以说是材料与结构、形式与功能的高度统一，充分反映了工匠的实用智慧及户主对自己居住环境的实用重视。

1. 营建规范设计与标准

不同社会阶层的屋主在建屋时的选址、规模、用材、装饰、用色、家具等方面的等级限制，在新中国成立以后逐渐淡化。现在，鄂西南吊脚楼在营建时的规模大小、房间数量、装饰程度等完全取决于屋主本身的经济实力，富裕的人家，建屋面积大，窗花木雕工艺精湛，柱基加石雕，建屋工时长、造价高；普通百姓人家，建屋面积小，窗花一般采用简单的“王”字格，装饰性弱，工时短、造价低。

鄂西南吊脚楼营建的规范主要集中在房屋选址的风水讲究、营建过程中的标准、祭祀仪式以及禁忌习俗等方面。风水讲究比较集中在选址方面，鄂西南地区的土家人建造房屋讲究“天、地、人”的三合，即选地址、选方位、选日子。这是建立在鄂西南土家人多年的生活经验和对自然地形的合理利用层面上的，如建房尽量选择在坐北朝南，背面及两侧山体环抱、正面开阔的地址，同时左边代表东方的“青龙”山体要高于右边代表西方的“白虎”山体，这种讲究一是印证对应方位的五行属性相生相克的原理，即防止金（西方）克木（东方），故木要高于金；二是隐喻女性要比男性更加柔顺和缓，才符合百姓心中的家族兴旺的风水气场。民间广为流传的“宁愿青龙高万丈，就怕白虎抬头望”，正是对这一风水格局的总结。另外，更为精通风水学的工匠，还要按照屋主人的生辰八字、命理五行，来选择厢房的朝向。

营建标准方面，鄂西南的民居营造工匠们都谈到，木料较为尖锐的一端必须“顺头”朝上，方位相反或者参差不齐都会影响家族的运势，甚至会使主人家噩梦连连，难以安睡；除此之外，就是堂屋与厢房之间的体量、方位关系：堂屋应居中，工匠建屋时从堂屋开始修建，并且非常注重找准中墨①的位置，讲究绝对对称和规整，而且在体量上要大于两边的厢房，厢房在侧后方位置，女儿的闺房应设在最里面。堂屋的梁、柱用料大小也大于厢房。梁、柱、门、榫头等的尺度必须精准，不能有分毫误差，尺寸上从一丈十八到一丈九十八都是常用模数，以图吉利，“九五”是帝王专用的尺寸模数，普通百姓是要避忌的。门窗的装饰尺寸划分规格讲究的是“尺、寸、分”与“生、老、病、死、苦”对应，门窗

① 指的是中心线。

装饰的最后一格一般要落在“生”门上,便可兴旺家族。

在考察吊脚楼建造之前,作者曾对吊脚楼的营造工匠姜胜健、万桃元、谢明贤分别进行了访谈,围绕传统的家庭成员等级秩序、家规家风等有关营建思想进行了访谈,内容如下。

**表 9-1 鄂西南的民居营建规范访谈表**

| 访谈时间 | 访谈地点 | 访谈对象 | 建造中是否考虑伦理标准?(尊老爱幼、长幼有序、男女有别、祖先崇拜、家规家风) | 制作过程中,怎么把这些概念运用到民居里的? | 了解哪些仪式?(土家族的神团体系、宗族祖先崇拜、巫傩仪式) |
|---|---|---|---|---|---|
| 2017 年 7 月 31 日 | 麻柳溪村 | 姜胜健 | 考虑。<br>建屋之前选日子;<br>立屋架时祭拜祖先,祭拜神灵,祭拜鲁班先师;<br>建成之后也有庆祝仪式。 | 通过祈求平安的仪式来确保安全顺利。<br>主人会自行在堂屋安排案几和神龛,用以供奉祖先。 | 立房前祭祖仪式和祭拜神灵的仪式,匠人祭拜神灵和鲁班先师,包括山、树、水等自然神灵,要烧纸烧香。巫傩仪式现在已经没有了。 |
| 2017 年 7 月 29 日 | 恩施州咸丰县丁寨乡渔泉口村 | 万桃元 | 肯定要考虑的。<br>建屋要讲究天、地、人的三合,即选地址、选方位、选日子。 | 一是建屋的地理位置选择:要看风水、山势、地形;二是厢房的朝向选择:根据主人的命理五行来算;三是装饰纹样选择:要做一些代表吉运的鸟兽、花卉、器物。 | 土家族崇尚万物有灵,尊敬自然,受汉族文化影响,拜神并不固定,但对于祖先是都会祭奠的。巫傩方面的仪式习俗早就没有了。 |
| 2017 年 7 月 31 日 | 麻柳溪村 | 谢明贤 | 考虑的。<br>在主人家立屋架时必须有祭拜仪式,烧纸钱,拜自然神灵和祖先,木工工匠只讲究长、宽、高的尺寸问题。 | 木材用料的尖头必须“顺头”,也就是朝上,否则会影响家族兴旺。堂屋居中,并且保持左右沿中轴对称,厢房在侧后方位置,闺房、绣房靠最里面。 | 各家祭拜祖先、工匠祭拜鲁班先师是一直传承下来的习俗,但巫傩这些早已消亡了。 |

由以上几位工匠的回答可以看出,随着社会制度变迁、居住者生活方式改变,鄂西南传统民居建造者的实用理念也在不断变化,等级秩序的意识消失、尊卑教化的功能取消,但尚吉、节用、适应环境的实用意图得以继续传承。

2. 工匠营建仪式中的实用思考

在鄂西南土家族的传统习俗中,建造房屋是大事,少不了看风水、择吉日、做仪式。这一点似乎很符合中国“天时地利人和”的实用观念。土家人在请风水先生架罗盘看风水,以“左青龙,右白虎,前朱雀,后玄武”的标准择定屋基后,通常就进入了第一个建造仪式,“犁地破土”仪式。在鄂西南咸丰县的活龙坪乡、坪坝营镇、丁寨乡一带就有着“犁地破土”这一习俗,土家人在打屋基时,主人需牵一头大水牛“犁地破土”。“犁地破土”开始时,主人会将牛角上缠一根红绸布,开犁时主人要燃放鞭炮并祭拜天地,犁地者边犁边唱道:“手牵神牛入屋场,贺喜主东竖栋梁。手牵神牛犁向东,东方红日照堂中;手牵神牛犁向南,南极仙翁赐寿诞;手牵神牛犁向西,犀牛望月生瑞气;手牵神牛犁向北,北斗高照龙头抬。东南西北都犁到,地灵人杰创基业。”

在咸丰县的其他地区,打屋基时没有明确的“犁地破土”习俗,但主人对祖先神灵、对天上众星、对土地菩萨都会举行祭拜仪式,可见其人神共处、空间宇宙观念中浓郁的伦理特质。

在建屋之前要选择黄道吉日,立屋架之时主人家一定要设宴款待营造工匠,尤其是宴请主事工匠。主事工匠也会向主人敬酒,并不断说“多子多福,福寿双全,家族兴旺”等相关的吉祥话,而主人必须一饮而尽,代表接受了工匠的祝福。之后,要祭拜祖先和四方神灵,工匠要祭拜鲁班先师,通过这些祭拜祈福的仪式来祈求主人、匠人的安全和顺利。

“敬山神”仪式土家人叫作“压码子”或“打青山码子”。掌墨师备三炷香、一占版纸钱,点燃蜡烛香纸以求山神保佑,另取二至三张版纸钱,在其上画“紫微讳”及二十八宿,并写“井”字连带顺笔三圈,折好后压在将要去伐木的山林边岩孔下不易觉察的地方。在烧纸烧香前先默念师祖师爷师傅,然后在点燃香纸时口中念道:“奉请山神土地、把界土地、三五洞主、微山公主、广后天王、岩上唱歌王子、岩下唱歌郎君、吹风打哨、唤狗二郎、翻行倒走张五郎,弟子上山裁料,搬料不要料动,搬枝不要枝脱。飞沙走石要不惊不动,蛇藏十里茅岗,虎藏万里深山,只许耳听,不许眼见,前师祖武大将军,铜头铁链化我为身,风吹茅草匹匹不动,不准哪匹挨我身。弟子功夫圆满,各归原位。奉太上老君,急急如律令。”待这一套“敬山神”的活动完毕,才能进入伐木的山林砍伐所需要的木料。

“敬鲁班”仪式是掌墨师在立屋的当天凌晨4点至5点左右举行的一个仪式:掌墨师准备三十六树或五十四树长钱分配在解马、木马、滚马和东、南、西、北、中各个方位上烧;主人备红布四到五尺、公鸡一只、刀头一块、酒碗三个及酒、斋粑、豆腐、净茶摆放在五个方位;在另一方位备三炷香、一占版纸钱、掌墨师的“五尺”;在新修房屋的堂屋位置正中摆一小桌,其上放刀头一块、酒碗三个、斋粑、豆腐,取五谷杂粮放在桌下。接下来掌墨师拿上自己事先备在一旁的“五尺”插在桌子前正中央的地上,用主人备好的红布盖“五尺”头,这时将师傅们的工具如墨斗、锉子、钉锤、凿子之类摆放在桌上。之后,掌墨师突然取出藏在腰间的七匹丝毛草搭在桌上。完毕,掌墨师便进行祭拜仪式,先烧一版纸钱“请师傅”,接着安抚五方乡邻,之后口中念福事曰:“启眼观青天,师傅在身边;师傅在我身前,在我身后,隔山喊隔山应,隔河叫隔河灵,不叩自准,不叩自灵。”念完福事,便安“杀方”(福事的一种),口中念道:“天杀,地杀,月杀,日杀,时杀,拖三榨木马杀,一百二十星宿杀,弟子赐你长凳正坐,不惊不动,吾奉太上老君,急急如律令。”

其后,掌墨师画“紫微讳”①,写“井”字,即画二十八宿字灰,“请梅山”。掌墨师心中默念祷告祈福,捉住公鸡的第二个鸡冠(鸡冠最高的位置)用嘴巴将其咬破,把鸡冠血从右到左滴到三个酒碗中(从右到左的三个酒碗分别代表主人、师傅、百客,由此可见地位主次尊卑)。如血滴正常便起圈点,如不正常就呈虚丝或散状。若出现不正常状况便又要辛苦掌墨师做进一步的安抚处理,直至正常。处理不正常状况的具体办法还是用公鸡“挂号”,画“紫微讳”,折拢包好钉在堂屋斗枋中脉下,即香火当门作绝对镇压,然后挂长线。挂长线时拆下一根鸡毛画“紫微讳”,取鸡冠血“挂号”,挂“五

---

① 紫微主星是一种叫“紫微斗数”的卜卦方法所用到的周天十四颗星,源于古代人民对星辰的自然崇拜,它们分别是七杀星、破军星、廉贞星、贪狼星、紫微星、天府星、武曲星、天相星、太阳星、巨门星、天机星、太阴星、天梁星、天同星。

尺”、墨斗、斧头、锤子、巾带、樋杆、杠,再在中柱上画“紫微讳”,继续画樋杆为铜杆铁杆,画杠为铜杠铁杠,画锤为金锤铜锤,画巾带为金带玉带。之后,再画起扇码子,画起扇码子时口中边念“紫微讳”的福事边画“雷”字,“雷”字写好后,在其上横起五笔竖起四笔盖住“雷”字再顺画三圈,接着哈三口气加七匹丝毛草折拢包住,钉在二穿枋下口。钉时用四分锉或五分锉,直到最后还要由师傅画二十八宿“紫微讳”,画“井”字覆盖,表示功德圆满,大吉大利。

在敬完祖师爷鲁班后,立屋前一天,也就是立屋当天的凌晨,主人会备“鲁班饭”款待石木二匠及前来帮忙的亲朋好友。“鲁班饭”为八大碗:坨子肉、粉蒸肉、扣肉、糯米肉、蹄膀、豆腐果、豆腐丝、豆腐片,这一宴席比立屋当天中午的正席都要丰盛,以示主人对匠人的尊重和爱戴,这一仪式主要流行于活龙坪、大路坝一带。

另外房屋建成之后也有专门的庆祝仪式和宴席,主人家会像对待盛大节日一般,邀请全村乡亲共同庆贺。鄂西南土家族建房从修建开始的奠基仪式,到修建中期的上梁仪式,到最后的落成仪式,虽然看似迷信色彩颇重,但无不体现了土家人对于美好生活的愿望,以及敬畏自然的伦理价值观。

3. 营建过程中的禁忌

建屋的禁忌风俗方面,屋主和工匠最在意的是言语上讨吉利。鄂西南吊脚楼营造工匠,尤其是主事工匠,在修建房屋的整个过程中,主要是口头上有禁忌,比如不能说出带有“没人”“缺人”等类似的词语,这被认为会直接影响主人家的人丁兴旺;再就是立屋架和上大梁的吉时是不容错过的;另外,在建屋过程中,妇女不能在其内来回穿梭。

在考察鄂西南吊脚楼建造禁忌时,吊脚楼的营造工匠姜胜健、万桃元、谢明贤的访谈内容也有诸多启示,具体访谈内容如下。

**表 9–2　鄂西南的民居营建规范访谈表**

| 访谈时间 | 访谈地点 | 访谈对象 | 制作的过程中，有没有一些遵循的技术指标？ | 制作的过程中，是否有些不能去制作的题材，以保证居住者的心志不被诱惑和动摇？ | 吊脚楼营建时，平面布局上有哪些设计伦理方面的讲究？ |
|---|---|---|---|---|---|
| 2017 年 7 月 31 日 | 麻柳溪村 | 姜胜健 | 没有明显的身份等级界限，只不过各种门有尺寸规格。而且“尺、寸、分”与“生、老、病、死、苦”对应，最后一格一定要落在“生”门上。<br>至于面积大小、装饰精度则主要是根据地势特点和主人的实力来决定。<br>建屋的风水朝向是有讲究的：选择在山体环抱、正面开阔的地址，同时左边山体代表青龙、右边山体代表白虎，而白虎不能高于青龙。“宁愿青龙高万丈，不能白虎抬头望”正是这个意思。 | 工匠主事人是绝对不能乱说对主人家庭兴旺、运势之类有影响的话，只能多说吉利的话，另外建屋所有的木材尖头必须朝上。 | 堂屋非常注重找中墨（中心线），讲究绝对对称和规整，而且在体量上要大于两边的厢房。堂屋的梁柱用料大小也更大。尺寸上从 1 丈 18—1 丈 98 都是常用模数，九和五是不能乱用的，那是皇帝专用的。另外上大梁的时辰是有时间规定的，不能逾期。 |

续表

| 访谈时间 | 访谈地点 | 访谈对象 | 制作的过程中，有没有一些遵循的技术指标？ | 制作的过程中，是否有些不能去制作的题材，以保证居住者的心志不被诱惑和动摇？ | 吊脚楼营建时，平面布局上有哪些设计伦理方面的讲究？ |
|---|---|---|---|---|---|
| 2017 年 7 月 29 日 | 恩施州咸丰县丁寨乡渔泉口村 | 万桃元 | 这方面其实是由主人家的财力来决定工匠营建房屋的面积、用材和装饰的精度，装饰越精致，雕花工艺越多，势必会增加工匠的工时。<br>新中国成立后，建屋并没有特定的身份等级规定；但在民国之前是有讲究的，例如红色只能在土司的官邸和住房中使用，普通老百姓严禁使用，且土司住房面积也是远大于寻常百姓住宅。 | 木料方材的尖锐端头必须朝上，朝下会影响主人家运势，并导致噩梦；不同类型建筑的门的尺寸有讲究，必须用门光尺（一种丈量工具）测量尺寸，控制合适的模数：寺庙门宜孤寡，医院门宜生，住宅门宜富贵、多子多福。 | 传统习俗是客人只能在堂屋活动，不能随意进入厢房；客人不能坐到灶台的前方（按习俗坐在灶前的是此家的女婿）；如果是夫妻关系的客人来主人家借宿，必须要分开，不能成双合住；闺房、绣房一般位于内部，避免外人接触；嫁出去的女儿回娘家后不能扫地（不吉利）；新中国成立后这些习俗逐渐消失，没有那么多讲究了。 |
| 2017 年 7 月 31 日 | 麻柳溪村 | 谢明贤 | 这个完全是看主人财力决定的：富贵人家，面积大，窗花木雕工艺精致，柱基也加石雕，工时长、造价高；普通百姓，面积小，窗花一般采用"王"字格，装饰少，工时短、造价低。 | 1. 建屋过程中，妇女不能在其内来回穿梭；2. 主事工匠口头上的忌讳比较多，比如不能说"没人、缺人"之类的话，这会影响主人家的人丁兴旺；3. 关键的是梁、柱、门、榫头等尺度不能有误。 | 其实工匠一般只考虑房屋结构和用材用料，具体厢房怎么使用，还是以主人自行安排为主。但是厢房居于两侧，闺房靠内是约定俗成的。 |

通过田野考察和工匠访谈，不难发现鄂西南地区土家族吊脚楼营造工匠虽然还保存着一些伦理规范，如出师仪式、祭祀习俗、营造禁忌、房间格局和内外有别等方面，但与传统相比，已有了很大的改变，很多的传统习俗已不再沿用，逐渐消亡殆尽。但传统伦理中的实用营建思想、居住者的美好祝愿等实用意图仍然保留着。

# 第十章　鄂西南民居“火塘”演变的个案研究

在鄂西南调研的诸多民居样本中，笔者发现，火塘的陈设大多存在于土家族传统民居中，而在合院制的传统民居中却鲜少见有火塘的身影，基于此，笔者利用社会科学统计软件包（SPSS）相关分析对于已有的34个传统民居调研样本进行计算，探究火塘的存在是否大都与居住者是土家族有关，如下表：

**表10-1　鄂西南民居平面尺寸信息表**

| 编号 | 名称 | 建造年代 | 民族 | 总建筑面积（$m^2$） | 堂屋面积（$m^2$） | 老人房面积（$m^2$） | 厢房面积（$m^2$） | 有无火塘 | 火塘数量 |
|---|---|---|---|---|---|---|---|---|---|
| 1 | 熊云华老屋 | 清代 | 汉族 | 383 | 27 | 26.25 | 15 | 无 | 0 |
| 2 | 郑世节老屋 | 清代 | 汉族 | 300 | 25.2 | 16.8 | 16.77 | 无 | 0 |
| 3 | 向先鹏老屋 | 清代 | 汉族 | 290 | 34.32 | 22.44 | 19.27 | 无 | 0 |
| 4 | 郑万琅老屋 | 清末 | 汉族 | 375 | 35 | 28 | 18.8 | 无 | 0 |
| 5 | 郑韶年老屋 | 清代乾隆年间 | 汉族 | 371 | 63 | 45 | 25.5 | 无 | 0 |
| 6 | 顾家老屋 | 清代 | 汉族 | 1500 | 40 | 15.75 | 15.75 | 无 | 0 |
| 7 | 李光明老屋 | 晚清 | 土家族 | 356 | 105 | 45 | 45 | 有 | 2 |
| 8 | 万明兴老屋 | 晚清 | 土家族 | 268 | 17.6 | 20 | 16 | 有 | 1 |
| 9 | 王宗科老屋 | 晚清 | 土家族 | 183.54 | 31.3 | 9.3 | 9.3 | 有 | 2 |
| 10 | 吴宜堂老屋 | 晚清 | 汉族 | 291 | 46.02 | 62.96 | 25.41 | 无 | 0 |

续表

| 编号 | 名称 | 建造年代 | 民族 | 总建筑面积（$m^2$） | 堂屋面积（$m^2$） | 老人房面积（$m^2$） | 厢房面积（$m^2$） | 有无火塘 | 火塘数量 |
|---|---|---|---|---|---|---|---|---|---|
| 11 | 陈伯炎老屋 | 清代 | 汉族 | 264 | 24 | 18 | 12 | 无 | 0 |
| 12 | 吴翰章老屋 | 清代 | 汉族 | 294.5 | 27.68 | 15.75 | 11.62 | 无 | 0 |
| 13 | 向家亭子屋 | 晚清 | 土家族 | 772.8 | 25.09 | 35.12 | 20.07 | 有 | 2 |
| 14 | 杜烈祥老屋 | 民国 | 汉族 | 555 | 104 | 40 | 24 | 无 | 0 |
| 15 | 郑书祥老屋 | 清代 | 汉族 | 315.18 | 40.88 | 32 | 24 | 无 | 0 |
| 16 | 郑万瞻老屋 | 清代 | 汉族 | 187 | 20 | 18 | 15 | 无 | 0 |
| 17 | 赵子俊老屋 | 清代 | 汉族 | 346 | 38.25 | 27 | 17.55 | 无 | 0 |
| 18 | 张家老屋 | 晚清 | 汉族 | 265 | 24 | 24 | 24 | 无 | 0 |
| 19 | 费世泽老屋 | 晚清 | 土家族 | 781 | 48 | 40 | 32 | 有 | 1 |
| 20 | 郑启恩老屋 | 清代 | 汉族 | 600 | 27.6 | 16 | 13.33 | 无 | 0 |
| 21 | 崔栋昌老屋 | 清代 | 汉族 | 207 | 43.31 | 35.06 | 18.06 | 无 | 0 |
| 22 | 杜家老屋 | 清代 | 汉族 | 187 | 45 | 37.5 | 16 | 无 | 0 |
| 23 | 王永泉老屋 | 清代 | 汉族 | 298.2 | 29.04 | 28.56 | 15.64 | 无 | 0 |
| 24 | 八老爷老屋 | 清代 | 汉族 | 334.8 | 75.2 | 26.6 | 17 | 无 | 0 |
| 25 | 何怀德老屋 | 清代 | 汉族 | 289.44 | 65.12 | 43.4 | 37.2 | 无 | 0 |
| 26 | 毛文甫老屋 | 清代 | 土家族 | 271.92 | 81 | 42.24 | 42.24 | 有 | 1 |
| 27 | 舍米湖民居 | 明清 | 土家族 | 未知 | 未知 | 未知 | 未知 | 有 | 2 |
| 28 | 杨家湾老屋 | 清代 | 汉族 | 未知 | 未知 | 未知 | 未知 | 有 | 1 |
| 29 | 李家大院 | 晚清 | 土家族 | 未知 | 未知 | 未知 | 未知 | 有 | 2 |
| 30 | 彭家寨民居 1 | 晚清 | 土家族 | 229.5 | 27 | 25.65 | 24.44 | 有 | 2 |
| 31 | 彭家寨民居 2 | 晚清 | 土家族 | 未知 | 未知 | 未知 | 未知 | 有 | 3 |
| 32 | 彭家寨民居 3 | 晚清 | 土家族 | 未知 | 未知 | 未知 | 未知 | 有 | 2 |
| 33 | 麻溪沟龚宅 | 晚清 | 土家族 | 未知 | 未知 | 未知 | 未知 | 有 | 1 |
| 34 | 秀山县老屋 | 晚清 | 土家族 | 未知 | 未知 | 未知 | 未知 | 有 | 2 |

**表 10-2　Kendall 相关计算结果**

| | 民族/身份 | 建造年代 |
| --- | --- | --- |
| 总建筑面积($m^2$) | 0.038 | -0.101 |
| 堂屋面积($m^2$) | 0.081 | -0.080 |
| 老人房面积($m^2$) | 0.054 | -0.236 |
| 厢房面积($m^2$) | -0.073 | -0.350 |
| 是否有火塘 | -0.865** | -0.596** |
| 火塘数量 | -0.821** | -0.604** |

* $p<0.05$ ** $p<0.01$

利用 SPSS 相关分析去研究民族/身份、建造年代分别和总建筑面积($m^2$)、堂屋面积($m^2$)、老人房面积($m^2$)、厢房面积($m^2$)、是否有火塘、火塘数量共 6 项之间的相关关系,使用 Kendall 相关系数去表示相关关系的强弱情况。具体分析可知:

民族/身份和总建筑面积($m^2$)、堂屋面积($m^2$)、老人房面积($m^2$)、厢房面积($m^2$)之间并没有相关关系。而民族/身份和是否有火塘之间的相关系数值为-0.865,并且呈现出 0.01 水平的显著性,因而说明民族/身份和是否有火塘之间有着显著的负相关关系。民族/身份和火塘数量之间的相关系数值为-0.821,并且呈现出 0.01 水平的显著性,因而说明民族/身份和火塘数量之间有着显著的负相关关系,由此可以得出,在鄂西南传统民居有限的样本中,火塘普遍存在于土家族传统民居的空间布局中。

着眼于家庭生活的物质外壳分析火塘在土家建筑和家庭空间的复杂构成及演变,特别是它们在微观世界中体现并内存于中国秩序之中的男女性别、代际辈分、上下等级,并将居住者本身及其承载的人伦等诸多方面纳入人类学宏观世界,是土家族传统民居文化不可或缺的重要内容。因此,基于明清改土归流政策的土家族民居设计的火塘位置演变考析结果可以为鄂西南传统民居设计伦理研究提供完整个案说明。

在鄂西南土家聚居地的民居营建中,“火塘”又叫“火坑”,是人户餐饮、取暖、茶话的重要场所。“火塘”最早源自日常生活所需的灶。火塘早期形态是火堆旁累石防风用以烹煮取暖的物事，后逐渐与“住宅”“家庭”“民族”等范畴产生联系，最终固化为条石围成的1平方米左右、用以堆积柴块、树兜等可燃物，并因之烧火取暖、煮茶的地方。迄今为止，火塘依旧为土家族及西南绝大多数少数民族的日常活动中心。关于土家族火塘的文字记载最初见于明清后流官与传教士所著或修订的地方志，但多寥寥数语一带而过。

## 一、土家火塘的源起

土家族为我国西南少数民族，聚居地选址“择高而峻”，覆盖川、渝、黔、鄂、湘多地。土家族先辈源于巴人，据文献记载，巴人在商周时期处于今鄂西南的清江流域。楚人灭巴，巴人虽有迫于战乱的迁徙和流动，但武陵山脉的景色和物产资源，让他们能以“大杂居、小聚居”的方式安稳栖息。土家族聚集地多为山区，其地域阴冷潮湿，史论记载：“僻乡多设火塘，男女团圞”①，这里的“僻乡”即依山而居的土家族聚居地域。土家祖辈初迁徙至深山地域，并无房屋瓦檐，唯有栖身岩穴或盖棚遮顶以避风躲雨。据《古丈坪厅志》载：“……右设一榻，高四五尺，中设火炉炊灶，坐卧其上，曰火床。”当时条件不济，土家先辈便有了简陋的称为“火床”的取暖卧具，睡于“火床”之上，便是“床”中间设一“火塘”，又能在塘内架柴生火以取暖（见图10-1）。定居于崇山峻岭间潮湿之地的土家人将火塘起居取暖的功能性与土家人自然崇拜的民族性特征结合，导致火塘的沿用至今不歇。火塘最初布置与使用于土家族民居中，是为了在早期简陋的生活方式中迫切解决那时没有生火设备保存火种的难题，后经历代改良，逐渐形成传统形制的火塘。故土家族火塘文化实则为早期生活习俗的遗留。但自明清以后王朝更迭，因集权统治而实施“改土归流”的政策，让这种以实际需求为发展动力的承袭方式发生了系列转折。

① （清）席绍葆、（清）谢鸣谦等：《乾隆辰州府志》，岳麓书社2010年版，第135页。

**图 10-1　土家族火塘**

## 二、改土归流前后的“礼—用”演变

“改土归流”源于明中期至清朝初年，是历朝历代对少数民族地区实行政治统治的管理手段，或称“土司改流”①，其实质是随着国家权力不断向少数民族地区延伸，权力不断向中央聚集，政府逐步进行废除少数民族地区土司制，改为中央政府派任流官，达成间接统治变为直接统治。② 以朝廷或中央政府

① 翁独健：《中国民族史研究》，中央民族学院出版社 1993 年版，第 124 页。

② 向雄杰：《略征少民档的要谈集数族案重性》，《湖北档案》1990 年第 3 期。

外派官吏(所谓流官)取代原有土司头目,对当地少数民族实施统治的政治制度,俗称改土归流。明清改土归流政策的实施,致使土家族传统中的"火塘文化"也因之发生了诸多变化。通过历时性分析,可以推测土家民居的火塘形式是按照"床塘结合型—火塘独立型—小灶台附加型—灶塘分离型"这一顺序逐步发生变化的;分区上按照"中心地段—边缘地段"逐步演变;数量上多数民居由"一个火塘—多个火塘"演变;功能上也从初期兼具精神意义与烹饪功能的空间逐步转变为世俗化空间。

### (一)改土归流前:仪式与取暖空间

《上思州志》载:"唐天宝初设为州,以土酋沿袭,隶邕。宋、元因之。唐、宋土酋沿袭无考……"①元代始置土司,至清康熙年间改土归流止,土官共世袭四百余载。土司管理之下,土司与土民的房屋形式分化较大。《楚南苗志·土司辑略》有云:"土司绮柱雕梁,砖瓦鳞次。百姓则叉木架屋,编竹为墙……皆不许盖瓦,如有盖瓦者,即治以僭越之罪。"②从"叉木架屋"来看,此时土民所住是干栏式建筑,但当时兴"明制度,示等威"的等级制度,民居的形制不得不随之发生变化。受当时政策压制,土家族民居相当简陋,以早期民居来讲,土家民居火塘设置放在首位的考虑因素是卧睡时的御寒保暖,此时土家族民居形制与布局陈设如同清乾隆七年(1742年)永顺知县王伯龄在严禁陋俗的告示中所载:"土民之家,不设桌凳,亦无床榻,每家惟设火床一架,安炉灶于火床之中,以为炊阂之所。"③如此则说明此时土家民居粗陋甚深,房屋内部基本无床榻、炉灶之设,民居内部也并无堂屋的概念。火塘形制多为床塘一体,床灶相容、床凳相交、卧具与取暖用具不断相互融合,逐渐形成卧房空间与开敞空间不分的产物,是典型的原始制度下的产物。表现为以火塘为中心的"一开间"形式,而以火塘承载着供暖、休憩、烹食、议事等多种功能。

---

① (清)戴梦熊修,唐炅绪纂:《中国地方志集成广西府县志辑(影印本)康熙上思州志》,凤凰出版社2014年版,第78页。

② 赵德馨、吴量恺等:《中国经济通史:第7卷·明时期》,湖南人民出版社2002年版,第320页。

③ 彭林绪:《土家族居住及饮食文化变迁》,《湖北民族学院学报》(哲学社会科学版)2000年第1期。

乾隆二十八年(1763年)抄刻本《永顺府志》卷十《风俗》有关居住情形的描写:“土人每家设火床,中置火炉以炊爨,日则男女环坐,夜则杂卧其间。”①《陋习禁令》又言“土司时……并不供祀祖先……阖宅男女无论长幼尊卑,日则环坐其上,夜则杂卧其间,惟各夫妇共被,以示区别。即有外客留宿,亦令同卧火床。”②可以看出,土司管理时期的土家人生活拮据,生产所得若可满足日常所需,使自家于乱世中得以苟活,使香火不断便足矣,难求其他,故依旧承袭着较为原始的生活之法,无长幼内外之分,长辈尊幼、嘉宾主客皆围坐火塘,“炊爨”共食,憩于火床之上,且男女无别,除开夫妇共被,其余皆“挨肩擦背”杂卧于间,礼制观念淡薄。“火床”作为土家人生活的中心活动空间,无论亲疏,无内外、男女之分,众人皆可同登“火床”,毫无避忌。而中央政府改派到土家地区的流官循吏亲眼见到这些“有伤风化”的日常景象,认为此举超脱封建社会伦理之上,废尽风化,实属难堪、更有甚者称其寡廉鲜耻,有损三纲五常的基本准则。③ 为此,历任流官告示迭出,对此类“伤风败俗之陋习”严令禁止。

据史料记载,改土归流之前的火塘多为床塘一体式,考察所得最早的土家民居火塘尺寸有1.6米见方。在土家族流官有关其风俗陋习的禁令告示中,对土家族民居内部空间的功能划分提出了明确要求,并下令严格执行。与此相应,过往土家族民在土司统治下,沧桑度日,故听闻有此类禁令,之前被压迫的土家民众,自愿归来编入版籍,故得以免去刑罚。④ 土家族民关于此类诸多禁令的自愿式响应,也为“改土归流”的最终落地并得以具体执行奠定了基础。

饮食习惯的改变促使土家族火塘的形制也相应改变,在改土归流之前,土司制度是中央政权将权力借给当地少数民族首领,凭借赐土封官来进行对其管理的制度,同时也是中央政府实施间接统治的手段。土司作为土家族聚居

① 瞿州莲、瞿宏州:《道教在明代永顺土司的兴盛及成因》,《广西民族大学学报》(哲学社会科学版)2012年第6期。

② 江苏古籍出版社编选:《中国地方志集成湖南府县志辑(全68册)同治永顺府志》,江苏古籍出版社2002年版,第112页。

③ 彭林绪:《土家族居住及饮食文化变迁》,《湖北民族学院学报》(哲学社会科学版)2000年第1期。

④ 黄思俊:《鄂西土司制度述略》,《贵州文史丛刊》1987年第3期。

地的最高管理者，不仅限于行政方面的管理，还能控制食物的下放量，兼任督使民众上供食物的责任。在土司的苛政管理下，土家人民只得艰苦维生，对于粮食获取的途径单一，只能在承担上贡食物的重担前提下才能向领导者土司请求少量"份地"进行耕种。土家族聚居选址多为山坡深谷，晴久则虑其旱，因其地域限制导致生产贫少，农业生产方式较为粗放原始，食物种植便多选取成本较低且容易种植的荞麦等农作物。土家族日常饮食餐淡质朴，大多食用粟与荞麦等物，稻米数量很少。而火塘的整套设置就是由这些地域生产条件的限制而决定的。"改土归流"之前，史籍记载："居高山者，寒多暑少，盛夏被不脱棉，晨夕必烘于炕，故收获较迟，一切蔬菜皆过时食始。""高山峻岭上，种荞麦、豆、粟等杂粮，阴雨过多，多崩塌。蕨遍山，挖蕨作面，可备荒。"①土家族民众生活素来节俭朴素，常年主靠杂粮充饥，荒年则靠挖可食之物，如晾晒存积蕨根、野葛一类山味以度荒年，以至于尚存四季不知肉味为何物之人。② 为了保存为数不多的余粮，土家人会将荞麦、粟、稻米等放置在火床烘烤，由于火床有一定的高度，故火力微弱，有利于烘干水分、便于保存。

这充分说明土家族火塘的设置方式与传统饮食模式长期适应。土家族人对于肉类食物的获取也遵循傍水渔猎之法，改土归流之前，"入山射猎，临渊捕鱼之日，不可复得"，肉类在当时人们的生活中分外珍贵，傍水渔猎之法终究是不能越过自然法则的限制，渔猎是无法越冬供应的。为了突破自然法则的限制以供食物的长期食用，需采用腌渍熏烤的方式将其制成腊肉便于储存。基于此种饮食模式的火塘原需求是容易取火，故火塘加工的食物多以蒸煮熏烤为主的形制呈现。

早期信仰作用于土家族火塘的形制，在土家族地区，火对于土家族人有着不可言说的意义。土家族先辈既用火烧煮食物，又用火取暖御寒，更有甚者能用其吓退猛兽，故土家族人谓之"火神圣不可侵犯"。衍生出的土家火塘文化也是蕴意深厚，火是全屋最高形态的物化集合，无论春夏秋冬，平日里就连白天都让它燃着，以寓一家之主的地位。或是深谷地域的火种难觅，导致土家人对火有着敬畏之心，又或是火离不开生活必需各处，使得土家人对火有留恋之

① 冯祖祥、周重想：《古代巴人与茶文化》，《农业考古》2000 年第 4 期。

② 照那斯图：《土族语简志》，民族出版社 1981 年版，第 58 页。

意。故在土家族聚居地域，火塘成为一个复杂情感具象化的空间混合体。

在传统的土家族吊脚楼民居空间分划中，每个以家庭为单位的建筑单位里必须有火塘空间的存在，并且因土家族人以东为尊，其大多的神牌位供奉之地常常位于火塘空间方位的东面。土家人为完善日常煮食所需，将铁三脚架置于火塘中央，极少用火柴。火塘上面是炕楼，用木荆条制成，能烤各种饮食、熏腊肉，顶上的横木上挂有可上下滑动的“冲钩”，又叫“梭筒钩”①，可挂炉锅焖食物，挂壶烧水。土家人乔迁新居时，也需进行隆重的进火仪式，进火谓之迎接火神与家神进入居所，求其庇护宅院众人平安顺遂、繁荣兴旺。神圣之感的物化形态具象表现为火塘中的梭筒钩，大多土家人乔迁时最先迁入新居的便是火，唱“迁火”，迁火指代的就是火塘内的火种、铁三脚架和梭筒钩（见图10-2、10-3）。

**图 10-2　梭筒钩**

① 邱渭波：《常德土家族》，北方文艺出版社 2005 年版，第 112 页。

**图 10-3　铁三脚架①**

因土家族人认为，火塘上空的火焰神圣无比、高不可侵，故定下许多禁令不可违反，如不准人们未怀诚敬之心随意跨过火盆、不准随意移动或更换火塘内的铁三脚架、不能从铁三脚架之上跨过。土家人视所有与火相关的物态化产物为维系生活、维持生命的必备所需，它们或是生活用品、或是生产工具抑或是日常习俗。人们必须对这些器具、行为予以敬重，不得轻率鲁莽，这也是土家人维持人、物和谐共处以至于人、物渊源共生的绝妙法则。

土家族民众生老病死都离不开火塘，火塘也伴随着每个土家人的成长历程，火塘承载着其日常生活以及节庆团聚的生活点滴，记录着其全部的喜怒哀乐。在每一个以家庭为单位的建筑空间里，火塘既是对内私用的生活场所，又是对外迎客聚会的公开场地。说其内用，火塘便是烤火休憩、烘烤煮食的炊烟之处；说其外用，火塘是接人待物、洽谈商会的娱乐之所；谈其特用，火塘更为供奉祖宗牌位、圣贤神灵的神圣之地。因此，"火塘"不仅是土家人家庭存在的表述，社会结构关系的象征，更是土家族人精神价值的体现。基于以上分

① 图片来源于《温暖的火塘》，《青海日报》2020 年 3 月 29 日。

析，可以推测改土归流之前，土家民居的火塘形式以床塘结合的火床为主，分区上一直处于土家族民居的中心地段，受经济、政策多方面限制，以一开间为主，数量多为一个火塘，从功能上，火塘既是被赋予精神意义的神圣空间，又兼具烹饪、取暖的功能空间。

### （二）改土归流后：交流与凝聚场所

随土司制度发展，土司的地方势力增强逐渐呈尾大不掉之势。归流之前，土司阶层对普通民众进行的多重压迫导致两个阶层矛盾冲突日渐尖锐。清雍正年间，中央为避免这种枝强本弱、不利统治的格局，进一步加强革土司、土官之职，设府县并流官治理以强化地方区域管理的诸项政策，清雍正五年至十年（1727—1732 年）前后，“改土归流”政策效果显著。改土归流后，“蛮不出境，汉不入峒”的局面也得到本质上的改变。政府主导的这种自上而下的移风易俗是成功的，土家族聚居区域的“内”“外”文化交流与人口迁移越发频繁，以土家族聚居地来凤县为例，经过改土归流后历任来凤地方官的努力，到了同治年间，来凤的地方风俗已经有了很大的改变。同治《来凤县志・风俗志》中说：“我朝改设郡县，凤以洞蛮旧壤。其初，民皆土著，大抵散毛遗烈犹有存者。久之，流寓渐多，风会日启，良有同承流宣化，用夏蛮夷。”①基于政治的主导，先进的文化与生产力伴随着流民进入了土家地区。

从文献和史记中可以看出咸丰自古为少数民族聚居区，“改土归流”后开始有大量来自周边地区的移民。同治《咸丰县志》上就有“接踵而至者遍满乡邑，有‘非我族类’之感焉”②的记载。伴随着汉族人的大量涌入，各类工匠也随之而来。自此之后，土家民居建构，汉族工匠亦多应景而来。与此相应，土家族民居形制也在满足主人需求的同时，间或因循汉制。于是，汉族建筑形制与土家人生活习惯不断碰撞、改良、融合，最终形成新的建筑形式。汉族以三纲五常伦理教化为主导的民居建筑理念，也因此在土家族民居建筑中逐渐落地生根、开花结果。正是在这样的民居建筑理念渐趋主导地位的作用下，土家人在满足既定居住要求这一基本前提下，土家族民居建筑也逐渐形成了其东

---

① 田万振：《浅谈土家人性格的“直”》，《鄂西大学学报》（社会科学版）1989 年第 1 期。

② （清）魏源修撰：《圣武记》，世界书局 1936 年版，第 331 页。

西南北中诸多方位与老少男女尊卑一一对应的民居建筑宗法观念,并将之表现于砖瓦椽檐等房屋结构之间。

火塘形制的变化。据《古丈坪厅志》载:“缭以茅檐,户低下,出入俯首,右设一榻,高四五尺,中设火炉炊灶,坐卧其上,曰火床。”①其中“高四五尺”就是描写改流早期土家民居流行的“高火铺”,如记载永顺土家族以前所流行的“半屋高搭木床”也是描写的这一画面。另外在《五溪蛮图志》中也记载道:“……四牌三榈。其中之两牌,中柱不着地,皆以抬梁抬之。周围装壁,而不铺地板。其左或右,为火床。惟火床,铺以地板为之。高约二三尺,长宽不一。有一平方丈余者,有二平方丈余者。床中央,皆留有方穴。每约一十六个平方尺许大火床中柱下……相传为其祖先所在地,为人所不能坐者。”②这里记载的火床信息可以看出,火塘左右为火床,长宽大小不一,床中央的中柱下为神圣的祭祖之地,人不能坐在祖先所在的祭祀处,此为禁忌。

这些描写毫无疑问是早期土家族民居中火塘空间的神化特征,另外这里所说的火床的楼板距地高度二三尺,相比《古丈坪厅志》中记载的四五尺,地面高度有所降低,笔者调研所得成果基本与文献记载相符,变化较大的是火床距地面高差远不及文献所载的“二三尺”,这可能是席居模式逐渐消退,床居变得更为普及的缘故,地楼板高度自然不需太高。说明火塘作为床铺或卧室的持续时间较长,但受到改土归流的影响,火床的卧睡模式被限制,火床从高火铺逐步演变为低火铺,火塘也被作为独立功能空间被隔离,睡卧模式从席居于火床之上向床居于厢房之中演进。

火塘功能的变化。汉人“以长为尊”观念的传入,加快了土家民居中堂屋从无到有的过程。房屋内部结构布局由男女不分、亲疏不分的“一开间”,逐渐演变为“二开间”至“三开间”。汉文化中堂屋早期含义是父母居住的地方,而父母为家中最长者,其居所多位于房屋正中,故在改良土家民居的过程中,工匠也依汉人之法,建堂屋置于房屋正中。应清政府要求,祭祀仪式的主流形式由“土王庙”族群祭祀转变为“神龛”家庭祭祀,堂屋逐渐成为议事及祭祀的主要场所。“神龛”开始普遍存在于此时的土家族民居中,土家民居的“神龛”

① (清)董鸿勋纂修:《光绪古丈坪厅志》16卷,清光绪三十三年刻本,第28页。

② (明)沈瓒编撰,(清)李涌重编,陈心传补编,伍新福校:《五溪蛮图志》,岳麓书社2012年版,第237页。

供奉着“天地君亲师”神位，通常位于堂屋后墙壁正中的平面上方。

堂屋和“神龛”的共存形成了后裔和先祖共享同一“生活空间”的空间形式，这不仅是土家人正本清源、追念故祖，“人神共居”特色形式的具体反映，也是土家族“改土归流”后尚儒的文化表现。一般来说，汉文化的室内空间营造是以堂屋为中心，以左为尊，而火塘便位于堂屋之左，作为家庭的次中心而存在。此时的火塘区位还被保留在民居中的中心地段，作为“三开间”中的次核心，保持着唯一的数量。但由于改土归流的影响，堂屋的增设，使得火塘的部分祭祀功能被取代，火塘的神圣性被削弱。

火塘意义的变化。土家族传统社会盛行小家庭制，土人俗话“儿大分家，树大分桠，家不分不发”①。所形容的就是儿子成婚后要“分家”的做法，男子到一定年龄则独立门户。在古代，土家族大家庭较少。统治者以儒家价值观念看待土家族的家庭制度，认为“分火”会引起一系列问题。统治者认为，分家的情况会导致不孝的情况出现，儿孙分家之后重视自己的财物，对妻子保留私心，对于祖先父母的衣食不管不问，长此以往，行径近于禽兽，需明令禁止。所以出台“嗣后，即兄弟各居，祖父母、父母衣食稍有不给，子弟当供奉之。富者勿吝，贫者竭力”②的政策压制，并对于分家者予以惩罚。“敢有执分火之说，以路人相视，访知之，杖一百不贷。”③这些政策促使此后数代同堂的家庭结构逐步形成，人数增多又“不得分家”使土家人只能以堂屋为中心，以“三开间”的基本布局形式在房屋外围“添砖加瓦”，供子女成年后组建的小家庭使用。“家屋”是整个家族社区的核心，“分屋”后又形成了一个个小的团体，而火塘作为土家人的家庭活动中心也在分屋发生后发生了改变，分屋后火塘也化一为二分别置入土家民居的“人间”（特指堂屋左右两边的房间）中，形成了一屋两塘的格局，这种做法主要是为了方便分家后的每家都能拥有火塘，不过，一户中的两个火塘并不能随意使用，它们被尽量避免同时使用，而何时使用何间火塘则需依据具体情况定夺（见表10-3）。

① 张轶群、徐勇：《永顺土家族建筑的历史变迁》，《中国标准化》2017年第6期。

② 中共鹤峰县委统战部等编辑：《容美土司史料汇编》，中共鹤峰县委统战部1984年版，第367页。

③ 谭清宣：《论清代土家族岁时节日文化的变迁》，《黑龙江民族丛刊》2009年第3期。

表 10-3 土家族传统民居"火塘"空间分布表

| 地点 | 空间布局 | 文化象征 | 平面图 | 民居模型图 |
|---|---|---|---|---|
| 恩施来凤县百福司镇舍米湖村民居 | 水平分区——中心式+并联式 | 火塘 | 厨房 卧室 火塘 堂屋 卧室 火塘 | |
| 湖北省宣恩县沙道沟镇彭家寨民居（一） | 水平分区——中心式+并联式 | 火塘 | 火塘 堂屋 火塘 | |
| 湖北省宣恩县沙道沟镇彭家寨民居（二） | 水平分区——中心式+并联式 | 火塘 | 卧室 卧室 火塘 堂屋 火塘 厨房 厨房 火塘 卧室 卧室 | |
| 湖北省宣恩县沙道沟镇彭家寨民居（三） | 水平分区——中心式+并联式 | 火塘 | | |
| 向家亭子屋 | 水平分区——中心式+并联式 | 火塘 | 储藏室 卧室 神龛 后堂 卧室 储藏室 火塘 火塘 厨房 卧室 花园 东厢房 天 抱亭 井 西厢房 厢房 前厅 厢房 马厩 耳房 入口 耳房 | |
| 宜昌市三斗坪镇东岳庙村杨家湾老屋 | 水平分区——中心式+并联式 | 火塘 | 染房 储物间 佣人房（女） 长廊 绣房 偏厅 子嗣房（女） 天井 火塘 偏厅 厨房 家中老者房间 长女房间 天井 先祖牌位 天井 中厅 天井 前厅 长子房间 次子房间 子嗣房（男） 书房 佣人房（男） 天井 厢房 | |

火塘作为家庭中心的代表，在布局上以“家屋”的堂屋为中心左右而分，在某种程度上也是为了避免后期出现“一家独大”的局面。调研显示双火塘的平面布局广泛存在于改流之后遗存下来的湘西的土家族民居中，例如保平乡湖坪村的何利生宅院、罗世全宅，泽家乡巴王组唐长福宅、黄太生宅，劳庄村向贤宅、龙西湖村彭礼宅和彭德宅等多个宅院皆有此特征。至此，火塘由一个转向多个火塘并存，以堂屋与内室各一的形式回归家族下“小家庭”的中心位置，承载“小家庭”会客等部分功能。

火塘功能变化的拓展。由土司割据而形成的长期封闭落后的局面被汉族的迁入和文化交流打破。迁入的汉族带来了充足劳动力、先进的生产力，促进了当地生产方式的革新和进步。与此同时，土家的粮食种类也日渐增多，除了荞麦、粟外，还有逐渐被普遍接受的稻米、玉米等作物。在玉米传入以前，土家地区以粟、麦、豆等杂粮为主食，在粮食短缺时则依靠采挖蕨、葛等野生植物的根茎捣粉为主食。由于玉米本身对环境的适应性强，产量愈发膨胀，在极短的时间内迅速成为群众主要食物。“境内以包谷为最多，地不择肥瘠，播不忌雨晴，肥地不用粪，惟锄草而已。凡高低无水源者，均可种包谷”①，火塘所具备的简单的炊事功能已经无法满足人们对于食物多样化的需求，原有的铁三脚架和鼎锅退居其二，附加小灶台形式的火塘开始出现，小灶台开始分担起多样化的食物烹饪功能，但此时火塘仍可肩负简单少量的烹饪，加之其亦可作为采暖设施，能够满足初期的生产生活要求，所以小灶台附加形式的火塘也保留了一段时期。

随着玉米种植的推广，玉米贸易也愈发兴盛，在咸丰县“包谷常占十之六，稻谷只占十之四”，由此产量比例的分析，可以看出玉米已经逐步占据了土家人民日常饮食的主要地位，改变了人们的饮食结构，虽说稻谷还占有一定比例，但相较于玉米，已经退居其二。伴随着玉米产量的大增，土家人民对于这种作物的认识也在逐步加深，以玉米为主要成分的相关食物也愈发丰富起来。“近日种苞谷者多，其种固好，可以作米、作酒、作糖、作糕饼，亦种之美者

① 莫代山:《改土归流后武陵民族地区的人地矛盾及其化解》,《遵义师范学院学报》2018年第3期。

也”[1],玉米的富余使得烹饪模式也变得多样化,除了酿酒外,玉米还广泛用于养猪。“其汁浓厚,饲猪易肥,肩挑舟运达于四境。”[2]玉米的富足产生了丰富的剩余,土家人民用多余的玉米来大规模养殖猪群,此举从根本上改善了土家人民的生活。

乾隆《石柱厅志》中“人食有余即以酿酒饲豚”[3]的记载,这一记载也充分证实了玉米的富余造成了以玉米酿酒喂猪的场景。养猪规模逐步扩大,与之相应的是,生猪贸易也随之兴盛。在鹤峰县,人们用玉米养猪,将猪出售后换购布棉杂货,玉米的富足和猪肉的丰盛进一步促进了火塘功能的随饮食模式演进与多元化。附加了小灶台的火塘也无法满足多元的饮食需求,于是部分土家族民居中开始尝试增灶台或厨房来解决烹饪需求。由于厨房或灶台是对于火塘厨务功能的补充,所以在土家民居的空间分区中,厨房大多设置于火塘间同边或者对面间。至此,火塘完成了从小灶台附加型到灶塘分离型的演变。此时的火塘空间包含日常起居、神位摆放、会客、煮饭、吃饭、节庆欢聚等众多功能,而厨房的功能相对单一,主要是烧火做饭、厨具摆放和储藏食材的功能。随着土家族民居房间的增多、功能要求单独化、面积扩大的变化,火塘空间开始分裂,于是延伸出了火塘和厨房合并在一起的厨房、火塘空间,之后继续分裂,民居中出现了单独的厨房和火塘,各空间功能也趋于单一化。

这样的分裂和延伸伴随的是各功能空间面积的增加,使用功能虽趋于单一化,但也同时趋于完善。如火塘空间变得更为独立,聚会、祭祀活动空间更为宽敞,厨房因摆放橱柜、堆放餐饮用具、洗涤用具等而变得更为丰富。随着粮食的富足、食材的丰盛、生产条件的变化,厨房的烹饪功能更为凸显。而在这个过程当中火塘并没有因为这一分裂而消失,说明了其在土家族民居中的独特性和重要性(见表 10-4)。

---

① 中共鹤峰县委统战部等编辑:《容美土司史料汇编》,中共鹤峰县委统战部 1984 年版,第 491 页。

② 刘绍文:《城口厅志:第十八卷》,重庆出版社 2011 年版,第 421 页。

③ 王萦绪:《石柱厅志·物产志》,国立北平图书馆 1930 年版,第 115 页。

**表 10-4　“改土归流”后晚期的土家族民居平面表(自绘)**

来凤县百福司镇舍米湖村民居

三斗坪镇东岳庙村杨家湾老屋

太平溪镇端坊溪村杜烈祥老屋

百福司镇舍米湖村民居

至此,火塘在土家民居内的中心地位受到动摇,土家人利用火塘空间休憩、待客的习惯被取缔,仅有部分以烹饪取暖为目的的火塘得以留存,而留存下来的火塘也由中心转向“边缘化”发展。火塘空间的议事之用进一步为堂屋所取代，功能性下降，逐渐自生活所需向兼并了精神需求的近代化方向发展。土家族民居中的火塘与西方现代建筑大师赖特所作的流水别墅中的壁炉功能相似，在居所空间中都具有凝聚家庭成员的目的，但随着汉化程度的加深，火塘在居所空间中的位置渐趋边缘。

## 三、现代火塘功用和意义

如今的“火塘”经过发展演变，分布于堂屋两侧和分布于整个平面边缘的情况皆有存在。火塘作为土家传统文化中最重要的组成部分，其功能性从各个方面来说均不断被新事物所取代。于烹食功用看，人们摒弃火塘而转向炉灶；于照明功用看，火塘不可避免地被电灯所取代；于土家人代代相传的从教区域看，人们从火塘边口耳相传的教育形式已被学校统一教育形式所取代；于娱乐功用看，火塘边的载歌载舞已被电视、网络等新型娱乐工具取代，而娱乐空间也逐渐转向了堂屋或客厅。

纵然如此，土家人仍在居住空间中保留着火塘，其依旧扮演着土家人家庭文化活动的中心。直到现在，土家人白天仍有一半时间是在火塘旁度过，他们习惯于将火塘作为闲谈、烹食、用餐的首要活动空间。土家人认为，火塘屋作为日常主要活动空间，应有充足的日照条件，所以在现代土家人民居的平面布局中，以三开间为例，火塘多布置于房屋侧房靠后檐位置。相比之下，使用频率较低的卧室，使用时间集中于夜间，对光照的需求并不高，因此多布置于与火塘所在侧房对称的房屋侧房且多靠前檐位置。故以堂屋为中心，火塘与卧室以中轴线分居房屋两侧，堂屋作为公共活动空间，火塘与卧室组合成较为独立且完整的私密生活空间，足以满足小家庭起居之用。

此外，由于汉人与土家族人的交流量日益增大，土家族的年轻一辈逐渐意识到隐私的重要性，并更多地着手于私人空间的改造，以确保其独立性。所以，现代的火塘屋于私宅内多呈现出半公开的形式，发挥公共区域与私人生活区域的隔断功能，会见除近亲之外的其余远客友人，以此来确保房屋内部设置及卧室等空间的私密性。

另外，在实地考察中发现，恩施建始县土家民居的火塘多布置于卧室南面，且卧室与火塘屋之间的隔断又分为布板隔断与布帘隔断两种形式，除开部分老旧房屋仅以布帘作为空间隔断外，其余较新的或新建房屋，均以厚木板相隔。以布帘分隔空间比用木墙更加节省，在相对古老的房屋中更加流行，但在较新或新建的房屋中，由于户主人对个人隐私的重视，因而在保护隐私方面的投入也有了以厚木板代替布帘等诸多手段。这就是目前土家民居中普遍采用的火塘布置方式。

尽管如此，火塘于土家人来说，依旧留存着些许不可取代的功能意义。火塘对外，土家人待客都是直接去火塘，受汉化影响之后的堂屋，承载着神龛祭祀，举办重大仪式的功能，在日常生活中，很少用于待客，只有在商议谈婚论嫁、祭祖庆典、丧葬流程等重大事件时，才会在堂屋举办。火塘还承载着部分会客、议事的功能。火塘对内，是土家族情感交流的场所，是家庭凝聚的重要空间，类似流水别墅中壁炉的角色。除部分大户人家已开始就桌用餐外，大部分土家村民还是习惯于在火塘边围坐而食。大家环绕而坐，摆古论今、增进情谊，土家火塘已经随着历史发展，潜移默化形成了一个包含文化教育、信仰传说、时事商议的一个多功能文化丛。

虽然汉化的加重和社会的发展导致火塘的功能和意义发生改变，但火塘与土家的社会文化却产生了愈加丰富的联系，通过对精神领域的延伸，进一步实现从单纯的物质转变为多重文化的载体。另外，火塘延续下来的这种席地而坐、温暖而自在的聚集方式，一家人其乐融融、亲密无间，于设计学的角度而言，也进一步拉近人和人之间的距离，增强了家族成员的认同感与归属感，这种自由、围坐的方式符合土家族人民热情好客，不拘小节的民族天性。

由于火塘旺火经年不息，柴火每时每刻均会产生烟气，村民们则在火塘屋上方墙面设置铁钩，将肉类食品腌制后挂在上面熏烤，以此来保证肉类产品能存放更久。烤火取暖、烹煮餐饮、待人接物、保存食材是火塘本身所具有的物质性功能，也是形成火塘文化的物质基础。褪去火塘的文化外衣，火塘依旧在土家人的日常生活中有着重要地位。尽管随着经济、社会的发展，人们利用火塘的方式一直在转变，但是在新的政策以及多重文化的影响下，火塘被焕发了新的生命力，而火塘变迁的内在动因就是土家居民对于生存环境积极调试的结果（见图10-4）。

图 10-4　土家族火塘挂钩

土家族是一个山地民族，聚居区域平均海拔500米左右甚至更高，多为坪、坝、垭、槽、坡等地形，四季分明，其中，冬季潮湿严寒，火塘是土家族民居建筑中不可或缺的重要部分，不仅在于其具象为烤火取暖、烹煮餐饮的自然功效，也在于其衍化提升为茶话桑麻、待人接物的社会功能，更抽象为其家人团聚、尊老爱幼等纲常伦理类土家族宗法意识。

随着社会的发展和人类物质文明的进步，各民族的火塘生活方式有了变化，很多民族地区的柴薪来源已较过去困难得多，因此在一些社会发展较快的民族地区，火塘在逐渐消失，灶已经取代了火塘。此种背景下，新时期居住建筑非但没有给人们提供类似“家”的感觉，反而让人“焦虑”、“浮躁”和“孤独”。究其原因，现代居住设计者对传统民居伦理文化传承不够是重要方面，现代科技支撑下的建筑设计强调工具性、经济性价值，缺乏设计伦理价值判断和关注，也即失去了人居住与动物巢居的伦理意蕴差异。换言之，如果不将现代建筑、居住方式设计置于伦理学背景下，其发展就不具有明显“人”的意识指向。只有借助设计伦理学研究，现代居住改造才能为人的行动规范找到道德原则，指导居住发展方向和构建自身价值体系。

法国哲学家米切尔·福柯说：“我们所居住的空间，把我们从自身中抽出，我们的生命、时代与历史的融蚀均在其中发生，这个紧抓住我们的空间，本身也是异质的。”①关于土家族民居之火塘位置演变的考证，可以让我们因土家族这一族群本身所具备的山地民族气质，对其民居建筑理念、形制等所承载的道德、伦理、宗法等“异质”，给予更为精确翔实的认识，并因此进行更深层次的挖掘、整理、分析、研究。我们相信，这种关于改土归流前后的土家族火塘位置变化考析，不仅在于土家族民居建筑形制本身的研究，还在于对其包容并融合汉族等周边兄弟民族生活理念的人文情怀的梳理，更在于土家族本族为体、外物为用、体用结合、开拓发展等民族精神的萃取凝练。

---

① 陈喆：《建筑伦理学概论》，中国电力出版社2007年版，第78页。

# 第十一章　新时代鄂西南民居设计的伦理问题

伦理是维系人与人、人与社会之间相互关系的基本原则，是人们处理自身与外界关系的重要指导原则和必须遵循的基本道德标准①。伦理原则是用于解决一般性、宽泛性问题、可反复运用的概念描述和方法准则。新时代民居设计伦理既是传统文化和哲学的物质载体，也是新时代伦理道德的具体反映，在反映和映射地域美学、道德规范、人性关怀的同时，也具有历史延续性和时代沉淀。其伦理原则不仅表现为物化层面的居住环境规划、空间关系、建筑语言，还着眼于生活方式引导、人居行为塑造、社会关系微化和心理情感照顾。

因此，新时代民居设计的伦理规范是依托可见的空间设计和人们形成的信念、习惯、传统、习俗来调整和规范人的行为、人和社会及人和人相互间的关系。一般而言，伦理原则具有五个特点（见图 11-1），即明确性（Specific），能用具体语言准备描述预期行为标准；衡量性（Measurable），应避免模糊，能检验和具化；可实现性（Attainable），能被普遍接受和容易执行；关联性（Relevant），伦理规范内容的相关方面都有考虑；时限性（Time-bound），伦理原则有鲜明时代特征。

2017 年，党的十九大报告指出中国特色社会主义进入了新时代，这是对当前我国社会发展特征的重要肯定②。今天的民居设计在政治、技术、经济、人文环境上等和从前有很大不同，尤其是经过近十年新农村建设成果和经验教训，在习近平新时代中国特色社会主义思想的大背景下，新时代民居设计需要新的原则。

---

① 季轩民、崔家友：《论经济道德的三重原则》，《江苏商论》2016 年第 7 期。

② 李敬真：《社会主义核心价值体系概论》，湖北人民出版社 2008 年版，第 25 页。

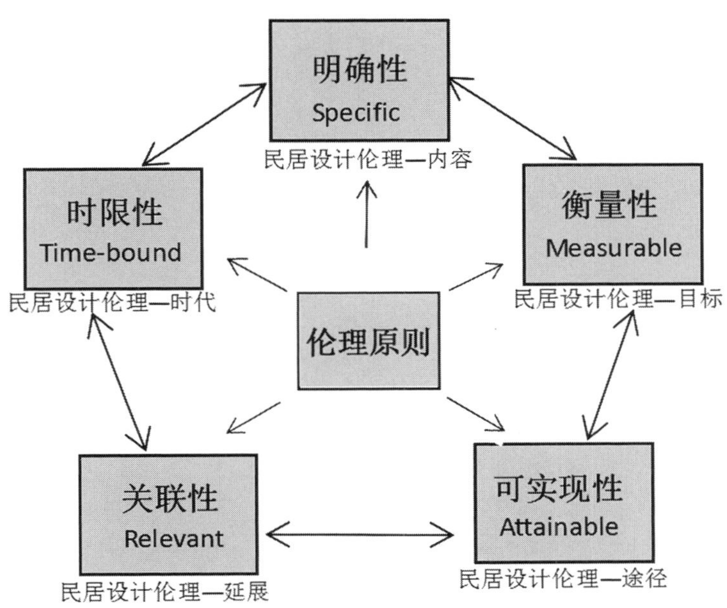


**图 11-1　伦理原则的五个特点**

鄂西南民居空间是鄂西南地区乡村文化鲜活的载体，是村庄历史文化积淀和村民日常生活交往过程中形成的公共场域，是村民精神文化的集中体现。民居是一个既包括农村文化生活所依托的物理场域，又涵盖文化资源、文化活动和文化机制在内的整体性概念。鄂西南民居空间是在长久的历史流变过程中构建起来的，与鄂西南地区的发展历史紧密相关。在新时代中国特色社会主义思想视角下，完善鄂西南民居设计伦理体系、进一步探寻民居设计伦理的当代释义成为了首要任务。

## 一、鄂西南新时期民居建设问题和伦理反思

新世纪以来，从国家到地方、社会大众到相关研究者都相当程度地关注了新农村建设问题，不少人对新民居关系和设计等进行了诸多尝试和探讨。2005 年《十一五规划纲要建议》要求按照“生产发展、生活宽裕、乡风文明、村容整洁、管理民主”的原则加速新农村建设；中央农村工作会议提出加速提升农村居民居住环境水平，推进“人的新农村”与“物的新农村”二者同步且高速

度发展[①]；2018年印发《农村人居环境整治三年行动方案》，加快提高农村人居环境水平是乡村振兴战略的重要一环，整治公共空间和庭院环境，必须保留乡土味道，强调地域文化符号，弘扬传统乡村文化[②]。民居建筑作为乡村中最为典型的内在精神表达实体，民居设计无疑是乡村振兴战略的助燃剂，而鄂西南传统民居空间作为民居设计伦理的承载体，也随着社会的发展发生了从内容到形式的流变。为了更好地适应人民对多元精神文化的需求，重构传统民居伦理成为必然趋势。

乡村是多数人的情感归宿，乡村文化是中国文化的根本，是中国的根脉。地方民居是乡村文化空间的延展和升级。新型城镇化的快速发展加快了城乡二元结构的进一步失衡，人员流动成本的降低促进了大量外来人员涌入城市，但是乡村文化的烙印却始终印刻在这些“外乡人”身上。乡土文化和都市文化形成了交织，两者间的博弈造成了人们自身文化场域的力量失衡，产生了“无处安放”的乡愁。习近平总书记说“要记得住乡愁”，乡愁是乡村文化记忆深层次的精神映射，是乡村公共文化空间现代建构中重要的文脉支撑和灵感源泉。乡愁是乡村文化“重生”的动力，“乡愁力量”成为新时代的生产力。文化记忆是由特定的社会机构借助文字、图画、纪念碑、博物馆、节日、仪式等形式创建的记忆，它具有特定的载体、固定的形态和丰富的象征意义。乡村文化记忆的体验就是乡愁实践性的表达，民众在对乡村文化记忆的体验中寻求乡愁的回归。

近年，湖北省各城镇围绕美丽乡村建设、湖北农村建房政策、农村建房实施等提出保持农村自然生态风貌，体现绿色美、风情美、特色美、自然美。在这些政策导向和实践下，鄂西南居住环境、城乡面貌有了很大改善。同时，在新农村建设和居住环境改善过程中也出现新的问题，归纳起来表现为“三重三轻”。

一是重硬件，轻软件建设。很多城镇百村一面，缺少荆楚文化元素，人居环境、民居建设也无法较全面地满足村民们日益提升的精神文化需求，极具中国特色的传统乡村文化日渐衰落，富有泥土气息的乡土居住文化面临着严峻的考验。图11-2分别是作者考察过程中拍摄的各地乡村民居照片，看照片已经很难区分不同地域差异。

---

① 董增源：《浅谈新农村建设的住宅规划》，《城市建筑》2016年第15期。

② 黄建新、刘飞翔：《新农村建设中的人居环境及其应对建议》，《科技和产业》2008年第12期。

**图 11-2　鄂西南各地乡村民居**

二是重村容整洁，轻经济生产和长远发展，在新农村建设方案中，村容规划策略取代了新农村建设规划策略、住宅小区式规划取代了住房群落式规划，忽视家庭庭院经济和民族风俗特点，造成原有环境破坏，资源浪费。

三是重住宅建筑，轻居住需求。随着农村常住人口的减少、农村空心化的状况愈渐明显，农村多数年轻人长年外出务工，留守老人和儿童成为农村居住生活的主体，长时间在家居住的老人和小孩平常使用的房间只有两三间，住房功能单一，很多空置房间无法利用起来，导致了房屋资源浪费。除此之外，不合时宜的民居设计还加剧了居住者生活困难和情感孤独，成为农村问题恶化的推动者。青壮年人员外流的情况相对普遍，乡村文化传承的中坚骨干力量不断流失，新鲜血液也无法快速补给，这就造成了村庄的空心化。老人对外来文化的接受程度远远不够，对当地文化又缺乏系统的了解，无法实现当地文化与现代视角的无缝对接。重要文化主体的代际断层使得民居伦理文化传承出现了危机。这些日渐普及的新型生活方式、生活特点与传统多代人共居和交往形式的差异，都需要相适应的民居设计。

乡村公共文化空间的现代重构过程过于标准化，缺乏乡土文化的吸引力。要积极推进针对不同的乡村文化资源提炼特色文化精髓，创新适宜其发展的传承展示形式，提升乡村特色文化的创新性发展和创造性转化。而当前民居设计中的“重物”取向，使民居设计的“非物质”内容被忽视。民居“非物质设计”是伦理上的思考，强调了民居设计重心从物到人的转换，从民居本身到居住者生活服务与需求设计的转移，这也是鄂西南民居设计存在的薄弱内容。虽然看起来只是民居使用和设计问题，但从非物质层面思考，可以发现民居设计与当前农村热点问题有千丝万缕的联系，甚至某些方面还能产生重要影响。否则，新农村建设、美丽乡村等很容易陷入空谈，这也是民居设计伦理的人性关怀所在。为此，应当重拾鄂西南民居文化的伦理价值，将居民的生活实践与民居设计伦理重构紧密联系起来，切实满足当地居民精神文化生活需要，实现居民自由而全面的发展。

面对鄂西南新时期民居建设问题和伦理反思，民居设计伦理将现实居住关系作为根本，运用伦理学观念展开民居非物化与设计观念的矛盾研究，基于人因和特定条件与环境归纳居民行为特征，通过物质设计引导和适应新时代“住”需求，使得日常生活平等、秩序和安全，为新民居的设计提供可接受的设计原则。

本书针对鄂西南地区民居建设与居住伦理等相关问题，从生活环境、社会福利、亲子关系、邻里关系、自我感觉五个维度进行了居住者问卷调查，各题目项分值从 1 到 5 排列，分别为：非常满意（1 分）、比较满意（2 分）、一般满意（3 分）、比较不满意（4 分）、非常不满意（5 分），即分值越小满意（认同）度越高（见表 11-1）。

表 11-1　问卷 Cronbach 信度分析

| 名称 | 校正项总计相关性(CITC) | 项已删除的 α 系数 | Cronbach α 系数 |
|---|---|---|---|
| 一、生活环境 | | | |
| ① | 0. 205 | 0. 921 | |
| ② | 0. 132 | 0. 922 | |
| ③ | 0. 114 | 0. 923 | |
| ④ | 0. 330 | 0. 919 | |
| ⑤ | 0. 350 | 0. 919 | |
| ⑥ | 0. 383 | 0. 918 | |
| 二、社会福利 | | | |
| ① | 0. 447 | 0. 917 | |
| ② | 0. 619 | 0. 914 | |
| ③ | 0. 563 | 0. 915 | |
| ④ | 0. 416 | 0. 918 | |
| 三、亲子关系 | | | |
| ① | 0. 726 | 0. 913 | |
| ② | 0. 661 | 0. 914 | |
| ③ | 0. 786 | 0. 912 | 0. 919 |
| ④ | 0. 520 | 0. 916 | |
| ⑤ | 0. 669 | 0. 914 | |
| ⑥ | 0. 734 | 0. 913 | |
| 四、邻里关系 | | | |
| ① | 0. 683 | 0. 913 | |
| ② | 0. 720 | 0. 912 | |
| ③ | 0. 424 | 0. 918 | |
| ④ | 0. 564 | 0. 915 | |
| ⑤ | 0. 628 | 0. 915 | |
| ⑥ | 0. 529 | 0. 916 | |
| 五、自我感觉 | | | |
| ① | 0. 706 | 0. 913 | |
| ② | 0. 547 | 0. 916 | |
| ③ | 0. 704 | 0. 913 | |
| ④ | 0. 660 | 0. 914 | |

标准化 Cronbach α 系数:0. 920

从上表可知:信度系数值为 0.919,总体大于 0.9,因而说明研究数据信度质量很高。针对 CITC 值,第一个维度中的①、②、③三个问题对应的 CITC 值小于 0.3,说明其与其余分析项之间的相关关系较弱。且针对"项已删除的 α 系数",此三个问题如果被删除,信度系数会有较为明显的上升,因此后续数据分析将该问题项进行了删除处理。重新整理的问题项信度系数值为 0.930。(表 11-2)

**表 11-2　Cronbach 信度分析—简化格式**

| 项数 | 样本量 | Cronbach α 系数 |
| --- | --- | --- |
| 23 | 43 | 0.930 |

## 二、鄂西南乡村民居的居住特征

民居及居住状态是反映人们基本生存状态的重要指标之一,随着社会主义矛盾变化、传统生活方式改变,人们的居住需求和民居功能产生变迁,进而影响到居住空间结构和内外设计。鄂西南乡村发展也是如此,该区域地处三峡腹地,地理气候独特,2019 年住建部等四部局公布的 88 个湖北传统村落名录中鄂西南地区占 45 个,且其中 40 个是土家族传统村落,聚居特点是多民族混杂的小聚居、大散居。近些年在工业化和信息化经济冲击下,该地区生产结构、生活质量、住宅消费、居住偏好及生活意愿发生诸多新变化,进而促成了当前鄂西南民居居住特征的形成。

### (一)居住空间格局的空心化

当前,鄂西南新建民居多是砖木、混凝土等现代建筑结构,以 2—3 层居多,总建筑面积约为 160—360 平方米,原本高度一致的居住风貌变成古今中外符号杂糅,居住空间闲置现象普遍。一是乡村劳动人口外出务工十分普遍,青壮年人口几乎都在城市工作生活,春节时段再大量返回,人口流动性大,形成规模性迁移变化,加上部分乡村人口向城镇转移,造成乡村地区"人走屋空"的乡村空心化情况,居住空间需求下降。二是人口结构关系变化,越来越多的新婚夫妻结婚后与父母分开居住，单独建房，传统村落整体空间由中心集聚转向逸散形态，甚至“空心化”。根据调研，居住于市区的居民已经占样本比例的近百分之七十，调研结果如下：

**表 11-3　居住位置统计表**

| 项 | 频数 | 百分比 | 累积百分比 |
|---|---|---|---|
| 市区 | 30 | 69.77% | 69.77% |
| 县区 | 6 | 13.95% | 83.72% |
| 乡镇 | 7 | 16.28% | 100.00% |
| 合计 | 43 | 100.0% | |

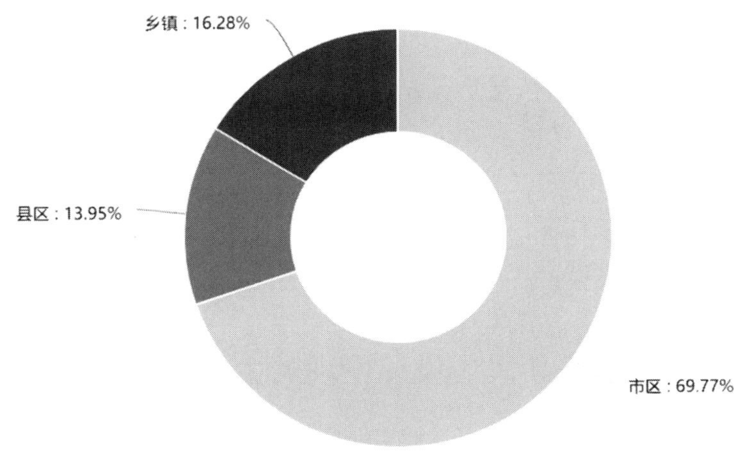


## （二）居住生活方式的留守式

受乡村产业结构和生产方式的变化影响，民居生产生活空间布局差异化很大，一是传统观念中以父子、长幼关系为核心、几世同堂的传统大家庭模式逐渐被以夫妻关系为核心、两代共居的现代小家庭模式取代，而新建民居面积和空间格局仍是多代人同住标准，造成人均住宅面积成倍扩大，使用率很低。二是多数新建民居倾向“带院子的独户住宅”，住宅在功能上不仅要满足基本饮食起居要求，还要提供生产经营的必要空间，包括田间耕作辅助工具存放空间、家中生产活动空间、日益增多的车辆停放空间、不同牲畜饲养空间等，但这些空间功能设计又不是以服务留守老人生产生活展开的，且从生产与消费过程看，大多数人的种植、养殖目的并非盈利，而是满足基本家庭生活消费，降低生活成本。

### （三）居住特征的舒适化与隔代

人们居住观念由过去的多代人“各有其住”转变为重点关注居住舒适度问题，乡村新建民居打破传统民居平面布局形式，以敞亮的厅堂为中心向外辐射和走道连接多个私密房间和附属用房，解决传统居住中的采光不足、厨房在室外、卫生间简陋等问题，功能设计接近城市居住要求。另外，留守老人与隔代子孙共居成为普遍现象。从设计视角看，老人与小孩均属于生活自理弱势人群，其生活需求、方式与心理行为与当前民居设计目标相差较大。

因此，在社会经济发展的新时期里，鄂西南乡村居住形态呈现鲜明时代特点。在居住方式上有居住、生产活动在空间上的合一，“农忙—农闲”周期性生产活动造成的空间功能多样性和灵活性；在生活方式上有“人口规模突增—突减”流动性造成的空间闲置现象，留守老人与小孩隔代生活带来的问题突出；在民居景观生态上有地域符号弱化、原有环境破坏等问题。这些显著变化将是新时代鄂西南民居设计伦理的关注焦点和研究出发点。

## 三、新民居设计伦理的生成基础

通过从鄂西南民居空间环境、居住特征、生产生活方式角度归纳新时期民居使用特点和问题，从微观尺度下探寻乡村民居空间结构产生及演变，可以发现当前鄂西南新民居设计虽然满足了居住基本要求，但忽视了特定居住者心理、行为和地域化环境。从理论研究层面看，这些其实指向了民居设计伦理思考和指导原则缺乏，即新时期居住观念形态、生活形态、空间形态的秩序与逻辑重构，如果延续传统建筑伦理文脉，也可以理解为新时期民居设计的礼乐与逻辑关系重组。针对当代鄂西南地区的居住现状，问卷关于老家是否有神龛或者家中是否有家训设置了相关问卷，调查结果如表11-4：

表 11-4　“老家是否有神龛”问卷统计数据表

| 项 | 频数 | 百分比 | 累积百分比 |
|---|---|---|---|
| 无 | 31 | 72.09% | 72.09% |
| 有 | 12 | 27.91% | 100.00% |
| 合计 | 43 | 100.0% | |

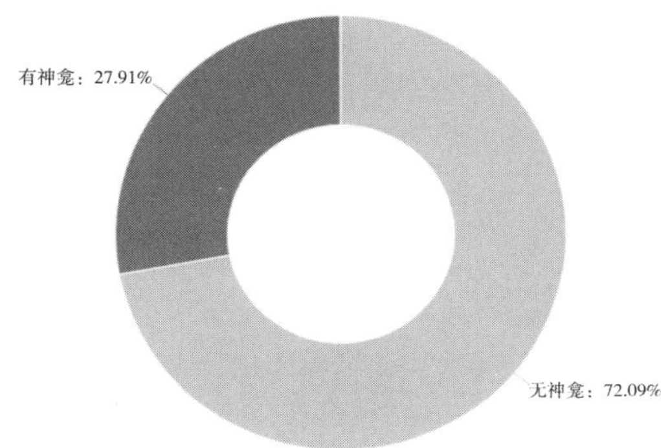


表 11-5　“家中有无家训”问卷统计数据表

| 项 | 频数 | 百分比 | 累积百分比 |
|---|---|---|---|
| 无 | 34 | 79.07% | 79.07% |
| 有 | 9 | 20.93% | 100.00% |
| 合计 | 43 | 100.0% | |

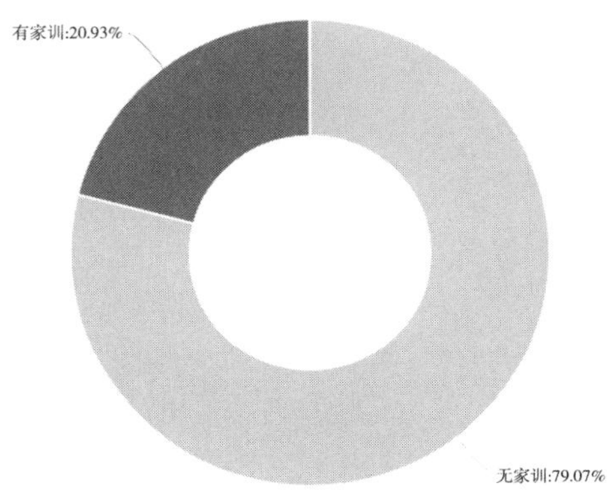

就礼乐字面理解,“礼”指维护、规范衣、食、住、行等方面行为的制度,本质是要求重视差异,强调“礼”是人性基础、规范人的社会关系、道德自律。即新民居设计应考虑人的居住特征和生活形态。周公“制礼”同时又“作乐”,“乐”指相同点和大同,强调秩序,故有《礼记·乐记》中的“乐者,天地之和也;礼者,天地秩序也。”秩序是礼乐文明主旨,即新民居设计应尊重和继承传统居住生态环境和地域文化关系,在现代与传统的差异中寻找融合。这构成中国传统文化思考和实践的重要指导理念。当前鄂西南民居使用和设计问题正是传统民居“礼乐”关系在新时代里的不适应和固执延续产生的矛盾所致。因此,根据鄂西南乡村居民生活特点、环境因素重新理顺和继承居住“礼乐”逻辑成为民居设计伦理原则生成的基础。如果进一步把这种新型“礼乐”关系具化,可以理解为新时代民居设计应指向居住者家庭关系的适配、邻里与乡村交往关系的塑造、地域文化景观和环境的保护和传承。

# 第十二章　家庭关系的适配与社会交往的塑造

黑格尔(G.W.F.Hegel)指出:家庭是一个独立伦理实体,在社会伦理组成中起着重要作用。作为家庭概念的物质载体之一,民居功能可以调整家庭成员关系,解决现实生活中人们遇到的家庭问题,如引导处理家庭成员的相互关系、家庭与外界的联系、衡量家庭成员的行为意义等。民居主要用于日常起居生活的物质空间,包括住宅布局划分、空间组成形式及使用与审美兼并的功能,它是家庭生活的映射。因此,民居包含了住宅区位特征、式样特征、居住者属性特征、空间功能关系等范畴的概念,是人们日常居留、休息、交往的场所。(表 12-1)

**表 12-1　"我和家人的冲突总是很少"问卷统计数据表**

| 项 | 频数 | 百分比 | 累积百分比 |
|---|---|---|---|
| 1.0 | 6 | 13.95% | 13.95% |
| 2.0 | 22 | 51.17% | 65.12% |
| 3.0 | 13 | 30.23% | 95.35% |
| 5.0 | 2 | 4.65% | 100.00% |
| 合计 | 43 | 100.0% | |

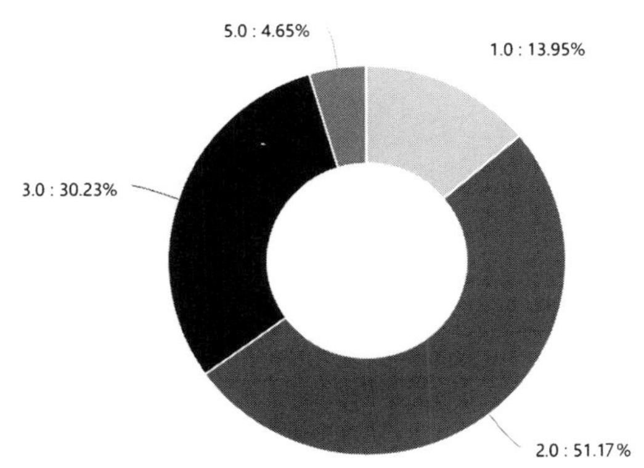

从表 12-1 可知：各题目项分值从 1 到 5 排列，分别为：非常符合（1 分）、比较符合（2 分）、一般符合（3 分）、比较不符合（4 分）、非常不符合（5 分），即分值越小满意（认同）度越高。那么调研对象对于家人冲突是否很少的结果为 13.95%为非常符合，51.17%为比较符合，30.23%为一般符合，而非常不符合的比例则占据 4.65%。

当前，鄂西南乡村居民生活中遇到的困境和新农村建设面临的问题既是当代社会现实状况的表现、生活生产方式变化的结果，更是传统家庭伦理关系更新、道德观念的转变产生矛盾的强烈反应。其中，新时期居住空间是家庭伦理关系的重要显现场所，民居设计伦理也必然要适应新的家庭伦理关系。

## 一、功能位序差

过去，众多传统建筑、传统民居研究中都曾提到家庭伦理与空间设计的指导思想和基本原则就是“礼”。鄂西南传统家庭模式也是如此，它是父系社会下以男性为核心的家庭模式，老人是家中最年长者，在家中具有最高权力，这也是传统孝道和美德精神。表现在民居设计中，以堂屋为中轴线核心，离堂屋越近的房间不仅越尊贵，还采光最好、居住条件最好，越远离则地位越低，这种居住礼法以位置差序体现了家庭成员的关系及身份地位，是传统伦理中家庭、社会的人与人等级原则所决定的。

在新时代里，人人平等是人与人交往的基本伦理原则，以长者为上、男尊女卑为原则的传统家庭伦理模式及空间布局设置愈来愈模糊，老人往往不是整个家庭的精神核心，在家庭以及住宅空间使用中的地位不再强烈。相反，家庭关注重心由年长者转移到年轻人或小孩，传统家庭成员位置差序发生颠倒。但在乡村空心化、留守化趋势下，以年轻人为中心的居住空间设计变成使用浪费，老年人生理衰退产生的生活问题不便被忽视（见图 12-1、图 12-2、图 12-3）。

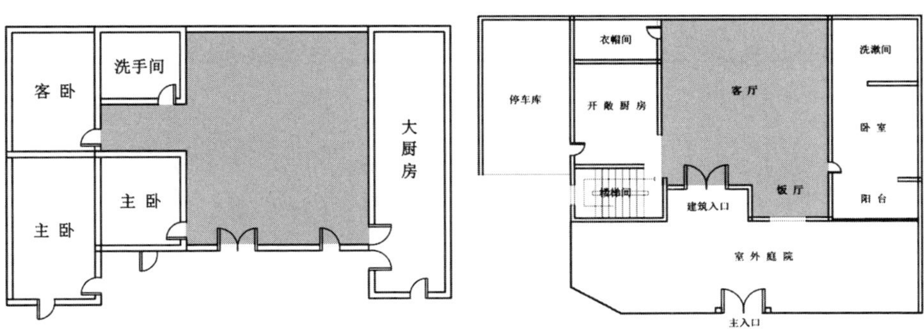


图 12-1 当前湖北乡村民居空间设计常见形式

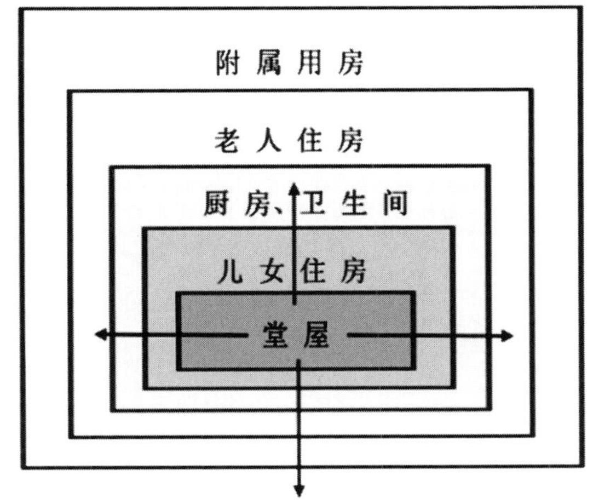


图 12-2 以年轻人为中心的居住空间主次关系分析图

新时期的鄂西南民居设计礼法应以功能位序差体现生活品质和个人性格。在继承传统堂屋中心化前提下，生活便捷和隐私保护成为设计重点，室内空间被划分为客厅、卧室和厨房三大部分，厨房由室外搬到室内，老人和小孩的生活自助、便利和通用性成为设计关注焦点（如图 12-4）。新时期的民居设计上，可采取多户型灵活多变的拼合模式，以适应家庭成员生活差异和变化带来的空间功能矛盾，满足农村家庭成员各自不同的需求，重视主次、动静、干湿等在空间中的划分，内部空间平面布局的划分可采用灵活的分户墙，根据不同时段生活习惯和需要灵活调节房间。

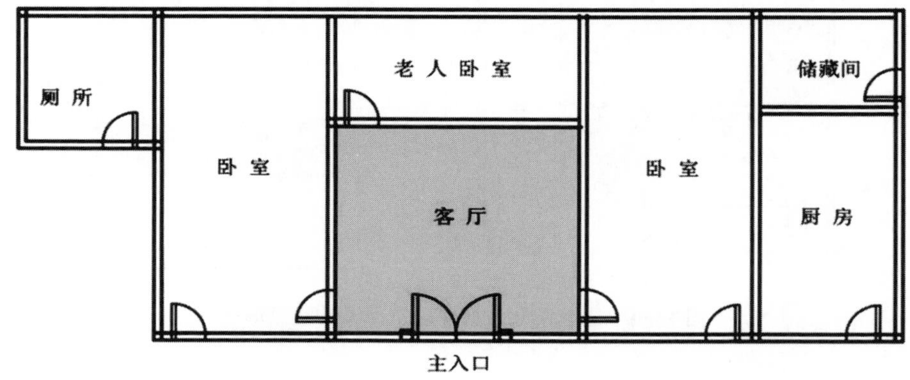


图 12-3　非功能位序差布置的民居平面

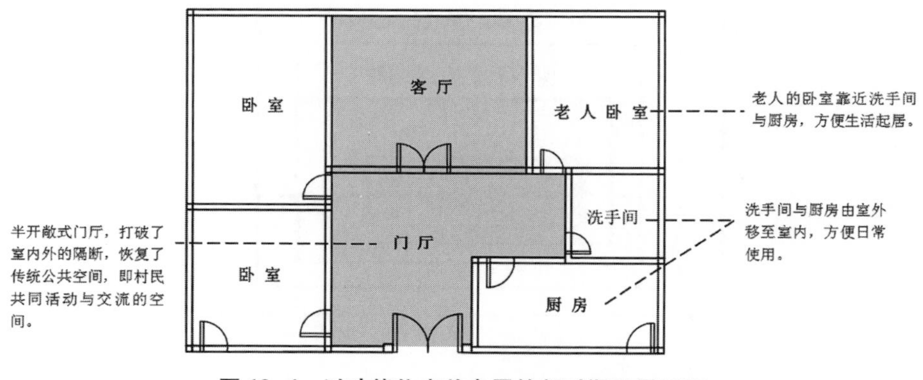


图 12-4　以功能位序差布置的新时期民居平面

## 二、情感抚慰

由于家庭规模缩小，成年子女拥有各自独立家庭，老人、子女的居住空间相对独立，加上农村人口向城市迁移，社会压力大、工作时间长，家人齐聚一堂的时间较从前大幅减少。传统家庭模式中长者与幼子共居同一空间的生活模式已经少见，进而打断了传统养老内容上的生活照顾。这决定了在继承和发展传统家庭伦理优秀文化基础上，新型家庭伦理观念“孝”的表现有了新要求。年轻人除了经济上对留守老人与儿童的扶助，精神交流与抚慰极度缺乏，如近年不断被媒体报道的留守老人问题越来越大。有数据显示,城乡空巢家庭达 50%,乡村留守老人占农村老年人口 37%以上。

在鄂西南乡村社会转型背景下,关于留守老人的许多问题愈渐显现,成为重要社会话题。问题包括,老人岁数增长后生活起居的自理能力变差或丧失导致被照顾的需要渐增,精神慰藉的缺失导致孤独与失落情绪产生,且留守老人的情感变化往往被忽视,极易导致留守老人负面情绪与心理煎熬。事实上,传统家庭伦理观念认为的“养儿防老”更多体现在情感方面。因此,作为留守人群日常生活的重要空间,具有情感抚慰功能的民居设计有助于缓解老人与儿童生活自理困难,加强代际互动和情感交流,在减轻年轻人负担的同时,能提升老人自身价值感,从而为解决新时期乡村发展困境提供支撑。

设计伦理与人性关怀是现代设计由导入至稳定成熟之后产生的哲学层面设计理念,强调以人性为核心、以伦理为指导的设计手段提高生活水平与工作效率,打造最具幸福感的生活。设计师在民居空间的使用功能设计过程中,还设计了家庭成员间的关系、居住者情感的表达与用户审美体验①(见表 12-2)。

**表 12-2　“邻里关系”分类汇总描述分析结果**

| 名称 | 样本量 | 平均值 | 标准差 | 平均值±标准差 |
|---|---|---|---|---|
| 1. 您与邻居之间的交流频率较高 | 43 | 2. 977 | 1. 185 | 2. 977±1. 185 |
| 2. 您和邻居在生活中总是互相帮助 | 43 | 2. 814 | 1. 097 | 2. 814±1. 097 |
| 3. 您完全不想搬离目前的居住区域 | 43 | 2. 605 | 1. 116 | 2. 605±1. 116 |
| 4. 如果邻居间发生矛盾,您总是主动想尽办法解决 | 43 | 2. 860 | 1. 125 | 2. 860±1. 125 |
| 5. 您非常满意目前的邻里关系 | 43 | 2. 628 | 0. 846 | 2. 628±0. 846 |
| 6. 您觉得和居住在周围的人的关系越来越好了 | 43 | 2. 837 | 1. 153 | 2. 837±1. 153 |

① 杨先艺:《设计概论》,清华大学出版社 2010 年版,第 125 页。

在邻里关系部分中，所有问题项的平均值均大于 2. 5，说明邻里关系和谐程度较低。平均分值最高的为“交流频率”项，大部分样本分值为“3. 0”，比例是 32. 56%，分值为 4. 0 的样本比例是 30. 23%（见表 12-3）。

**表 12-3 “您与邻居之间的交流频率较高”问卷统计数据表**

| 分值 | 频数 | 百分比 | 累积百分比 |
|---|---|---|---|
| 1. 0 | 7 | 16. 28% | 16. 28% |
| 2. 0 | 6 | 13. 95% | 30. 23% |
| 3. 0 | 14 | 32. 56% | 62. 79% |
| 4. 0 | 13 | 30. 23% | 93. 02% |
| 5. 0 | 3 | 6. 98% | 100. 00% |
| 合计 | 43 | 100. 0% | |

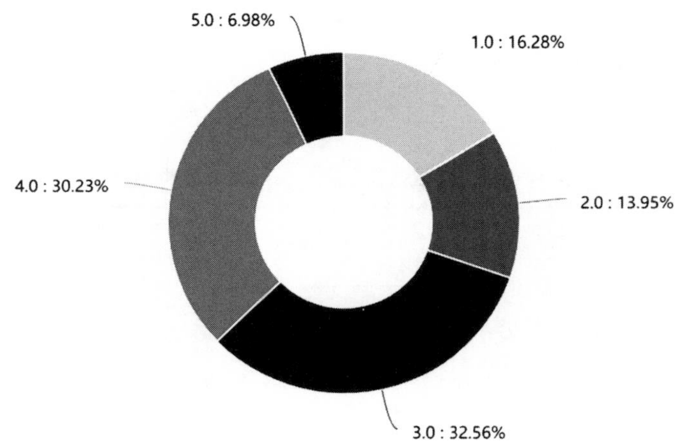


新时期民居设计不仅体现在形态功能，更体现在对居住者社会活动、人际交往的情感关心，如空间功能中渗透平等、互助、关爱等伦理道德思想，使乡村居住人群感到亲切温馨，缓解传统居住方式和交往关系打破后的系列问题，这种新的社会交往关系与设计伦理原则体现在后文的几个方面。

## 三、交往与邻里互助

鄂西南乡村是农村社会基本地域单位和聚居形式，过去，普通乡民几乎长年生活在村庄里，世代相邻，彼此相熟，形成了牢固持久的交往关系，虽然现代农村对传统乡村稳定结构造成很大冲击，但乡村邻里结构和交往关系仍是民居生活的重要部分。

《中国大百科全书》将“邻里”一词界定为住宅接近的人往往认同特定角色，形成相互间较为亲密的相处模式，即邻里关系，邻里都有着明显的情感关联和认同感，这便组成了较为独立的小团体①。邻里也称近邻、邻屋等，在传统乡村社会，人们交往的主要对象是左邻右舍，这是乡村居民社会关系的首属群体，邻里之间的互动频率与熟识度极高。俗语“远亲不如近邻”，就是对和谐邻里关系的表达，这种关系在平日发挥着守望相助的作用。

作者调研鄂西南乡村现状时看到，一方面，随着交通和通信发达，人与人交往的空间、来往人群及相处模式有了无限可能，人群流动性增强，邻里间互相帮助的机会和几率减少，互动减少造成邻里关系淡漠，从而导致这种和谐的交往关系在现代社会的重要地位逐渐消失。另一方面，现代社会个人主义较以前盛行，居住条件和生活方式发生改变，传统民居建筑和乡村规划被打破，现代居住空间增加了个人隐私保护，传统居住空间的公共交流性有所降低，人际关系及邻里关系较从前疏离，丰子恺散文《邻人》就表达过 20 世纪初上海社会邻里关系疏离情况（见表 12-4）。

**表 12-4　“您和邻居在生活中总是互相帮助”问卷统计数据表**

| 分值 | 频数 | 百分比 | 累积百分比 |
|---|---|---|---|
| 1.0 | 6 | 13.95% | 13.95% |
| 2.0 | 9 | 20.93% | 34.88% |

① 中国大百科全书总编辑委员会编：《中国大百科全书：社会学》，中国大百科全书出版社 2004 年版，第 235 页。

续表

| 分值 | 频数 | 百分比 | 累积百分比 |
|---|---|---|---|
| 3.0 | 18 | 41.86% | 76.74% |
| 4.0 | 7 | 16.28% | 93.02% |
| 5.0 | 3 | 6.98% | 100.00% |
| 合计 | 43 | 100.0% | |

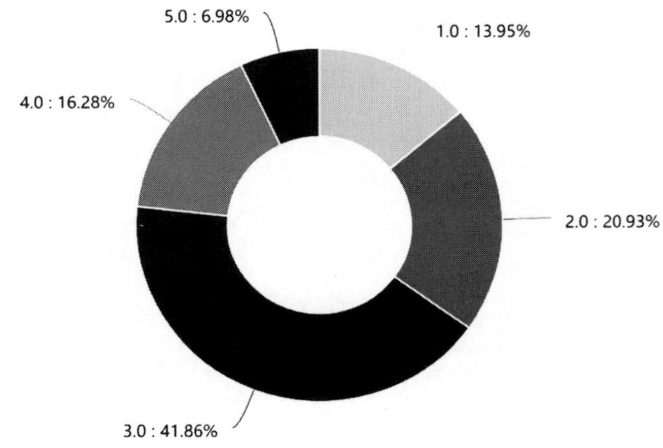


从上表可知:各题目项分值从1到5排列,分别为:非常符合(1分)、比较符合(2分)、一般符合(3分)、比较不符合(4分)、非常不符合(5分),即分值越小满意(认同)度越高。那么占比最高的项目为一般符合,也就是说,互帮互助的情况还是存在的。当今乡村邻里关系虽远不如以往亲密,但仍是人际交往中的重要内容,特别是对留守老人和儿童来说,加强邻里交往比任何时候都重要,原因是乡村空心化造成邻里互助更有必要,如向邻居暂借生活必需品,遇突发居家意外时邻居多是最先伸以援手,如及时报警、叫救护车、扶持病人或亲身救助等。

从民居设计视角看,现代民居设计的变化一定程度上阻碍了传统邻里关系的发展,没有跟上新时期居住需求的发展,一是表现为住宅逐步与外部隔绝、对外人的开放度减少,随着电视媒体普及,看电视成为消磨时间的主要手段,聊天活动减少,串门现象明显减少。二是现代居住空间约束了传统住宅中直接推门找人的习惯，很多时候需要串门者在门口叫喊一声，得到主人答应再进门，而厨房、卫生间、卧室等功能空间的整入和隐私后置，有时主人难以听到门外打招呼。此外，串门者进入堂屋也不像从前可以在屋里乱逛，避免窥探隐私，这种居住格局和约束感致使村民尽量不再串门。从此层面而言，民居设计影响了邻里交往活动的自由性、交往欲望和互动渠道，使邻里交流频率有所下降，进而影响到邻里之间的情感交流与满足，形成情感互动和日常互助障碍。

## 四、群居与人际认同感

纵观当前鄂西南乡村民居建设模式和居住形态，可以发现几乎所有的乡村建筑呈现封闭式砖墙圈地特点。随着生活条件改善、建筑材料更新、村落交通便利和外来人员增多，村民自我保护意识增强，民居室外空间分隔与界定方式发生变化，很多家庭利用砖砌围墙增强院内空间私密性。相比传统乡村民居采用木料、瓦材、石板围合，多采用栏杆标高的方法或选取不同的铺地材料等用以明确空间划分、提高各空间识别性，前后时期的公共空间界定设计差异很大。显然，早期民居更能保持地缘人际关系的开放性和通透性，后期民居使得邻里之间距离感增强（见表 12-5）。

**表 12-5　“自我感觉”分类汇总描述分析结果**

| 名称 | 样本量 | 平均值 | 标准差 | 平均值±标准差 |
|---|---|---|---|---|
| 1. 在日常生活中我能得到他人的认可 | 43 | 2. 302 | 1. 036 | 2. 302±1. 036 |
| 2. 我对我目前所处的集体感到满意 | 43 | 2. 279 | 0. 959 | 2. 279±0. 959 |
| 3. 我认为我能够承担得起家人对我的期望 | 43 | 2. 605 | 1. 050 | 2. 605±1. 050 |
| 4. 我认为在我困难的时候，我所在的集体能够帮助我 | 43 | 2. 558 | 1. 098 | 2. 558±1. 098 |

从有效样本来看，分值为“3. 0”的样本比例是 32. 56%，居民“自我感觉”认同感较低。其中有 20. 93%的居民的集体满意度较低，9. 3%的居民非常不

满意目前的集体生活环境。

事实上，民居院落一定程度上承担着公共空间功能，传统乡村居住院落的形制对居民社会交往有着潜移默化的影响。传统民居院落空间以自家住宅为核心向外辐射，村民来往和互动频繁，新建民居则是室内空间显著增加，院落活动转移至屋内。早期乡村民居联通室内外的开敞门厅和民居以外的公共空间总是十分热闹，夏天的午后人们可以共话家长里短，冬日里晒太阳、玩耍。而现有的村落整体形态由于无序运动及重要节点空间功能丧失，传统公共空间被忽视，人们闲暇时间多在棋牌室聚集打牌，乡村社会传统的朴实感、认同感和伦理道德观念日益淡化，群体关系淡漠化。反观发达国家乡村民居设计，仍然注意到此种传统人际认同的价值，其乡村民居较好保留了公共空间界定的传统方式。如图 12-5 和 12-6 所示，国内民居设计隔断了公共空间的对外交流途径。

**图 12-5　鄂西南乡村封闭式庭院（自摄）**

**图 12-6　国外乡村民居庭院设计（美国电影《歌舞青春》）**

因此，鄂西南新时期民居设计应在遵循传统聚集生活的基础上，运用新的设计材料和审美秩序适应乡村群居心理，推动人际关系认同。

# 第十三章　环境生态的承继

在鄂西南居住生态演进中，人与自然的和谐关系贯穿于民居设计，从建筑选址、房屋布局、结构作法、材料使用、装修手段、民居形态到居住方式都具有本土特点，即与自然环境协调的适应方法。随着鄂西南乡村现代化和农业生产、乡民生活方式的变化，其民居文化景观和居住生态环境破坏严重。文化景观上体现为传统村落形式衰落、民居风格混杂；居住生态环境上集中体现为污染严重，相当数量的乡村生态环境恶化。

对此，2018 年，国家发展改革委等多部门联合提出《农村人居环境整治三年行动方案》，提出建立健全符合农村实际、方式多样的生活污染处置体系①。结合国家相关部门数据、研究者调查报告及笔者实地考察，当前鄂西南乡村生态污染主要表现为环境“脏乱差”问题，具体集中在以下方面。

一是环保意识弱，生活垃圾处理不当。由于乡村规划、民居空间中没有充分考虑生活垃圾如何处置，造成乡村路边随处可见成堆垃圾，相比传统乡村生活垃圾可降解、循环利用特点，当代农村生活垃圾不仅量大，且降解回收困难。当然，这种现象在全国乡村普遍存在，据统计，我国乡村常住人口近 6.5 亿，仅一年排放的生活垃圾就高达 1.1 亿吨，垃圾中典型代表为塑料污染，这些垃圾已突破农村环境自净能力，但传统垃圾处理方式仍是露天焚烧。二是生产活动污染，化肥耕作是当前耕作习惯和农作物主要肥料，化肥的不当使用造成土地大面积污染并随水向土壤渗透，转移到植物根系或江河湖泊，给居住环境带来损害；部分居住家庭习惯饲养畜禽，粪便容易污染水体和空气，影响人们正常生活。

---

① 周廷刚：《基于遥感与 GIS 的城市绿量研究》，西南师范大学出版社 2002 年版，第 146 页。

从设计角度看，这两大问题都与居民生产生活行为相关，也涉及居住空间功能设计和民居使用。因此，民居作为乡民生活场所，其功能设计对促进和改善乡村生态环境意义重大，合理的民居设计显然有助于改善居民垃圾处理行为和养殖方式，帮助解决乡村垃圾随地堆放、空气污染问题。此外，当地民居"克隆"成风，民居竞相模仿，贪大求高，超出家庭实际使用需要，空置率高，许多民居建造无规划设计图纸和建设监理，新建房屋难以充分适应现代生活需求和未来发展，有效使用期短。基于现状理解，鄂西南新时期民居生态设计应满足以下伦理原则。

## 一、景观"适地"

从广义上看，影响环境生态的因素主要包括居住景观环境可持续和绿色居住生活。其中，人居生态景观指以天为顶、以地为底的一定范围内户外空间及相关有形无形自然效应和文脉效应组合。乡村景观环境是以相似的形式、重复出现且互相关联、互相影响的一个生态系统。民居生态设计既包括了大尺度的景观环境生态①，也包括居住者的绿色生活形态设计。

当前，鄂西南民居设计的景观空间存在以下生态问题，一是传统地域条件下形成的建筑特征、居住文化被工业化、商品化社会冲击，几乎所有乡村面貌雷同，特别是民居面貌千村同貌，传统曲折型街道和含蓄型景观空间被沿路建房破坏，打断了不同地域环境景观传承和可持续发展。二是民居建筑的细节设计拼凑现象严重，盲目组合流行建筑风格、构件、高档材料，影响了传统"乡约"社会的景观生态，形式的混乱在各地区都比较突出，甚至传统和现代文化片段混合搭建，造成了居住形式混乱和审美失败。

就新时期民居景观生态建设而言，景观"适地"原则至关重要。所谓"适地"，指场地尊重。乡村具有城市无法比拟的原生态自然资源，如河网、水系、山川、湖泊、滩涂、礁石、古树名木、历史文化资源和地域特产等，或古村落、古民居。新乡村民居必须体现本土特色，尊重本地文脉和风景面貌，民居与地域、地貌相融。鄂西南的诸多村镇拥有特色自然环境、地理风貌和民俗特色，

① 包括景观结构、空间格局、系统功能与人—环境动态关系。

山区、丘陵、平原、城郊、水乡等多形态乡村共存，这些特殊条件如果利用得当，就能形成村镇特色、品位和形象，为新民居带来社会经济效益和发展前景，既能塑造浓郁乡土气息，又兼具时代特征，形成丰富多彩的居住面貌（图13-1）。

来凤县百福司镇舍米湖村

宣恩县两河口村彭家寨村

恩施州巴东县东瀼口镇牛洞坪村

庠口村一角

**图13-1 符合"适地"原则的鄂西南村落民居（摄影：顾兆农）①**

因此，新民居"适地"原则是因势利导，一是选择对环境破坏最小的解决方式、适宜建筑形式和布局方式，结合地形地貌融合设计，通过民居结构调整、本地建造材料合理使用来获取与乡村原生态地形地貌、民风民俗、周围气候的平衡共处，在乡村布局规划、建筑形制、资源利用方面充分舒展场地特性，延续乡村肌理和文脉，处理好周边村落协同关系。

① 顾兆农：《湖北恩施庠口村把美丽变成财富（美丽乡村建设）》，《人民日报》2015年8月2日。

## 二、生活形态回归

生活形态指一群具有类似历史背景、生活观念、日常需求与习惯、生活轨迹和消费模式的人的生存方式。生活形态概念突出强调群体和社区可持续能力,通过强调这种可持续来促进群体中的个人发展。民居设计与生活形态紧密相关,合理的居住空间和设施设计能有效改善居住行为习惯。对新时期乡村居民而言,现有居住生活习惯与环境污染、资源浪费加剧有着很大关系,这体现在:一是新建住宅功能不完全合理,由于缺乏设计和时间磨合,民居功能和空间划分上存在空间浪费、尺度不适等诸多问题;二是农村居民的消费形式从“自给型”向“商品型”转化,由于居住空间和民居规划中没有考虑集中垃圾处理和排放,配套性与共享性差,乡民习惯性地将垃圾随意丢弃在路边、田埂或小河流中;三是传统民居充分利用本地气候调节居住环境,现代科技的进入使传统乡村趋同城市,田间小路水泥硬化,空调、电力等现代设施取代外部山区环境自平衡。这些不适造成乡村环境生态的持续恶化和难以治理。

显然,符合新时期绿色生活形态系统的民居设计是一个重要方面。对鄂西南居民来说,新民居设计的出发点正是乡村居民新生活方式和价值观形态,既反映居住者价值取向和品位,反映对自我、他人与外在世界的看法和要求,还表达生态现实和价值追求,体现乡村环境发展水平,承载农村居民的劳动方式、消费方式、家庭生活、交往方式和思维与行为方式。

基于此,鄂西南新时期民居设计是乡村生活形态的回归过程,这里的“回归”不是倒退,而是尊重原生态环境的融合。一是民居空间环境设计在设计观上指向建筑产品的环境属性①,在引入新居住技术和设施时,选择节能、环保、低成本墙体材料,如陶粒空心砖或就地取材制墙体,采取绿色能源利用设计,原设条件保持不变,建筑消耗的热量是随其体形系数升高而增长,在保证舒适前提下,减少民居立面效果复杂性。乡村地区视野开阔,光照充足,太阳能可广泛应用于新民居设计和生活,对节约资源成本、减少燃烧煤炭与草木、

---

① 包括对自然资源的利用、对环境和人的影响及其他促进长远发展的属性等。

降低电能消耗等有着积极作用。二是着眼当地人日益城市化生活的再生设计,增加居住空间功能属性的生活垃圾处理功能,将居住使用、生活垃圾处理融入乡村生态循环系统,着眼于长远发展。

# 结　　论

通过对鄂西南传统民居设计伦理内涵与外延、生成背景、内容和形式的考察和研究，可以得出以下观点和结论。

第一，鄂西南传统民居设计伦理受制于自然地理，但不全囿于自然地理。鄂西南气候地理特征独特，多山多雨，日照时间少。其独特的气候地理投射到民居空间中，势必会形成设计学上的适居空间，通过实地考察和数据收集，进行照度、湿度和温度等因素的量化分析，实证了鄂西南传统民居设计伦理引导的民居内部空间之间和民居与民居之间的空间分配，与彼时当地人民所秉持的伦理价值有很好的贴合度。鄂西南区域身处我国腹地，不似福建、广东、广西等边境区域受海外文化影响，保持了相对纯粹的中华文化基因。加之鄂西南地区自古交通不便，崎岖难行，地理和交通远离国家和区域的行政中心，国家制度在此的实施效力较平原弱。在对鄂西南、鄂东南、鄂西北地区传统民居进行比较研究也发现，鄂西南传统民居设计伦理相对自由，逾制的比例较高，具体体现在正屋面宽超出三开间限制的比例要超过鄂东南、鄂西北地区，在材料、色彩和装饰的运用上更加大胆，减弱仪式性，注重实用性和生活性。

第二，鄂西南传统民居设计伦理受"改土归流""湖广填四川""江西填湖广""万里茶道""川盐济楚"、巴文化、楚文化等诸多因素影响，具有多元融合、共生共荣的文化特征。

鄂西南地区自古便是武陵山民族走廊的重要构成，该地区聚集着大量的土家、苗、侗等少数民族，在历史与现实中和汉民族进行着交往、交流和交融。现存传统民居多建于清代，与"改土归流"的推行时间线有较大的重合，清代统治者委派流官取代原有的土司，希望"以汉化夷"，以达到移风易俗长期治理的目的。在对待少数民族问题上，清代统治者并未实行强制性的民族政策，采用“因俗而治”，相对尊重少数民族风俗习惯。与此同时，该地域的人民也充分发挥聪明才智，在复杂多元的民族交往中巩固和维系族际亲缘、姻缘、地缘、业缘等关系，跨越和消解与其他民族的隔阂，建立与周边他姓他族互通共融、和合共生的民族关系。这种共融关系投射到日常民居营建和使用上，形成了为统治者和人民、少数民族和汉民族都能广泛接受的多民族融合的民居设计伦理。

就单一民族的伦理观念而言，不同的地域也呈现出一定差异，作为人口大规模迁徙活动通道上的鄂西南地区，其民居设计伦理必然受到移民发源地的影响而产生流变。经过移民史专家的量化分析，无论“江西填湖广”还是“湖广填四川”，江西人的比例占据了大多数，其目的地是四川。故而在移民路线上的鄂西南地区，其民居设计伦理受江西移民影响颇深，该地区广泛存在具有生态伦理的江西的“四水归堂”类型的天井民居，自由烂漫的少数民族传统聚集方式也受到了一定的节制，民居设计伦理呈现出多个地域汇合的融合特征。

随着“万里茶道”和“川盐济楚”的经济活动的进行，白银向以往经济落后的四川大量流入，处在流通通道上的鄂西南地区经济水平获得了很大提升，该地区人民“僭礼逾制”的生活潜流开始涌动。封建时期严格规定针对庶民的规则在茶道和盐道繁荣时期逐渐被打破，如厅房不得逾三间、房梁上禁止贴金等。同在该地域的庶民居所，在经济活动开始之前，就实地调研，大多恪守规则，不曾僭越，经济活动繁荣之后，在鄂西南兴建的传统民居，虽为庶人，但是“三间五架”，或“五间七间，九架十架”，鳞次栉比，争奇斗艳，不一而足。究其成因，大抵经济活动开始之初，该地域人民多以务农营生，终岁辛劳，勉力耕作，过着闭塞、稳定的传统农业社会的生活。经济活动兴盛之后，物质积累丰盈，变革传统生活的欲望滋生，首当其冲就是衣食住行的僭逾，民居营造伦理在经济因素的作用下，清规戒律和等级尊卑开始出现松动，希望把经济价值转换成为更高一层的身份价值和社会价值的诉求得到了呈现。

第三，鄂西南传统民居设计伦理深受楚文化和巴文化的影响，正如刘玉堂所归纳的，可以视作为楚文化的余韵流风。楚人“道法自然”的建筑意匠、“有无相生”的构图法则、“皆无害焉”的美学旨趣、“大象无形”的造型意识、“周流乎天”的观照方式和“缤纷繁饰”的装饰手法，在现存鄂西南传统民居上依旧有生动的遗存。历时数千载，这些文化不但没有消亡，反而为历代营造匠人神往、化合和吸收。

楚人秉持“信巫鬼,重淫祀”的宗教伦理,与中原诸夏迥异,却在鄂西南传统民居设计伦理中有很具象的呈现。在鄂西南的空间设置中,“人神共宅”的比例要高于湖北其他地区,而其所供奉信仰,信鬼重巫的特征明显,在堂屋和火塘空间中都有明显的表征。

除此之外,鄂西南传统民居设计伦理一方面延续了封建的等级伦理意识,就建筑的营造法式来看,中原建筑程式化的框架依旧保留。但另一方面楚文化独特的自由浪漫意识也在鄂西南传统民居中时有呈现,在门槛门楣处理、空间隔断、空间尺度处理上,很多时候有意识或是无意识地呈现出重虚空而轻实形的空间自由意识,这与现代主义建筑大师密斯凡德罗所提倡的“流动空间”有异曲同工之妙,与受秦、齐鲁文化影响下的民居严谨的伦理意识呈现出了鲜明的对比。

而巴文化自两周之际,开始与楚文化碰撞、交流和交融,流变出一种半巴半楚或亦巴亦楚的文化形态。有“濮、賨、苴、共、奴、獽、夷、蜑之蛮”之称的巴人与自称“我蛮夷也”的楚人在性格特征和精神风俗上有意外的相似,巴文化和楚文化很快产生了共鸣和共融,映射在鄂西南传统民居设计伦理上,在空间伦理上进一步丰富了“人神共宅”中神的类目。又因巴人性格敦厚,不拘小节,在空间伦理的设定上人的空间与神的空间不像其他地区泾渭分明,而呈现出生活性与宗教性杂糅的特殊空间,譬如火塘空间,这种兼具生活和仪式的复合空间在中国北方传统民居中并不多见。

第四,鄂西南传统民居设计伦理达成了历史上统治者所期望的社会教化的功能,与府、州、县为主体的学校教化形成互相补充,是中国传统设计智慧“礼—化—用”成效的具象明证。鄂西南地区历史地理条件独特,与周边平原地区相比,其伦理意识相对独立,少有外界干扰,此地最多的土家、苗、侗族性格鲜明,自成一系,加以数百年土司统治,使得此区域在伦理道德意识上民族和血缘的独立性突出,移风易俗不易。而清雍正十三年(1735年)清政府在该地区实施改土归流,通过制度、律例强制输入汉族的伦理文化,大力度消解少数民族伦理文化,使得该地区的民居设计伦理不单是统治者建构社会价值观念与道德评判体系的重要方式,而且是削弱土司统治势力权力空间的文化手段。

少数民族的原始鬼神崇拜被认为是“端公邪术”而被禁止，逐步被替换为以发端于《国语》的、汉族崇拜为主导的“天地君亲师”，这种崇拜对象的嬗变直接导致了鄂西南传统民居在堂屋和火塘两个空间的设计处理上发生了变化。改土归流之后的堂屋祭祀空间格局相对之前更为紧凑和严谨，家具和摆件也进一步汉化，显然已经不适合少数民族传统祭祀活动的开展，而火塘的宗教空间属性进一步弱化乃至丧失，逐渐演变为纯粹的生活空间，之前浓郁的巫风也日渐淡薄。

辛亥革命之后，随着帝制的结束，该地区的堂屋还出现“天地国亲师”，为该地区随着统治者意志的转变对国家伦理的认同提供明确证明。在家庭内部居住规则上，清政府认为传统的居住方式“男女不分，挨肩擦背，以致伦理俱废，风化难堪”，在待人接物上，“务必严肃内外，分别男女，即至亲内戚往来，非主东所邀，不得擅入内。至其疏亲外戚，及客商行旅之辈，止许中堂交接”，规定“男子十岁以上，不许擅入中门，女子十岁以上，不许擅出中门”。该地区传统民居的营造随之发生较大改变。改土归流之后鄂西南地区营建的民居，通过空间和人流动线上的设计刻意规避男女接触的空间和时间，亦在民宅楼上天井四周效仿汉族民居设置常见的“美人靠”靠椅，使得户内女性与户外的接触限制在二楼，阻断户内女性和户外男性直接接触可能。在妻妾空间的处理上，充分借助汉民族多年的居住智慧，以多种设计手段，大幅降低了妻妾接触的时间和空间，提高了家庭和谐程度。

统治者认为，少数民族男子成年后，分家自组小家庭，置祖父母、父母衣食于不顾，有悖人伦，所以传统的分家制度也被严禁。在改土归流之后，多代同堂的局面大面积出现，该地区传统民居在面积和间数较之前有了很大的提升，汉族的大家族制的居住方式逐渐成为当地主流，汉族的忠孝节义等伦理观随之与其匹配，并与传统民居的设计互为映射，加速了该地区人民的教化进程，也使得该地区民居营建伦理产生流变。乾隆《鹤峰州志》记载，“容美僻处楚荒，未渐文教，纲常礼节，素未讲明。不知人秉五常，一举一动，皆有规矩……今馆师日则教子弟在馆熟读，夜则令子弟在家温习。无几子弟之父兄辈，亦得闻作忠作孝之大端，立身行事之根本，久久习惯，人心正，风俗厚，而礼义可兴矣”。由此可以看到，在不长的时间内，教化效果是明显的。在这个过程中，虽然少数民族的原生文化受到一定程度的破坏，但从另外一个角度来看，也加速了中华民族多元一体格局的形成。

鄂西南地区人民所秉持的少数民族孝亲的伦理思想，汉族的父严、母慈、兄友、弟恭、子孝家庭伦理关系构建的鄂西南传统民居设计伦理体系，在进行现代转化之后，是美丽乡村建设中重要的设计标准和参考。长期以来，在国内美丽乡村建设的设计实践中，远学欧美、近学日韩的风气浓厚，以外国设计伦理来“剪裁”我国当下设计已经不合时宜，构建中国特色、中国风格、中国气派设计评价标准和体系是当下设计学界工作的重点。

中国传统设计伦理的内涵不是历史上某个时期中国的设计伦理，而是中华上下五千年出现过的设计伦理；不是某个或某几个民族的设计伦理，而是构成中华民族所有民族的设计伦理的多元融合；不是某省或者某几省的设计伦理，而是中国范围内的设计伦理。其生于斯、长于斯、凝聚着中华民族的民族向心力，是中华民族生成和发展的重要文化基因库。

鄂西南传统民居设计伦理，亦是该地区人民本生的设计伦理，用以观照当下鄂西南地区乃至周边湖北、重庆、四川、江西诸省，有先天的物质和精神内核的贴合优势。只是随着时代的变迁，传统鄂西南民居设计伦理亟待创造性转化和创新性发展，需要以时代的眼光进行审视和甄别，有些与时代脱节的内容和形式，可以封存，有些与社会主义核心价值观违背的意识，应当摒弃，具体问题具体分析，科学论证，客观地做出评估，推动完成一个文化选择的过程。对于外国的设计伦理，必须高度坚定文化自信，全盘西化和抱残守缺均不可取，须自信、科学地面对，或摒弃或批判或吸收，以达到费孝通先生所坚持的“各美其美、美人之美、美美与共、天下大同”的理想状态。

# 附录1　代表性民居调研资料

| 名称 | 地点 | 年代 | 建筑面积（$m^2$） | 屋主身份 | 平面 | 其他 | 平面图与模型图 |
|---|---|---|---|---|---|---|---|
| 熊云华老屋 | 秭归县新滩南岸西陵村 | 清 | 383 | | 门厅、天井、侧屋和堂屋 | | 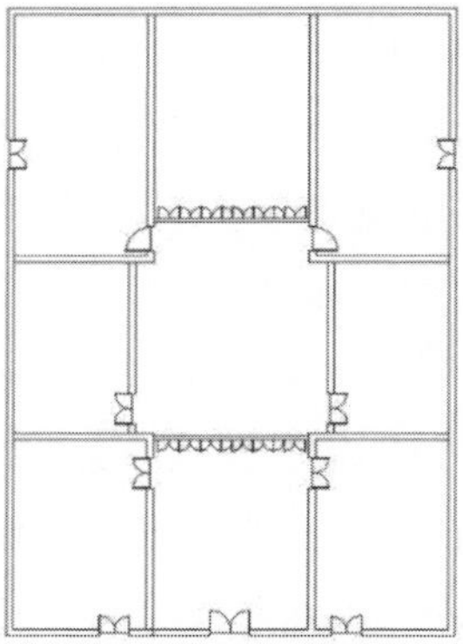 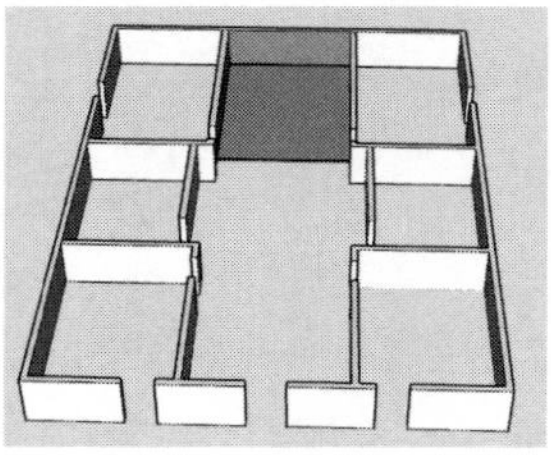 |

续表

| 名称 | 地点 | 年代 | 建筑面积（$m^2$） | 屋主身份 | 平面 | 其他 | 平面图与模型图 |
|---|---|---|---|---|---|---|---|
| 郑世节老屋 | 秭归县新滩南坪村 | 清 | 300 | 徽商 | 大门、厢房、堂屋、厅屋 | | 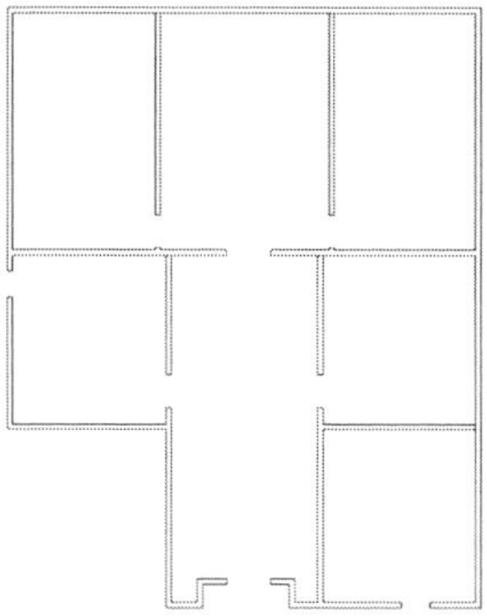 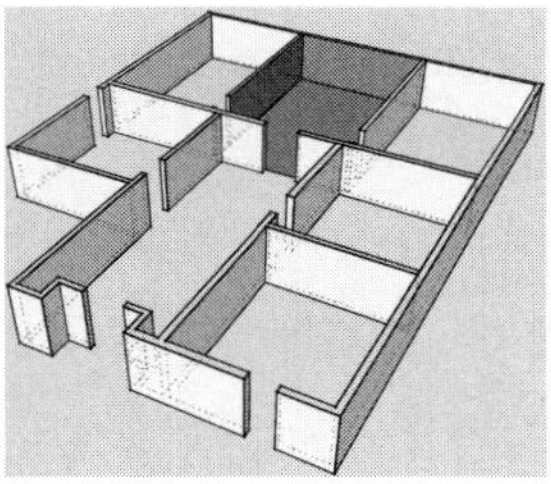 |
| 向先鹏老屋 | 秭归县新滩南岸西陵村 | 清 | 290 | | 门厅、天井、厢房、正屋 | | 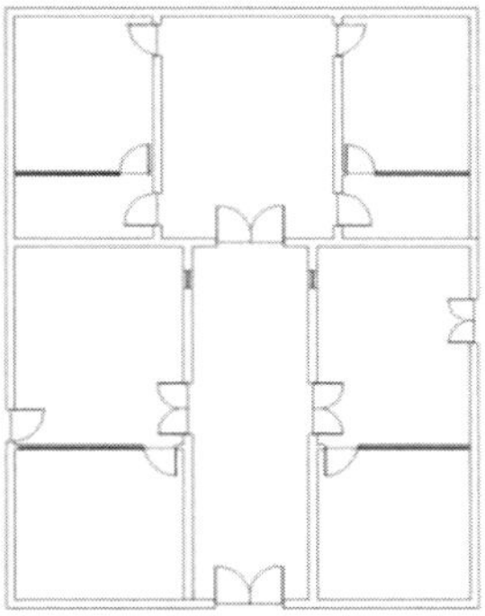 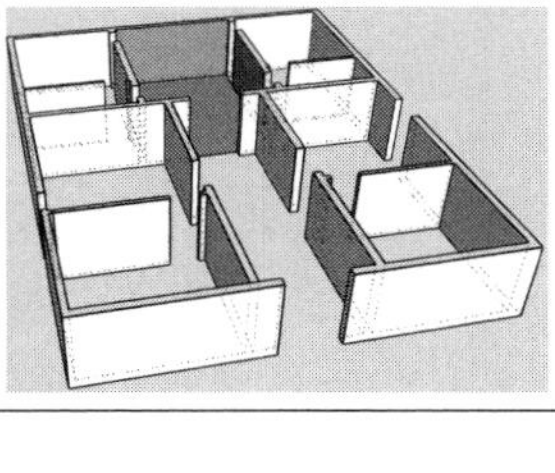 |

续表

| 名称 | 地点 | 年代 | 建筑面积（$m^2$） | 屋主身份 | 平面 | 其他 | 平面图与模型图 |
|---|---|---|---|---|---|---|---|
| 郑万琅老屋 | 秭归县新滩南岸桂林村 | 清末 | 375 | 当地知名秀才 | 厅屋、天井、堂屋、厢房 | 货物转运口 | 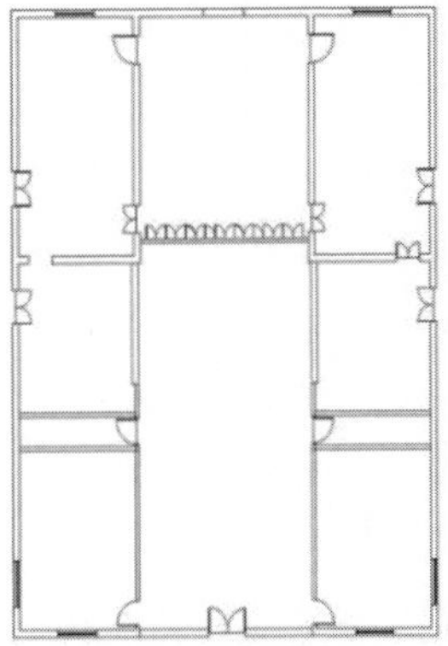 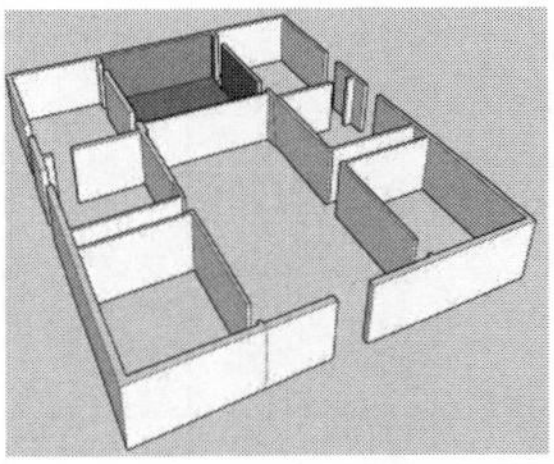 |
| 郑韶年老屋 | 秭归县新滩南岸桂林村 | 乾隆时期 | 371 | 据《郑氏族谱》推断为大盐商 | 院落、厅屋、厢房、天井、堂屋、侧屋 | 货物转运口，富裕的船主和商人在此地聚集 | 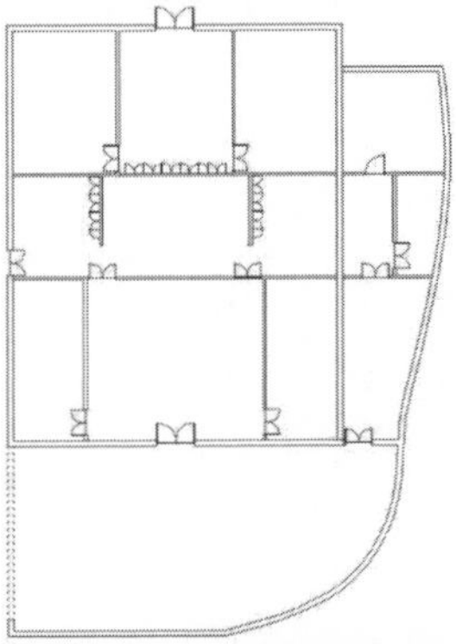 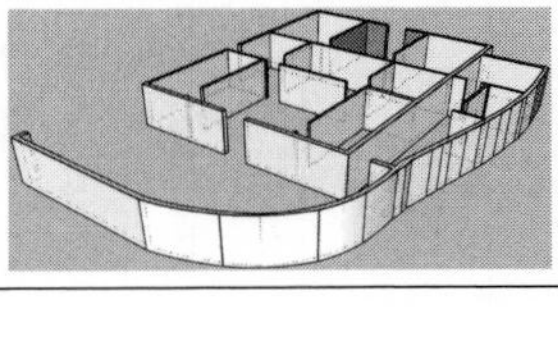 |

续表

| 名称 | 地点 | 年代 | 建筑面积（$m^2$） | 屋主身份 | 平面 | 其他 | 平面图与模型图 |
|---|---|---|---|---|---|---|---|
| 刘正林老屋 | 秭归县新滩南岸桂林村 | 清 | 300 | | 门楼、正屋 | | 暂无 |
| 颜家老屋 | 秭归县周坪乡中阳坪村 | 清 | 1500多 | | 5个天井 | | 暂无 |
| 顾家老屋 | 巴东县楠木园 | 清 | 310 | | 悬山式天井屋 | | 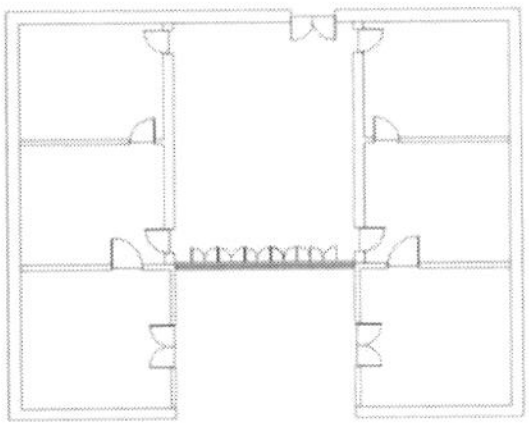 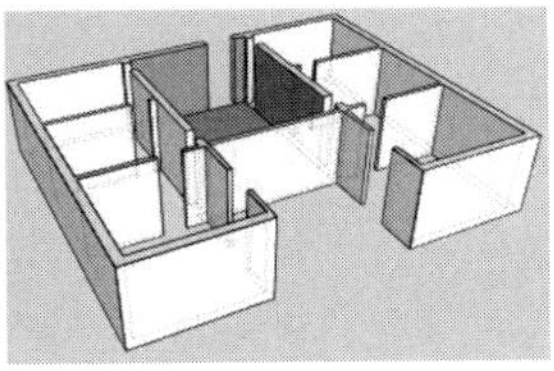 |
| 李光明老屋 | 巴东县楠木园 | 清 | 356 | | 吊脚楼、明间后设神楼 | 典型鄂西南土家族住宅 | 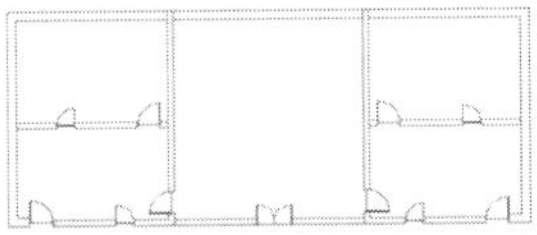 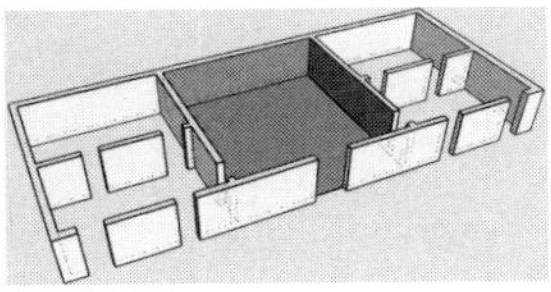 |

续表

| 名称 | 地点 | 年代 | 建筑面积（$m^2$） | 屋主身份 | 平面 | 其他 | 平面图与模型图 |
|---|---|---|---|---|---|---|---|
| 万明兴老屋 | 巴东县楠木园 | 晚清 | 268 | 农户兼商贩 | L 型前店后寝 | 鄂西南土家族民居典范 | 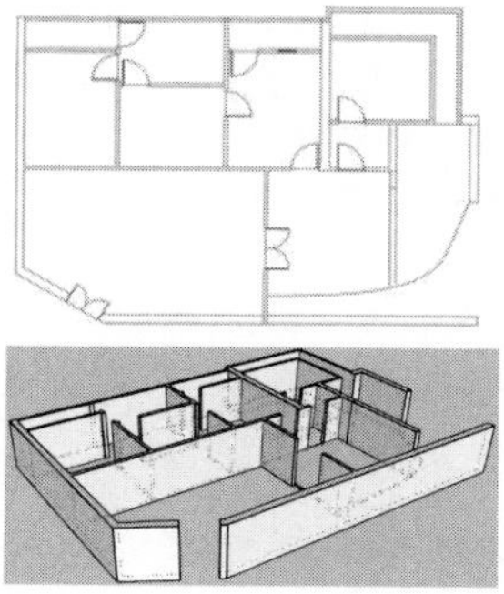 |
| 王宗科老屋 | 巴东县楠木园 | 晚清 | 183.54 | | | | 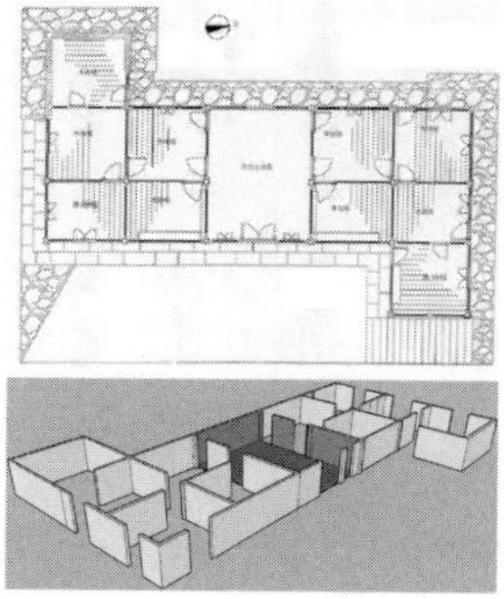 |

续表

| 名称 | 地点 | 年代 | 建筑面积（$m^2$） | 屋主身份 | 平面 | 其他 | 平面图与模型图 |
| --- | --- | --- | --- | --- | --- | --- | --- |
| 吴宜堂老屋 | 兴山县响滩村 | 清 | 291 |  | 一个前院，一个天井，两进院落 |  | 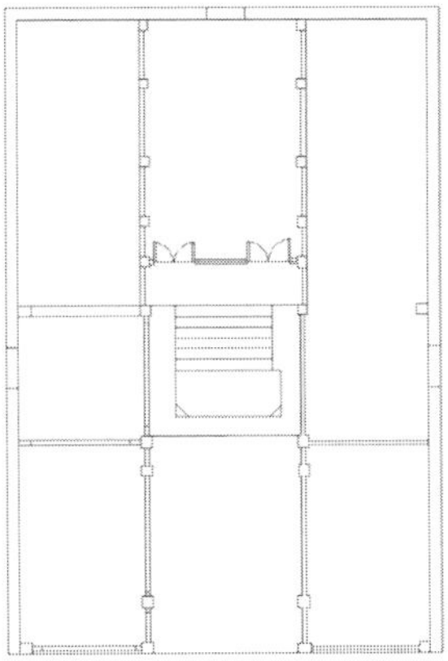 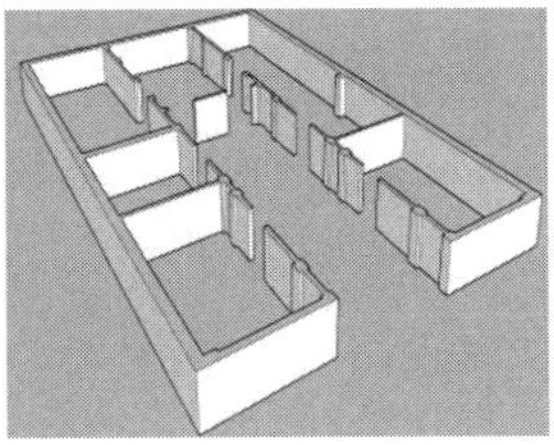  |

续表

| 名称 | 地点 | 年代 | 建筑面积（$m^2$） | 屋主身份 | 平面 | 其他 | 平面图与模型图 |
|---|---|---|---|---|---|---|---|
| 陈伯炎老屋 | 兴山县高阳镇响滩村 | 清光绪十八年（1892年） | 264 | | 天井两边是厢房，总共两进院落 | | 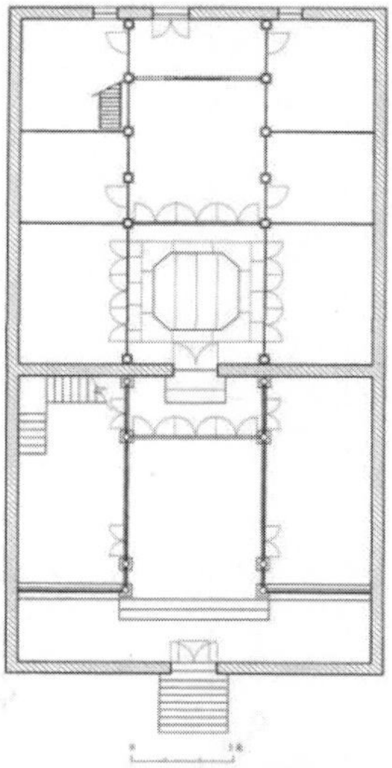 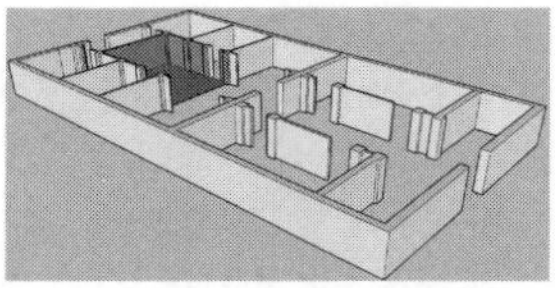 |
| 吴翰章老屋 | 兴山县高阳镇响滩村 | 清 | 294.5 | 为兴山清末举人吴翰章宅第 | 两个天井、两进院落 | | 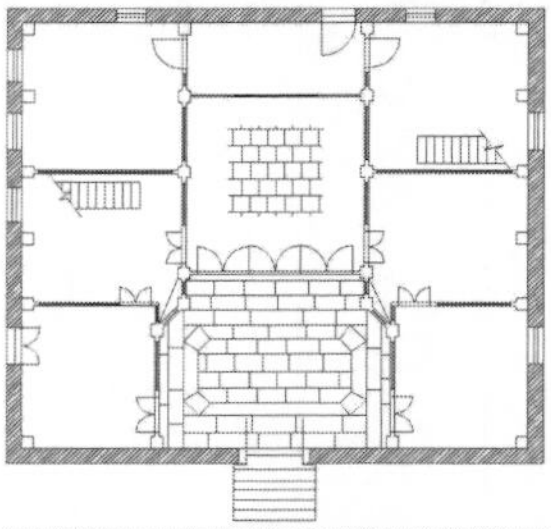 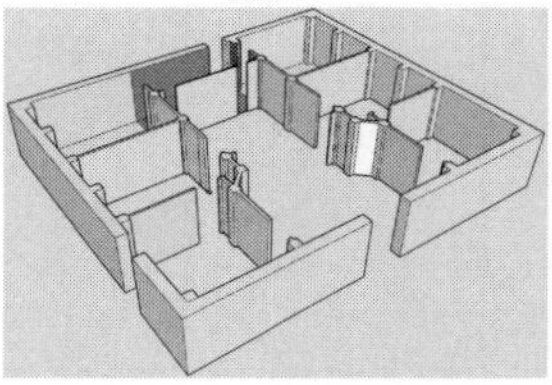 |

续表

| 名称 | 地点 | 年代 | 建筑面积（$m^2$） | 屋主身份 | 平面 | 其他 | 平面图与模型图 |
| --- | --- | --- | --- | --- | --- | --- | --- |
| 向家亭子屋 | | 晚清 | 772.8 | 土家族 | | | 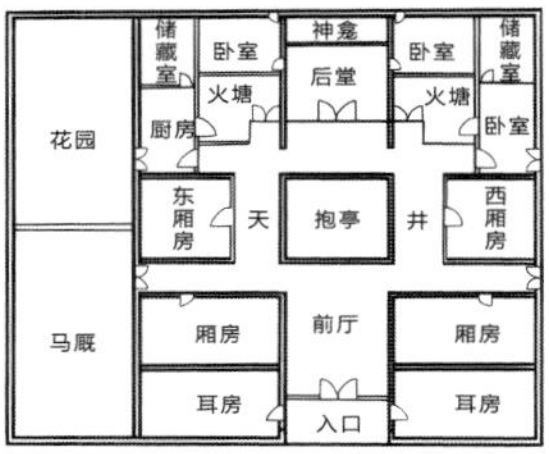 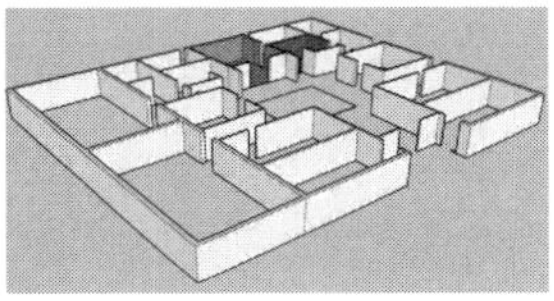  |
| 李家大院 | 黔江后坝乡 | 晚清 | | 土家族 | | | 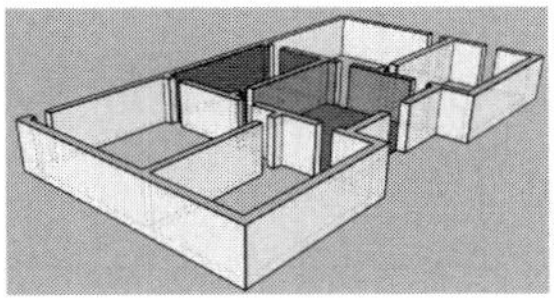 |
| 秀山县老屋 | | 晚清 | | 土家族 | | | 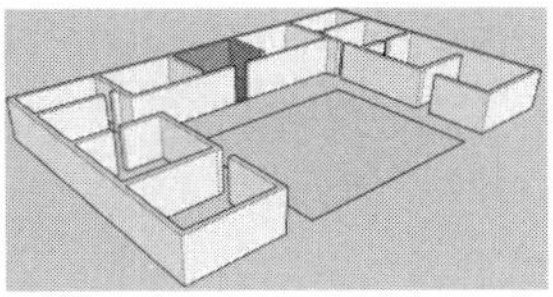 |

续表

| 名称 | 地点 | 年代 | 建筑面积（$m^2$） | 屋主身份 | 平面 | 其他 | 平面图与模型图 |
|---|---|---|---|---|---|---|---|
| 舍米湖村某民居 | 湖北恩施来凤县百福司镇 | 晚清 | | 土家族 | | | 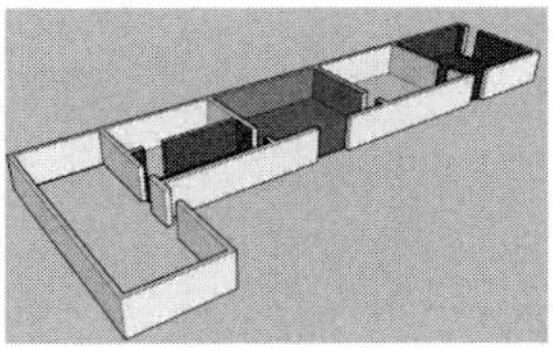 |
| 杜烈祥老屋 | 太平溪镇端坊溪村三组 | 民国十九年 | 555 | | 中间院落，正屋建筑共9间 | 后代进行多次维修扩建 | 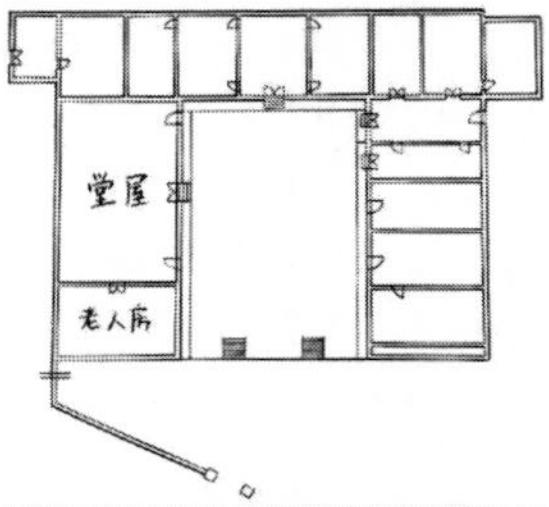 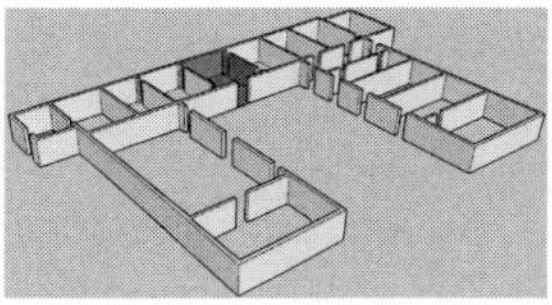 |
| 郑书祥老屋 | 湖北省秭归县新滩镇南坪村三组 | 清代 | 315 | 商户 | 堂屋高出前者1.51米 | | 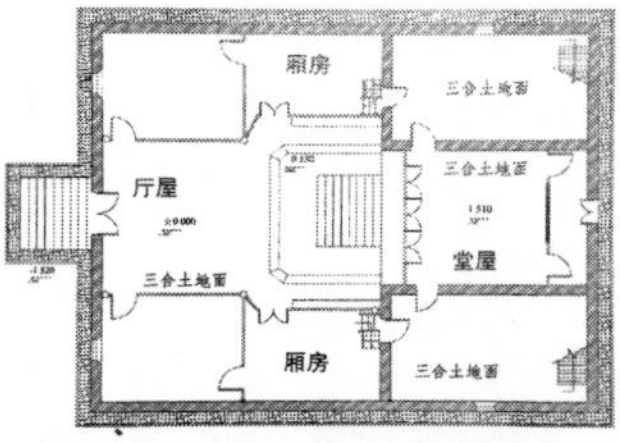 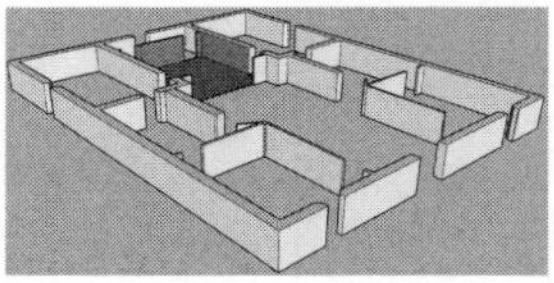 |

续表

| 名称 | 地点 | 年代 | 建筑面积（$m^2$） | 屋主身份 | 平面 | 其他 | 平面图与模型图 |
|---|---|---|---|---|---|---|---|
| 郑万瞻老屋 | 长江南岸桂林村 | 清代 | 187 | 清末举人 | 厅堂，天井，堂屋 | | 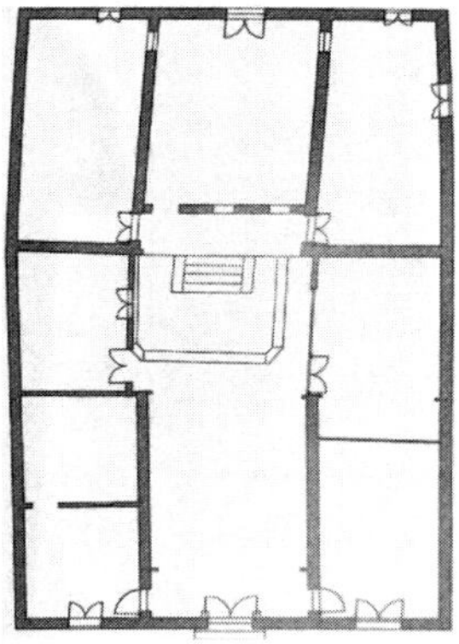 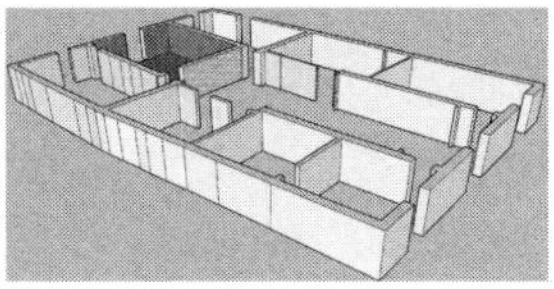 |
| 赵子俊老屋 | 新滩镇桂坪村一组 | 清代 | 346 | 三户赵姓农户 | | | 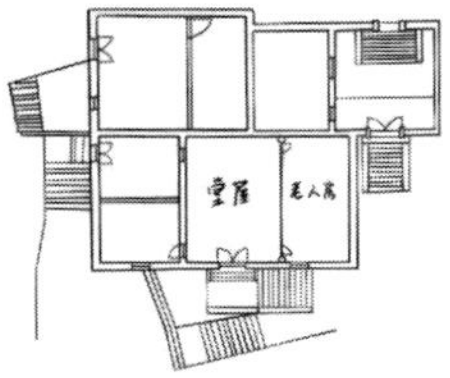 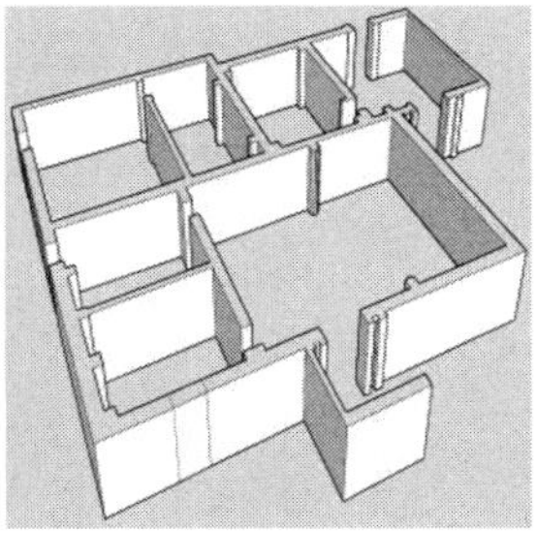 堂屋 老人房 |

续表

| 名称 | 地点 | 年代 | 建筑面积（$m^2$） | 屋主身份 | 平面 | 其他 | 平面图与模型图 |
| --- | --- | --- | --- | --- | --- | --- | --- |
| 张家老屋 | 巴东县信陵镇车站街 42 号 | 晚清 | 265 | 商户 | | | |
| 费世泽老屋 | 巴东县沿渡河 | 晚清 | 781 | | | | |

续表

| 名称 | 地点 | 年代 | 建筑面积（$m^2$） | 屋主身份 | 平面 | 其他 | 平面图与模型图 |
|---|---|---|---|---|---|---|---|
| 郑启恩老屋 | 秭归新滩 | | 600 | | | | 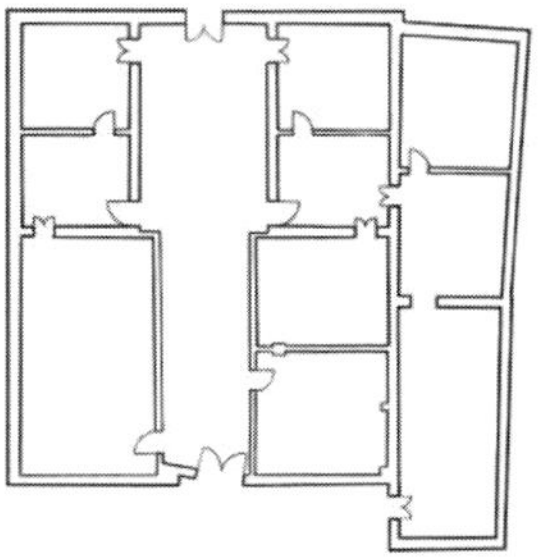 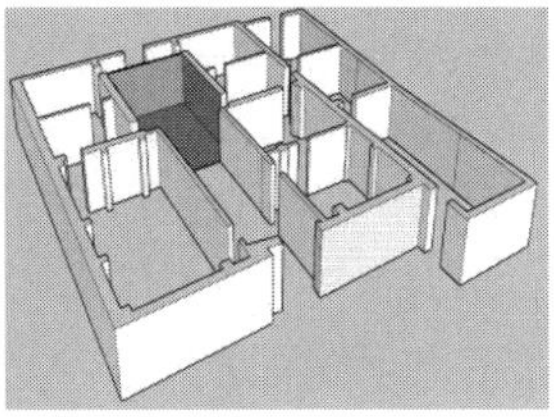 |
| 崔栋昌老屋 | 秭归新滩 | | 207 | | | | 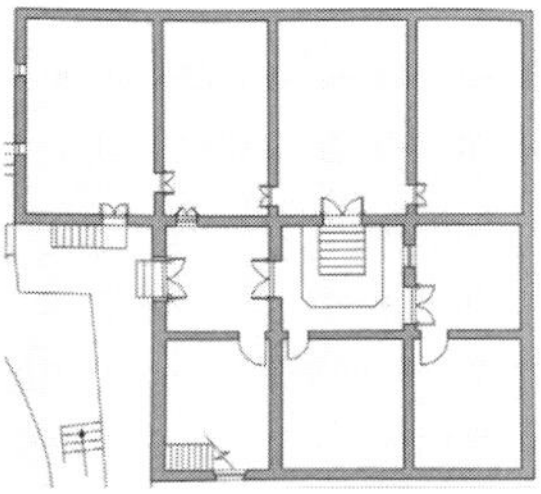 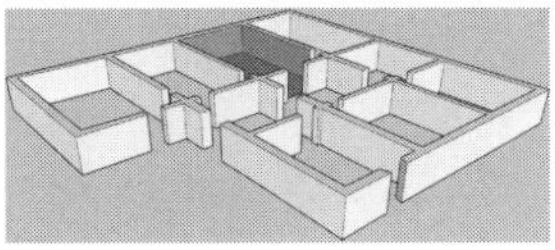 |

续表

| 名称 | 地点 | 年代 | 建筑面积（$m^2$） | 屋主身份 | 平面 | 其他 | 平面图与模型图 |
| --- | --- | --- | --- | --- | --- | --- | --- |
| 杜家老屋 | | 清代 | 187 | | | | 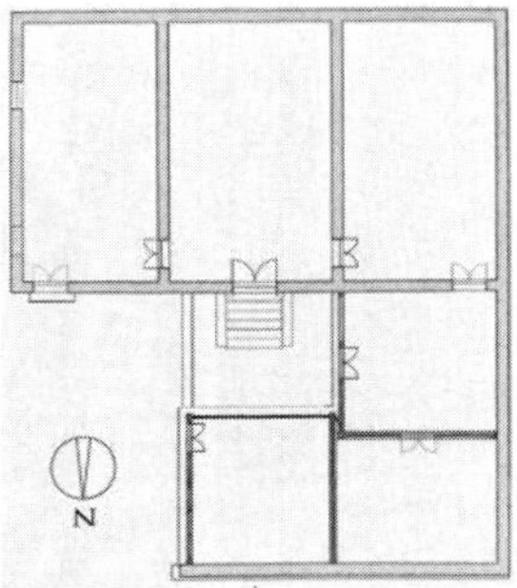 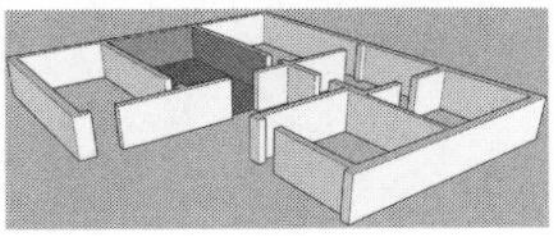 |
| 王永泉老屋 | | | | | | | 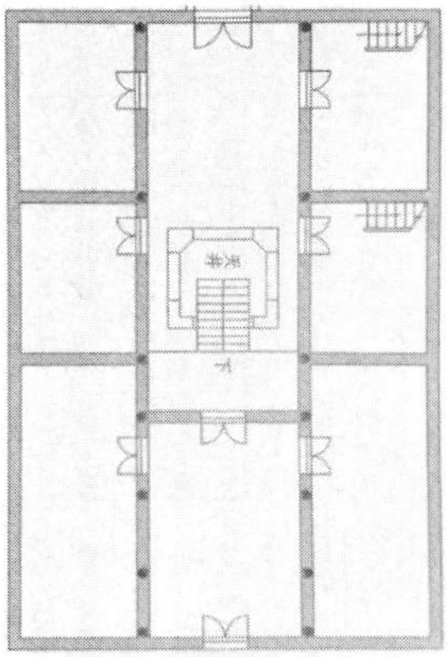 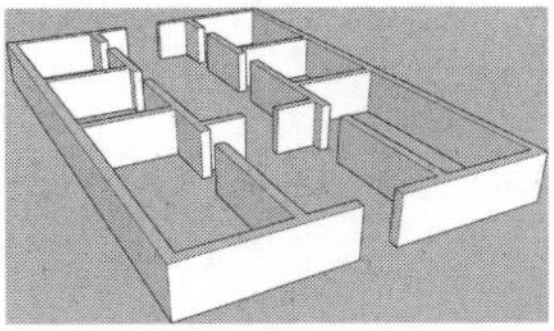 |

续表

| 名称 | 地点 | 年代 | 建筑面积（$m^2$） | 屋主身份 | 平面 | 其他 | 平面图与模型图 |
|---|---|---|---|---|---|---|---|
| 八老爷老屋 | | | 334.8 | | | | 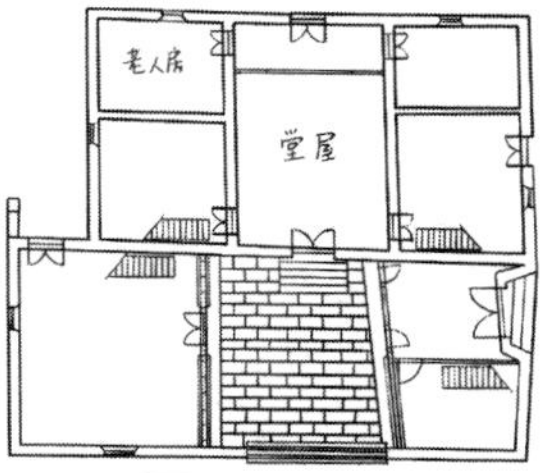 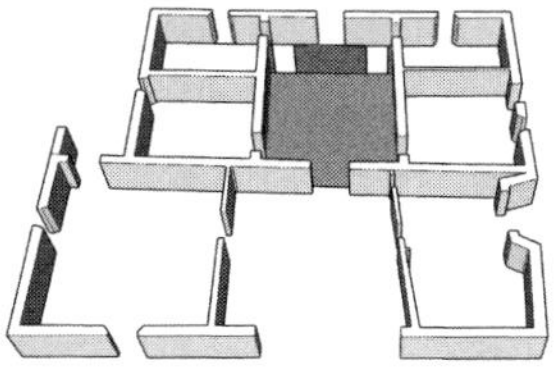 |
| 何怀德老屋 | 秭归新滩 | | 289.44 | | | | 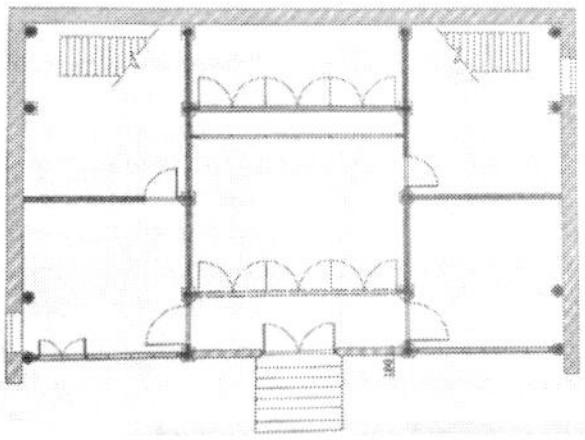 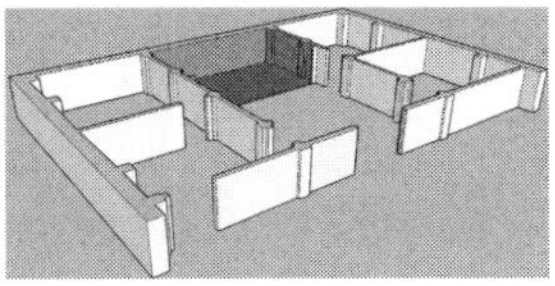 |
| 毛文甫老屋 | | | 271.92 | | | | 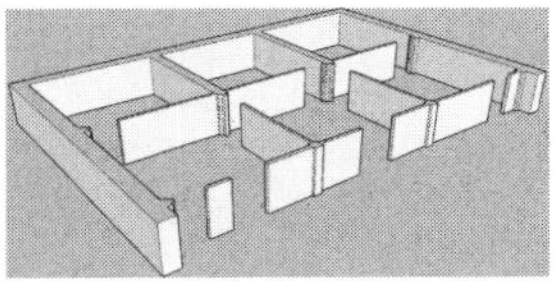 |

续表

| 名称 | 地点 | 年代 | 建筑面积（$m^2$） | 屋主身份 | 平面 | 其他 | 平面图与模型图 |
| --- | --- | --- | --- | --- | --- | --- | --- |
| 彭家寨某宅子1 | | | 229.5 | | | | 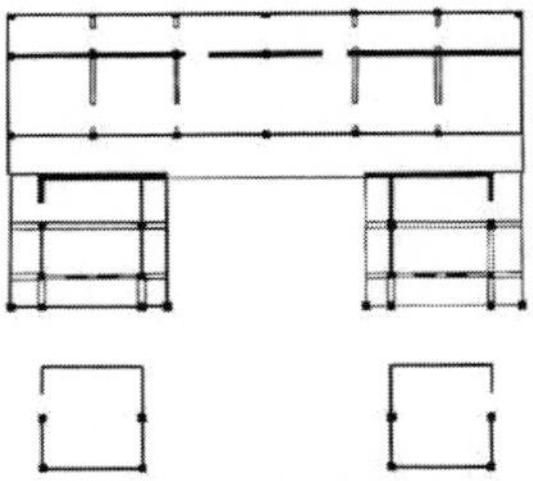 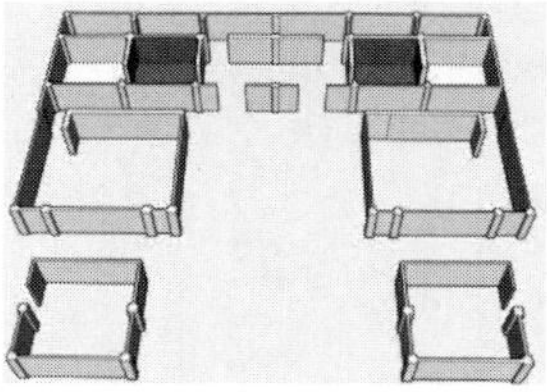 |
| 彭家寨某宅子2 | | | | | | | 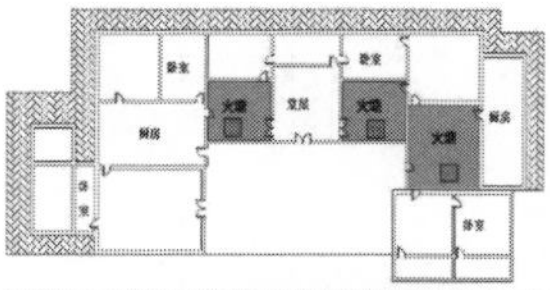 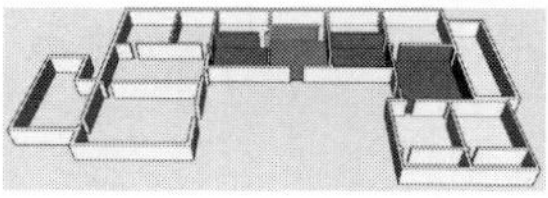 |
| 湖北省咸丰县麻溪沟龚宅 | | | | | | | 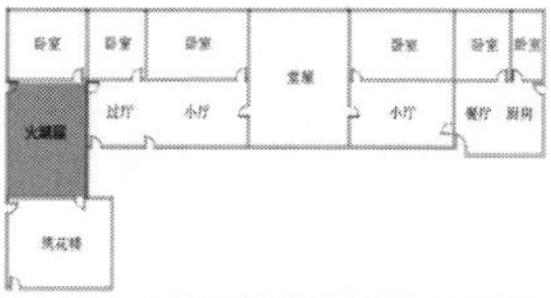 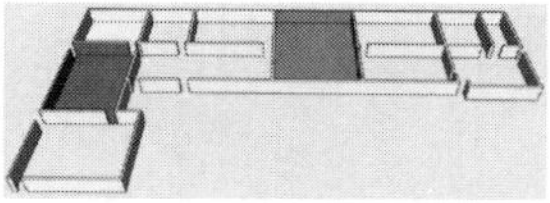 |

续表

| 名称 | 地点 | 年代 | 建筑面积（$m^2$） | 屋主身份 | 平面 | 其他 | 平面图与模型图 |
|---|---|---|---|---|---|---|---|
| 彭家寨某宅子3 | | | | | | | 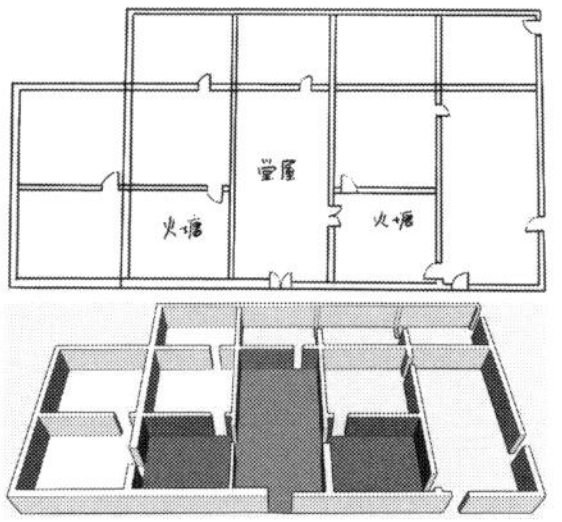 |

# 附录 2　典型性访谈问卷资料

| 姓名 | 万桃元 | 性别 | 男 |
|---|---|---|---|
| 年龄 | 62 岁 | 民族 | 土家族 |
| 从业年龄 | 11 岁 | 主业 | 吊脚楼营造 |
| 教育程度 | 初中 | 副业 | 风水师 |
| 现居住地 | 恩施州咸丰县<br>丁寨乡渔泉口村 | | |

其他基本情况：

子女三人，大儿子及媳妇在来凤一中当老师；二儿子及小女儿在浙江义乌经营韵达快递生意。

访谈内容：

1. 您是如何进入这个行业的？主要工作内容是什么？

答：家庭影响及生活所迫，外公屈胜是吊脚楼营造工匠，从小耳濡目染，在外公的引导下从十来岁便开始帮忙打下手。主要工作是协助外公及两个兄长完成吊脚楼取料、加工和营造。

2. 您的老师是谁？能说一说他的情况吗？

答：老师是外公屈胜和万才兴、万才宽两位兄长。此技艺一直是家族传承，外公本身也是师从长辈，而后自己不断向家族及社会同行学习，直至专精。

3. 您带徒弟吗？能讲一讲您授徒的情况吗？

答：我带过八个徒弟。但大多数已经转行去打工了，目前只有二到三个徒弟还在从事本行工作。我带徒弟传授技艺基本没有任何保留和限制，只要徒弟愿意学，我就毫无保留地倾囊相授，以前自己当徒弟的时候是没有工资可拿的，但自己带徒弟的时候，行情就变了，不管徒弟具体做了什么，只要跟着一起上工，都会按工时给予报酬。

4. 在您这门手艺里，您觉得最精华的部分是什么？您是怎么理解的？

答：从我个人的经历来看，做一个合格的吊脚楼工匠，首先要从做“圆货”开始，打好基础（注：“圆货”是指木质的桶、盆等截面为圆形的生活器具）；而后可以开始从事吊脚楼屋架、屋身的营建；最后（也是最精细）的工作便是制作各类家具。吊脚楼完全采用榫卯结构，即使少量用到钉子连接，也是使用竹钉，且竹钉要先用桐油炒制加工，增强其硬度和防潮性，从而完全杜绝了铁钉生锈的情况发生。

5. 您在制作的过程中，有没有一些遵循的技术指标？比如不同职业不同身份的家庭使用不同的面积、不同的材料、不同的装饰等？

答：这方面其实是由主人家的财力来决定工匠营建房屋的面积、用材和装饰的精度，装饰越精致，雕花工艺越多，势必会增加工匠的工时。中华人民共和国成立后，建屋并没有特定的身份等级规定；但在民国之前是有讲究的，例如红色只能在土司的官邸和住房中使用，普通老百姓严禁使用，且住房面积也是远大于寻常百姓住宅。

6. 您在制作的过程中，是否会考虑一些伦理标准？比如尊老爱幼、长幼有序、男女有别、祖先崇拜、家规家风等，您在制作的过程中，是怎么把这些概念运用到民居里的？

答：讲究天、地、人的三合，即选地址、选方位、选日子：

（1）建屋的地理位置选择：风水、山势、地形；

（2）厢房的朝向选择：主人的命理五行；

（3）装饰纹样选择：代表吉运的鸟兽、花卉、器物。

7. 您在制作的过程中，是否有些不能去制作的题材，以保证居住者的心志不被诱惑和动摇？

答：（1）木料方材的尖锐端头必须朝上，朝下会影响主人家运势，并导致噩梦；

（2）不同类型建筑的门的尺寸有讲究，必须用门光尺（一种丈量工具）测量尺寸，控制合适的模数：寺庙门宜孤寡、医院门宜生、住宅门宜富贵多子多福。

8. 您在完成作品后，是否会把自己的名字刻在自己所制作的作品上，以表示对质量负责？

答：不会刻自己的名字，没有此类习俗。

9. 您在制作的过程中，是否有安排工师来检验和评判制作的效果？

答：有时候表示谦虚、本着相互学习提高的目的，会自发邀请同行好友来检验和评判，但并没有此类强制的规定。

10. 您是否会在生活中传授工艺给自己的亲属，效果如何？

答：主要看个人是否有学习的兴趣和意愿。亲属之间当然会有一些言传身教，但若本人没兴趣学，并不会强行去教。

11. 如果您打算传授技艺，您选择继承人的标准是什么？有没有数量限制？

答：选徒标准为“神”和“灵”。神指的是本人有兴趣，肯钻研；灵指的是有天赋，会举一反三，有应变能力。选徒授业并不限于亲属关系，只要符合选徒标准，都会有问必答，无所保留。带徒没有数量上的限制，希望此行业能后继有人，恢复兴盛。

12. 像您这样水平的工匠平时有没有互相走动？有没有行会组织？有没有一起开展活动？

答：相互走动和学习偶尔会有，但都是自发式的，并没有行会组织。

13. 您对这门技艺的传承和发展有什么看法？希望政府、学校做些什么？

答：(1)政府各部门(民族部门、文体部门、土管部门等)通力配合，协同保护。

(2)学校可通过举办讲座、筛选学生拜师、开设相关课程以及实践教学环节来传承和发扬此项技艺。

(3)我认为土家族吊脚楼营造技艺应当传承下去，我个人的想法有以下几点：

①民间工匠通过制作等比模型来传承技艺，完全按照实际的比例和结构来制作；

②工匠自己加强学习和总结，撰写著作；

③联合高校、职校来传授技艺。

14. 吊脚楼营建时,平面布局上有哪些设计伦理方面的讲究(例如严禁分家、严肃内外、男女有别以及主人、客人的人流路线和风俗习惯等)?

答:(1)传统习俗是客人只能在堂屋活动,不能随意进入厢房;

(2)客人不能坐到灶台的前方(按习俗坐在灶前的是此家的女婿);

(3)如果是夫妻关系的客人来主人家借宿,必须要分开,不能成双合住;

(4)闺房、绣房一般位于内部,避免外人接触;

(5)嫁出去的女儿回娘家后不能扫地(不吉利);

(6)解放后这些习俗逐渐消失,没有那么讲究了。

15. 土家族的神团体系、宗族祖先崇拜、巫傩仪式等方面您是否有了解?

答:土家族崇尚万物有灵,尊敬自然,受汉族文化影响,拜神并不固定,但对于祖先都是会祭奠的。巫傩方面的仪式习俗早已消亡。

16. 吊脚楼营建的经济性问题是否有考虑?成本方面如何进行控制?是否会有关于"建造成本"的预决算明细清单?

答:还是以主人家的财力决定总体造价,装饰可精可粗、规模可大可小、工时可长可短。最终会提供工时明细表给主家,作为结算工钱的依据。

访谈人:笔者

访谈时间:2017. 07. 29 傍晚

| 姓名 | 谢明贤 | 性别 | 男 |
| --- | --- | --- | --- |
| 年龄 | 72 岁 | 民族 | 土家族 |
| 从业年龄 | 22 岁 | 主业 | 吊脚楼工匠 |
| 教育程度 | 小学文化 | 副业 | 各类家具制作、茶叶种植 |
| 现居住地 | 麻柳溪村 | | |

其他基本情况:

一儿一女,儿子承包工程,女儿在广东(物流公司工作),年轻人都很少有人再从事此行,现有工匠都已年迈。

访谈内容:

1. 您是如何进入到这个行业的?主要工作内容是什么?

答:二十多岁自学木工,因对此行业感兴趣,最初制作小物件,而后自己尝试建房,建房成功后才去拜师。

2. 您的老师是谁?能说一说他的情况吗?

答:师傅王银山,同村人,看到我很有天赋,也很有基础,便收我为徒。师傅当时在咸丰很有名,他的徒弟人数达八十余人。师傅并未带我做活,只是通过口述传授技艺。

3. 您带徒弟吗?能讲一讲您授徒的情况吗?

答:我有三个徒弟,都住在一个村,也都在从事此行业,传授技艺时是带着徒弟一起做活路,边做边教。

4. 在您这门手艺里,您觉得最精华的部分是什么?您是怎么理解的?

答:出师的时候师傅传的"五尺"是最宝贵的,那个代表师傅的手艺全部传给徒弟了,是吊脚楼工匠身份的象征,要一直妥善保存。

5. 您在制作的过程中,有没有一些遵循的技术指标?比如不同职业不同身份的家庭使用不同的面积、不同的材料、不同的装饰等?

答:这个完全是由主人财力决定的:富贵人家,面积大,窗花木雕工艺精致,柱基也加石雕,工时长、造价高;普通百姓,面积小,窗花一般采用"王"字格,装饰少,工时短,造价低。

6. 您在制作的过程中,是否会考虑一些伦理标准?比如尊老爱幼、长幼有序、男女有别、祖先崇拜、家规家风等,您在制作的过程中,是怎么把这些概念运用到民居里的?

答:主人家立屋架时必须有祭拜仪式,烧纸钱,拜自然神灵和祖先,木工工匠只讲究长、宽、高的尺寸问题。

另外,木材用料的尖头必须"顺头",也就是朝上,否则会影响家族兴旺。堂屋居中,并且保持左右沿中轴对称,厢房在侧后方位置,闺房、绣房靠最里面。

7. 您在制作的过程中,是否有些不能去制作的题材,以保证居住者的心志不被诱惑和动摇?

答:(1)建屋过程中,妇女不能在其内来回穿梭;

(2)主事工匠口头上的忌讳比较多,比如不能说"没人、缺人"之类的话,这会影响主人家的人丁兴旺;

（3）关键的是梁、柱、门、榫头等尺度不能有误。

8. 您在完成作品后，是否会把自己的名字刻在自己所制作的作品上，以表示对质量负责？

答：不会刻名字，本行一直没有这种做法。

9. 您在制作的过程中，是否有安排工师来检验和评判制作的效果？

答：如果有同行朋友，会请来看，而且一般也是完工了才请来看，但这并不是强制性的规则。

10. 您是否会在生活中传授工艺给自己的亲属，效果如何？

答：主要看其是否有兴趣学，就算是亲属，如果没兴趣学，也不会强迫教，但耳濡目染的效果肯定有。比如儿子虽未真正的学习木工手艺，但是对建筑行业还是比较有自学能力，现在也在从事相关行业。

11. 如果您打算传授技艺，您选择继承人的标准是什么？有没有数量限制？

答：没有特别的技艺基础要求，也没有数量限制。主要看徒弟的人品、修养以及是否有兴趣和能否坚持。

一直遵循的仪式是：徒弟出师时，师傅传“五尺”时，必须远离人群，到山上举行仪式，徒弟跪拜师傅，给师傅奉茶，师徒相互给红包，而后传“五尺”。

12. 像您这样水平的工匠平时有没有互相走动？有没有行会组织？有没有一起开展活动？

答：没有行业组织，平时都是各自忙自己的事，偶尔的相互走动也是自发式的，并没有定期组织和固定形式。

13. 您对这门技艺的传承和发展有什么看法？希望政府、学校做些什么？

答：我认为这个技艺应当传承下去，而且光靠做模型还不能真正地让此技艺得以传承。

建议：当前建房材料和工艺不断革新，更坚固和更经济的材料及工艺导致该技术濒临失传，而且国家对木材砍伐也有诸多限制，所以年轻人看不到此行业的希望，就不爱学习此技艺了。希望政府引导村寨搞旅游开发，修建真正的吊脚楼，有了市场需求，才能复兴技艺，让年轻人看到本行业的希望。

14. 吊脚楼营建时，平面布局上有哪些设计伦理方面的讲究（例如严禁分家、严肃内外、男女有别以及主人、客人的人流路线和风俗习惯等）？

答:其实工匠一般只考虑房屋结构和用材用料,具体厢房怎么使用,还是以主人自行安排为主。但是厢房居于两侧,闺房靠内是约定俗成的。

15. 土家族的神团体系、宗族祖先崇拜、巫傩仪式等方面您是否有了解?

答:各家祭拜祖先、工匠祭拜鲁班先师是一直传承下来的习俗,但巫傩这些封建迷信早已消亡了。

16. 吊脚楼营建的经济性问题是否有考虑?成本方面如何进行控制?是否会有关于“建造成本”的预决算明细清单?

答:成本控制主要依据主人经济实力,建屋之前主人、工匠自己都会计算,心中都基本有数。当然,做工的工匠最后一定会列出工时、材料的明细清单作为结算依据。

建屋一般极少有一次性完工和一次性结算的情况。一般都是先起屋架,然后逐步一间一间地完成,主人家也是逐年存钱、修建、付钱,一整栋房屋修几年甚至十来年都是常有的事。

访谈人:笔者

访谈时间:2017. 07. 31 上午

| 姓名 | 姜胜健 | 性别 | 男 |
|---|---|---|---|
| 年龄 | 63 岁 | 民族 | 羌族 |
| 从业年龄 | 23 岁 | 主业 | 吊脚楼营建 |
| 教育程度 | 高中毕业 | 副业 | 装饰装修、茶叶种植 |
| 现居住地 | 麻柳溪村 | | |

其他基本情况:

有两个女儿,大女儿在浙江打工,小女儿在家。

访谈内容:

1. 您是如何进入到这个行业的?主要工作内容是什么?

答:我的父亲是吊脚楼工匠,我从小受父亲影响,帮忙打下手,三十多岁才正式拜师。自己平时爱看、爱问,喜欢自学。最开始给父亲帮忙,后来可独立完成房屋建造,从师后我学到了更为规范的营建技术。

2. 您的老师是谁？能说一说他的情况吗？

答：王银山是我的师公，金树林是我的师傅。在当时（20世纪70年代）都比较有名，我的师傅有二十多个徒弟。

3. 您带徒弟吗？能讲一讲您授徒的情况吗？

答：我收过一个徒弟，但因活路不多，又没做此行，外出去打工了。当时我带着徒弟一边做活路，一边传授技艺。我的徒弟也是本身有一点木工基础，跟着我学习了起高架、建房屋。

4. 在您这门手艺里，您觉得最精华的部分是什么？您是怎么理解的？

答：我觉得建屋工匠要有领悟能力、空间思维能力和创新灵活的能力，建屋之前在脑海中便已成型，才能最终达到房主要求。师傅传授的“五尺”是我们吊脚楼工匠身份和能力的象征，没有“五尺”是没人敢请你建房的。

5. 您在制作的过程中，有没有一些遵循的技术指标？比如不同职业不同身份的家庭使用不同的面积、不同的材料、不同的装饰等？

答：现在基本没有明显的身份等级界限，只不过各种门有尺寸规格。而且“尺、寸、分”与“生、老、病、死、苦”对应，最后一格一定要落在“生”门上。至于面积大小、装饰精度则主要是根据地势特点和主人的实力来决定。建屋的风水朝向是有讲究的：选择在山体环抱、正面开阔的地址，同时左边山体代表青龙、右边山体代表白虎，而白虎不能高于青龙。“宁愿青龙高万丈，不能白虎抬头望”正是这个意思。

6. 您在制作的过程中，是否会考虑一些伦理标准？比如尊老爱幼、长幼有序、男女有别、祖先崇拜、家规家风等，您在制作的过程中，是怎么把这些概念运用到民居里的？

答：建屋之前要选日子，立屋架之时要祭拜祖先，祭拜神灵，祭拜鲁班先师，建成之后也有庆祝仪式。建屋时匠人、主人的安全和顺利是要通过祈求平安的仪式来确保的。而后主人会自行在堂屋安排案几和神龛，用以供奉祖先。

7. 您在制作的过程中，是否有些不能去制作的题材，以保证居住者的心志不被诱惑和动摇？

答：工匠主事人是绝对不能乱说对主人家庭兴旺、运势之类有影响的话，只能多说吉利的话，另外建屋所有的木材尖头必须朝上。

8. 您在完成作品后，是否会把自己的名字刻在自己所制作的作品上，以表示对质量负责？

答：从来没有这种规矩和做法。

9. 您在制作的过程中，是否有安排工师来检验和评判制作的效果？

答：并不会有同行专门来做检验和评判，就算有来看的同行，一般也会等完工之后再来评价。

10. 您是否会在生活中传授工艺给自己的亲属，效果如何？

答：不管亲戚、朋友或是其他想学的人，我都会毫无保留地传授技艺，但若自己没兴趣，就算是至亲也不会主动传授。

11. 如果您打算传授技艺，您选择继承人的标准是什么？有没有数量限制？

答：(1)头脑灵活，有一定的悟性和天赋；(2)听话，人品好；(3)要能吃苦耐劳；(4)没有收徒的人数限制。

12. 像您这样水平的工匠平时有没有互相走动？有没有行会组织？有没有一起开展活动？

答：同门师兄弟会经常交流学习，但没有行会组织，都是自发性的，为了互相学习和提高。

13. 您对这门技艺的传承和发展有什么看法？希望政府、学校做些什么？

答：应该传承下去，希望政府文化部门重视。学校可以从文化宣传角度和以文字记录的方式来进行一定的传承，但更重要的是要有年轻人真正去学和做，传承这个技艺还是实践最重要。

14. 吊脚楼营建时，平面布局上有哪些设计伦理方面的讲究(例如严禁分家、严肃内外、男女有别以及主人、客人的人流路线和风俗习惯等)？

答：堂屋非常注重找中墨(中心线)，讲究绝对对称和规整，而且在体量上要大于两边的厢房。堂屋的梁柱用料大小也更大。尺寸上从1丈18到1丈98都是常用模数，九和五是不能乱用的，那是皇帝专用的。

另外上大梁的时辰是有时间规定的，不能逾期。

15. 土家族的神团体系、宗族祖先崇拜、巫傩仪式等方面您是否有了解？

答：立房前必须举办祭祖仪式和祭拜神灵的仪式，主人家祭拜神灵和祖先、匠人家祭拜神灵和鲁班先师，包括山、树、水等自然神灵，要烧纸烧香。巫傩仪式已经没有了。

16. 吊脚楼营建的经济性问题是否有考虑？成本方面如何进行控制？是否会有关于“建造成本”的预决算明细清单？

答：人工的工时会列出详细清单。

建房前，主人、工匠都心里有数，最终出入不大。

分期分批建完居多，一次性建完付完的极少。

家宅的翘角只能与檐柱一般高，亭子的翘角则要高于檐柱。

访谈人：笔者

访谈时间：2017 年 7 月 31 日下午

## 湖北民居居住满意度调查问卷

基本信息

1. 性别：男　女
2. 年龄：
3. 居住位置：市区　县区　乡镇

一、生活环境

1. 请问您对村庄里的垃圾处理系统评价是？

   很满意

   满意

   一般

   不满意

   很不满意

2. 请问您对目前居住房屋的大小满意吗？

   很满意

   满意

   一般

   不满意

   很不满意

3. 请问您对目前所住房屋房间的家庭分配满意吗？

   很满意

   满意

一般

不满意

很不满意

4. 请问您对自家房屋的设计样式满意吗？

很满意

满意

一般

不满意

很不满意

5. 请问您对房屋周边环境的绿化程度满意吗？

很满意

满意

一般

不满意

很不满意

6. 请问您对平时出行道路状况的评价是？

很满意

满意

一般

不满意

很不满意

二、社会福利

1. 请问您对目前居住区的自来水与电网供应状况的评价是？

很满意

满意

一般

不满意

很不满意

2. 请问您对目前所住区域的社会治安评价是？

很满意

满意

一般

不满意

很不满意

3. 请问您对目前所住区域的医疗保障系统评价是?

很满意

满意

一般

不满意

很不满意

4. 您对居住区域及周边的文化娱乐活动设施的评价是?

很满意

满意

一般

不满意

很不满意

三、亲子关系(选择最符合的一项)

1. 我和孩子(我和父母)之间感情深厚而温暖

完全符合

大多符合

有一点符合

大多不符合

完全不符合

2. 我在不安的时候会向家人寻求安慰

完全符合

大多符合

有一点符合

大多不符合

完全不符合

3. 我和家人的关系是很密切的

完全符合

大多符合

有一点符合

大多不符合

完全不符合

4. 和家人的相处使我觉得轻松愉悦

完全符合

大多符合

有一点符合

大多不符合

完全不符合

5. 我和家人的冲突总是很少

完全符合

大多符合

有一点符合

大多不符合

完全不符合

6. 家人总是高度评价和我的关系

完全符合

大多符合

有一点符合

大多不符合

完全不符合

四、邻里关系

1. 您与邻居之间的交流频率较高

完全符合

大多符合

有一点符合

大多不符合

完全不符合

2. 您和邻居在生活中总是互相帮助

完全符合

大多符合

有一点符合

大多不符合

完全不符合

3. 您完全不想搬离目前的居住区域

完全符合

大多符合

有一点符合

大多不符合

完全不符合

4. 如果邻居间发生矛盾，您总是主动想尽办法解决

完全符合

大多符合

有一点符合

大多不符合

完全不符合

5. 您非常满意目前的邻里关系

完全符合

大多符合

有一点符合

大多不符合

完全不符合

6. 您觉得和居住在周围的人的关系越来越好了

完全符合

大多符合

有一点符合

大多不符合

完全不符合

五、自我感觉

1. 在日常生活中我能得到他人的认可
   完全符合
   大多符合
   有一点符合
   大多不符合
   完全不符合
2. 我对我目前所处的集体感到满意
   完全符合
   大多符合
   有一点符合
   大多不符合
   完全不符合
3. 我认为我能够承担得起家人对我的期望
   完全符合
   大多符合
   有一点符合
   大多不符合
   完全不符合
4. 我认为在我困难的时候,我所在的集体能够帮助我
   完全符合
   大多符合
   有一点符合
   大多不符合
   完全不符合

六、其他

1. 老家是否有神龛?
2. 老家或者现在的居住场所是否有火塘

家中有无家训等(例如挂在墙上的名言警句)

# 附录3　鄂西南民居平面尺寸信息表

| 编号 | 名称 | 建造年代 | 民族/身份 | 总建筑面积（$m^2$） | 堂屋面积（$m^2$） | 老人房面积（$m^2$） | 厢房面积（$m^2$） | 是否有火塘 | 火塘数量 |
|---|---|---|---|---|---|---|---|---|---|
| 1 号民居 | 熊云华老屋 | 清代 | 汉族 | 383 | 27 | 26.25 | 15 | 无 | 0 |
| 2 号民居 | 郑世节老屋 | 清代 | 汉族 | 300 | 25.2 | 16.8 | 16.77 | 无 | 0 |
| 3 号民居 | 向先鹏老屋 | 清代 | 汉族 | 290 | 34.32 | 22.44 | 19.27 | 无 | 0 |
| 4 号民居 | 郑万琅老屋 | 清末 | 汉族/秀才 | 375 | 35 | 28 | 18.8 | 无 | 0 |
| 5 号民居 | 郑韶年老屋 | 乾隆时期 | 汉族/盐商 | 371 | 63 | 45 | 25.5 | 无 | 0 |
| 6 号民居 | 顾家老屋 | 清代 | 汉族 | 1500 | 40 | 15.75 | 15.75 | 无 | 0 |
| 7 号民居 | 李光明老屋 | 晚清 | 土家族 | 310 | 105 | 45 | 45 | 有 | 2 |
| 8 号民居 | 万明兴老屋 | 晚清 | 土家族 | 356 | 17.6 | 20 | 16 | 有 | 1 |
| 9 号民居 | 王宗科老屋 | 晚清 | 土家族 | 257.89 | 31.3 | 9.3 | 9.3 | 有 | 2 |
| 10 号民居 | 吴宜堂老屋 | 晚清 | 汉族/举人 | 291 | 46.02 | 62.96 | 25.41 | 无 | 0 |
| 11 号民居 | 陈伯炎老屋 | 清光绪十八年（1892年） | 汉族 | 264 | 24 | 18 | 12 | 无 | 0 |

续表

| 编号 | 名称 | 建造年代 | 民族/身份 | 总建筑面积（$m^2$） | 堂屋面积（$m^2$） | 老人房面积（$m^2$） | 厢房面积（$m^2$） | 是否有火塘 | 火塘数量 |
|---|---|---|---|---|---|---|---|---|---|
| 12 号民居 | 吴翰章老屋 | 清代 | 汉族 | 294.5 | 27.68 | 15.75 | 11.62 | 无 | 0 |
| 13 号民居 | 向家亭子屋 | 晚清 | 土家族 | 772.8 | 25.09 | 35.12 | 20.07 | 有 | 2 |
| 14 号民居 | 杜烈祥老屋 | 民国十九年（1930年） | 汉族 | 555 | 104 | 40 | 24 | 无 | 0 |
| 15 号民居 | 郑书祥老屋 | 清代 | 汉族 | 315.18 | 40.88 | 32 | 24 | 无 | 0 |
| 16 号民居 | 郑万瞻老屋 | 清代 | 汉族 | 187 | 20 | 18 | 15 | 无 | 0 |
| 17 号民居 | 赵子俊老屋 | 清代 | 汉族 | 346 | 38.25 | 27 | 17.55 | 无 | 0 |
| 18 号民居 | 张家老屋 | 晚清 | 汉族 | 265 | 24 | 24 | 24 | 无 | 0 |
| 19 号民居 | 费世泽老屋 | 晚清 | 土家族 | 781 | 48 | 40 | 32 | 有 | 1 |
| 20 号民居 | 郑启恩老屋 | 清代 | 汉族 | 600 | 27.6 | 16 | 13.33 | 无 | 0 |
| 21 号民居 | 崔栋昌老屋 | 清代 | 汉族 | 207 | 43.31 | 35.06 | 18.06 | 无 | 0 |
| 22 号民居 | 杜家老屋 | 清代 | 汉族 | 187 | 45 | 37.5 | 16 | 无 | 0 |
| 23 号民居 | 王永泉老屋 | 清代 | 汉族 | 298.2 | 29.04 | 28.56 | 15.64 | 无 | 0 |
| 24 号民居 | 八老爷老屋 | 清代 | 汉族 | 334.8 | 75.2 | 26.6 | 17 | 无 | 0 |
| 25 号民居 | 何怀德老屋 | 清代 | 汉族 | 289.44 | 65.12 | 43.4 | 37.2 | 无 | 0 |
| 26 号民居 | 毛文甫老屋 | 清代 | 土家族 | 271.92 | 81 | 42.24 | 42.24 | 有 | 1 |
| 27 号民居 | 舍米湖民居 | 明清 | 土家族 | 未知 | 未知 | 未知 | 未知 | 有 | 2 |

续表

| 编号 | 名称 | 建造年代 | 民族/身份 | 总建筑面积（$m^2$） | 堂屋面积（$m^2$） | 老人房面积（$m^2$） | 厢房面积（$m^2$） | 是否有火塘 | 火塘数量 |
|---|---|---|---|---|---|---|---|---|---|
| 28 号民居 | 杨家湾老屋 | 清代 | 汉族 | 未知 | 未知 | 未知 | 未知 | 有 | 1 |
| 29 号民居 | 李家大院 | 晚清 | 土家族 | 未知 | 未知 | 未知 | 未知 | 有 | 2 |
| 30 号民居 | 彭家寨民居 1 | 晚清 | 土家族 | 229. 5 | 27 | 25. 65 | 24. 44 | 有 | 2 |
| 31 号民居 | 彭家寨民居 2 | 晚清 | 土家族 | 未知 | 未知 | 未知 | 未知 | 有 | 3 |
| 32 号民居 | 彭家寨民居 3 | 晚清 | 土家族 | 未知 | 未知 | 未知 | 未知 | 有 | 2 |
| 33 号民居 | 麻溪沟龚宅 | 晚清 | 土家族 | 未知 | 未知 | 未知 | 未知 | 有 | 1 |
| 34 号民居 | 秀山县老屋 | 晚清 | 土家族 | 未知 | 未知 | 未知 | 未知 | 有 | 2 |

# 参考文献

## 一、中文类


1.《杭州宣言——关于设计伦理反思的倡议》,《美术观察》2008 年第 1 期。

2.(英)福蒂:《欲求之物》,苟娴煦译,译林出版社 2014 年版。

3. 邱春林:《设计与文化》,重庆大学出版社 2009 年版。

4. 习近平:《习近平谈治国理政》,外文出版社 2014 年版。

5. 中共中央宣传部:《习近平总书记系列重要讲话读本》(2016 年版),学习出版社、人民出版社 2016 年版。

6. 田辉玉、吴秋凤、管锦绣:《中国现代设计伦理失范及成因探析》,《理论月刊》2010 年第 12 期。

7. 黄公渚选注:《周礼》,商务印书馆 1936 年版。

8. 李砚祖:《设计之仁——对设计伦理观的思考》,《装饰》2007 年第 9 期。

9. 周志:《19 世纪后半叶英国设计伦理思想述评》,《装饰》2012 年第 10 期。

10. 徐平华:《墨子设计思想的伦理意蕴》,《伦理学研究》2016 年第 3 期。

11. 张晓东:《出版物设计中的伦理思考》,《科技与出版》2015 年第 1 期。

12. 韩超:《"物以致用"的睿智——由张道一先生的设计伦理观引发的思考》,《南京艺术学院学报(美术与设计)》2017 年第 5 期。

13. 朱力、张楠:《"广场舞之争"背后的公共空间设计伦理辨析》,《装饰》2016 年第 3 期。

14. 朱力、张楠:《城市环境设计伦理的维度研究》,《求索》2016 年第 5 期。

15. 熊承霞:《设计治疗对社会德失的价值意义》,《包装工程》2016 年第 22 期。

16. 韩超:《"良心设计"的伦理向度——从美国"Design w/Conscience"运动对贫困群体的设计关怀谈起》,《装饰》2017 年第 9 期。

17. 周博:《行动的乌托邦——维克多·帕帕奈克与现代设计伦理问题》,中央美术学院 2008 年博士学位论文。

18. 杨慧丹:《设计迷途——当代语境下的设计问题研究》,中央美术学院 2012 年博士学位论文。

19．孙洪伟:《〈考工典〉与中国传统设计理论形态研究》,上海大学 2014 年博士学位论文。

20．李娜:《当前我国城市建筑的伦理分析》,北方工业大学 2016 年硕士学位论文。

21．陈延斌:《论家庭建设》,《光明日报》2015 年 10 月 7 日。

22．《马克思恩格斯全集》第 3 卷,人民出版社 2006 年版。

23．邓晓芒:《人类起源新论》(上),《湖北社会科学》2015 年第 7 期。

24．黑格尔:《法哲学原理》,商务印书馆 1982 年版。

25．周辅成:《西方伦理学名著选辑》(上卷),商务印书馆 1964 年版。

26．冯契:《哲学大辞典(修订本)》,上海辞书出版社 2001 年版。

27．方李莉:《传统与变迁》,江西人民出版社 2000 年版。

28．姜敬红:《中国世界遗产保护法》,西南交通大学出版社 2015 年版。

29．梁思成:《梁思成文集》(二),中国建筑工业出版社 1984 年版。

30．李惠芳:《湖北民俗》,甘肃人民出版社 2003 年版。

31．任泽全:《湖北省恩施土家族苗族自治州地方志编纂委员会编“恩施州志”》,湖北人民出版社 1998 年版。

32．黄健民:《长江三峡地理》第 2 版,科学出版社 2011 年版。

33．湖北省地方志编纂委员会:《湖北省志・地理》(上),湖北人民出版社 1997 年版。

34．吴良镛:《建筑文化与地区建筑学》,《华中建筑》1997 年第 2 期。

35．梁启超:《论中国学术思想变迁之大势》,上海古籍出版社 2001 年版。

36．段超:《改土归流后汉文化在土家族地区的传播及其影响》,《中南民族大学学报(人文社会科学版)》2004 年第 6 期。

37．(晋)郭璞注,(清)毕沅校:《山海经》,上海古籍出版社 1989 年版。

38．(东晋)常璩:《华阳国志・巴志》,齐鲁书社 2010 年版。

39．朱世学:《三峡考古与巴文化研究》,科学出版社 2009 年版。

40．湖北省秭归县地方志编纂委员会编:《秭归县志》,中国大百科全书出版社 1991 年版。

41．(宋)范晔撰:《后汉书・巴郡南郡蛮》,中华书局 2007 年版。

42．史部地理类:《方志・长阳县志》。

43．余西云:《巴史——以三峡考古为证》,科学出版社 2010 年版。

44．朱世学:《三峡考古与巴文化研究》,科学出版社 2009 年版。

45．(唐)樊绰:《蛮书》卷十,中国书店 1992 年版。

46．(汉)司马迁:《史记》,三秦出版社 2008 年版。

47．(清)孙星衍,(清)庄逵吉校定:《三辅黄图》,商务印书馆 1936 年版。

48．(北魏)郦道元:《水经注》,商务印书馆 1933 年版。

49．(汉)贾谊:《贾谊新书》,上海古籍出版社 1989 年版。

50.（清）董诰:《全唐文》第五六六卷,第3册,上海古籍出版社1990年版。

51.《中国史籍精华译丛》编委会编:《中国史籍精华译丛·新唐书(牛僧孺传)·新五代史·资治通鉴·宋史》,黄河出版社1993年版。

52. 黄贤美:《鹤峰县志》,湖北人民出版社1990年版。

53. 张天如编,顾奎光纂:《永顺府志(清乾隆版)》,《文渊阁四库全书》集部,别集类。

54. 乾隆《鹤峰县志》刻本。

55. 谭其骧:《长水粹编》,河北教育出版社2000年版。

56. 段超:《土家族文化史》,民族出版社2000年版。

57. 张缨:《中国传统建筑中的装饰艺术》,《西南交通大学学报》(社会科学版)2005年第3期。

58. 费孝通:《乡土中国》,北京出版社2005年版。

59. 杜娟:《鄂西南土家族传统民居窗饰雕刻的艺术元素解析》,《建材与装饰》2019年第33期。

60. 林书勋、张先达撰:(光绪)《乾州厅志》卷五,《文渊阁四库全书》集部,别集类。

61.(清)席绍葆、(清)谢鸣谦等:(乾隆)《辰州府志》,岳麓书社2010年版。

62. 翁独健:《中国民族史研究》,中央民族学院出版社1993年版。

63. 向雄杰:《略征少民档的要谈集数族案重性》,《湖北档案》1990年第3期。

64.(清)戴梦熊修,(清)唐炅绪纂:《中国地方志集成·广西府县志辑康熙上思州志》(影印本),凤凰出版社2014年版。

65. 赵德馨、吴量恺等:《中国经济通史:第7卷·明时期》,湖南人民出版社2002年版。

66. 彭林绪:《土家族居住及饮食文化变迁》,《湖北民族学院学报》(哲学社会科学版)2000年第1期。

67. 瞿州莲、瞿宏州:《道教在明代永顺土司的兴盛及成因》,《广西民族大学学报》(哲学社会科学版)2012年第6期。

68. 江苏古籍出版社编选:《中国地方志集成·湖南府县志辑同治永顺府志》(全68册),江苏古籍出版社2002年版。

69. 黄思俊:《鄂西土司制度述略》,《贵州文史丛刊》1987年第3期。

70. 冯祖祥、周重想:《古代巴人与茶文化》,《农业考古》2000年第4期。

71. 照那斯图:《土族语简志》,民族出版社1981年版。

72. 邱渭波:《常德土家族》,北方文艺出版社2005年版。

73. 田万振:《浅谈土家人性格的"直"》,《鄂西大学学报》(社会科学版)1989年第1期。

74.(清)魏源撰:《圣武记》,世界书局1936年版。

75.(清)董鸿勋纂修:《光绪古丈坪厅志》16卷,清光绪三十三年刻本。

76.(明)沈瓒编撰,(清)李涌重编,陈心传补编,伍新福校:《五溪蛮图志》,岳麓书社2012年版。

77.张铁群、徐勇:《永顺土家族建筑的历史变迁》,《中国标准化》2017年第6期。

78.[美]保罗·D.蒂戈尔(Paul D.Tieger)、[美]芭芭拉·巴罗·蒂戈尔(Barbara Barron-Tieger),张梅、张洁译:《做适合你的工作》,东方出版社1999年版。

79.[日]冈田宏二著,赵令志、李德龙译:《中国华南民族社会史研究》,民族出版社2002年版。

80.中共鹤峰县委统战部等编辑:《容美土司史料汇编》,中共鹤峰县委统战部1984年版。

81.谭清宣:《论清代土家族岁时节日文化的变迁》,《黑龙江民族丛刊》2009年第3期。

82.莫代山:《改土归流后武陵民族地区的人地矛盾及其化解》,《遵义师范学院学报》2018年第3期。

83.刘绍文:《城口厅志:第十八卷》,重庆出版社2011年版。

84.王萦绪:《石柱厅志·物产志》,国立北平图书馆1930年版。

85.陈喆:《建筑伦理学概论》,中国电力出版社2007年版。

86.季轩民、崔家友:《论经济道德的三重原则》,《江苏商论》2016年第7期。

87.李敬真:《社会主义核心价值体系概论》,湖北人民出版社2008年版。

88.黄建新、刘飞翔:《新农村建设中的人居环境及其应对建议》,《科技和产业》2008年第12期。

89.杨先艺:《设计概论》,清华大学出版社2010年版。

90.中国大百科全书总编辑委员会编:《中国大百科全书:社会学》,中国大百科全书出版社2004年版。

91.周廷刚:《基于遥感与GIS的城市绿量研究》,西南师范大学出版社2002年版。

## 二、英文类

1. William Morris, *The Lesser Arts*, in The Collected Works of William Morris, vol.xxii, 1877, pp.26–28.

2. Adolf Loos, *Ornament and Crime*, Ariadne Pr, 1997, pp.120–121.

3. Le Corbusier, *Vers une architecture*, Editions Flammarion, 2008, pp.100–111.

4. Watkin, David, *Morality and architecture*, Clarendon press, 1977, pp.131–135.

5. Brett, David, *Rethinking decoration: pleasure and ideology in the visual arts*, Cambridge University Press, 2005, pp.111–113.

6. Banham, Reyner, ed, *The Aspen Papers: Twenty Years of Design Theory from the International Design Conference in Aspen*, New York: Praeger, 1974, pp.119–123.

7. Felton, Emma, Oksana Zelenko and Suzi Vaughan, eds. *Design and ethics: Reflections on practice*, Routledge, 2013, pp.122–125.

8. Goodman, Elizabeth, "Design and ethics in the era of big data", *Interactions*, 2014, pp. 22–24.

9. Shilton, Katie and Sara Anderson, "Blended, not bossy: ethics roles, responsibilities and expertise in design", *Interacting with Computers*, 2016, pp.71–79.

10. Maurice, "Integrating Care Ethics and Design Thinking", *Journal of Business Ethics*, 2017, pp.1–13.

# 后　记

本书的缘起，始于笔者在加拿大访学时对通过艺术设计改善北美家庭关系的研究兴趣。随着研究的深入，笔者逐渐意识到中国人居住智慧的独特和精妙。无论南北，中国各地建筑都别具一格，深入研究不但可以很好地缓解区域内的伦理失范问题，也能辐射世界，为世界范围提供中国特色的设计理论和设计方案。

有关该话题的研究，笔者在湖北工作时，就已经形成了志趣相投的固定研究团队，其中西华师范大学的陈宇京教授、福建师范大学的刘军教授、喀什大学曾槟文副教授以及我的学生刘俸伶、赵雨晨，都围绕这个话题，做了大量的田野考察和理论研究。这些经历历历在目，恍如昨日。

只是我未曾意料，开篇之时，人在湖北，后记之时，人已在新疆。在疆一年多的生活学习愈发让我体会到引我入疆的占仁校长、陈英院长多次提及的家国情怀厚重的意蕴以及该话题学术戍边的价值与意义。

敷榮葳蕤，落英飘飖，大漠戈壁，胡杨依依，人生百年，不外如是。

新疆大学　张睿智

2024 年 4 月 13 日于博峰之下

责任编辑:王怡石

**图书在版编目(CIP)数据**

鄂西南传统民居设计伦理研究/张睿智 著. —北京:人民出版社,2024.8
ISBN 978-7-01-025216-2

Ⅰ.①鄂…　Ⅱ.①张…　Ⅲ.①民居-建筑设计-研究-湖北　Ⅳ.①TU241.5

中国版本图书馆 CIP 数据核字(2022)第 218394 号

**鄂西南传统民居设计伦理研究**

E XI'NAN CHUANTONG MINJU SHEJI LUNLI YANJIU

张睿智　著

人民出版社 出版发行
(100706　北京市东城区隆福寺街 99 号)

北京汇林印务有限公司印刷　新华书店经销

2024 年 8 月第 1 版　2024 年 8 月北京第 1 次印刷
开本:710 毫米×1000 毫米 1/16　印张:15.5
字数:230 千字

ISBN 978-7-01-025216-2　定价:98.00 元

邮购地址 100706　北京市东城区隆福寺街 99 号
人民东方图书销售中心　电话 (010)65250042　65289539